水利工程施工组织与安全管理

郑宇　李洁　杨晓箐　宋双杰　董京艳　著

U0334662

西北工业大学出版社

西安

【内容简介】 本书从水利工程建设的安全生产管理实际出发，分析介绍了水利工程建设的施工组织，从安全生产的角度出发，对水利工程安全进行了研究。

本书系统分析与研究了水利工程施工组织与安全，适合从事水利工程施工及管理工作的人员阅读，还可供相关专业以及从事相关职业的人员阅读参考。

图书在版编目（CIP）数据

水利工程施工组织与安全管理 / 郑宇等著. — 西安: 西北工业大学出版社, 2022.6
ISBN 978-7-5612-8225-0

Ⅰ. ①水… Ⅱ. ①郑… Ⅲ. ①水利工程-工程施工-施工组织 ②水利工程管理-工程施工-安全管理 Ⅳ. ①TV512 ②TV513

中国版本图书馆 CIP 数据核字(2022)第 091177 号

SHUILI GONGCHENG SHIGONG ZUZHI YU ANQUAN GUANLI
水 利 工 程 施 工 组 织 与 安 全 管 理
郑宇 李洁 杨晓箐 宋双杰 董京艳 著

责任编辑：王　静		装帧设计：张会丽
责任校对：孙　倩		

出版发行：西北工业大学出版社
通信地址：西安市友谊西路 127 号　　　邮编：710072
电　　话：（029）88493844，88491757
网　　址：www.nwpup.com
印 刷 者：北京市兴怀印刷厂
开　　本：710 mm×1 000 mm　　　1/16
印　　张：17
字　　数：310 千字
版　　次：2023 年 12 月第 1 版　　2023 年 12 月第 1 次印刷
书　　号：ISBN 978-7-5612-8225-0
定　　价：79.00 元

如有印装问题请与出版社联系调换

前　言

水利工程施工组织与安全管理是水利建筑产品形成过程中的重要手段。要想在如此激烈的行业里站稳脚跟，决不能只追求利益的最大化而忽视了工程的质量与安全，必须对施工项目进行规范化管理，保证水利产品的质量与安全，提高企业的市场竞争力和信誉度。

水利工程项目是一项规模庞大的公共类工程项目，它与一般的建筑工程有所区别。水利工程的特殊性主要表现在：工程项目整体规模大、工期比较长、多由国家政府部门投资建设等。水利工程的这些特殊性质也使得它除了需要拥有科学先进的施工技术以外，还需要加强水利工程施工组织与安全管理，根据实际的情况来进行管理措施与方案的优化工作，准备周全，综合考虑到各方面的影响，创造出良好施工的环境。所以，水利工程施工组织和管理的优化工作对于水利工程的整体施工质量有很重大的意义。

全书共十章，第一章主要阐述水利工程施工组织与管理概述等内容；第二章主要阐述水利工程施工总组织设计等内容；第三章主要阐述水利工程施工的准备工作等内容；第四章主要阐述水利工程施工质量与进度管理等内容；第五章主要阐述水利工程施工成本与合同管理等内容；第六章主要阐述水利工程施工招标与投标管理等内容；第七章主要阐述水利工程施工安全生产标准化建设等内容；第八章主要阐述水利工程施工职业健康与环境保护等内容；第九章主要阐述水利工程施工技术与安全管理等内容；第十章主要阐述水利工程施工应急与风险管理等内容。

本书由黄河勘测规划设计研究院有限公司郑宇、李洁、杨晓箐、宋双杰、董京艳共同撰写。

为了确保研究内容的丰富性和多样性，笔者在写作过程中参考了大量理论与研究文献，在此向相关的专家学者们表示衷心的感谢。

由于水平有限，书中难免存在疏漏，恳请同行专家和读者朋友批评指正！

著　者

2022 年 1 月

目　　录

第一章　水利工程施工组织与管理概述

第一节　施工组织与管理概述

施工组织与管理的主要任务是对施工人员、机械、材料、方法及各环节之间进行协调，这样就可以在很大程度上保证工程按照原来的计划有序地完成。这对于提高工程质量、合理安排工期、降低工程成本、保证施工安全和施工环境等方面都具有重要的意义。

（一）施工组织的含义

1. 组织的含义

组织指的是为了达到特定的目标，而在分工合作的基础上所构成的人的集合。

组织虽然是人的集合，但却不能将其看作是个人简单的、毫无关联的加总，而是人们为了实现一定的目的，有意识地协同劳动而产生的群体。对组织的具体含义，可以从以下几个方面来理解。

（1）组织必须有特定目标。

（2）组织是一个人为的系统。

（3）组织必须有分工与协作。

（4）组织必须有不同层次的权利与责任制度。

在对组织的研究中，其经常被看作是能够反映出一些职位和一些个人之间的关系的网络式结构。我们也可以从动态和静态两个方面对组织的含义进行理解。静态方面，是指组织结构，即反映人、职位、任务以及它们之间的特定关系的网络；动态方面，是指维持与变革组织结构，以完成组织目标的过程。因此，组织被作为管理的一种基本职能。

2. 施工组织与管理的含义

专门针对水利工程建设项目中的施工组织与管理来说，可以从狭义和广义两个方面来对其进行理解。

（1）狭义方面。狭义的施工组织指的是，由业主委托或指定的负责水利工程施工的承包商的施工项目管理组织。该组织以项目经理部为核心，以施工项目为对象，进行质量、进度、成本、合同和安全等管理工作。

施工组织与管理主要就是从狭义方面来对施工组织与管理进行理解的。

（2）广义方面。广义的施工组织与管理指的是，在整个水利施工项目中从事各种项目管理工作的人员、单位、部门组合起来的管理群体。

由于工程项目参与者（投资者、业主、设计单位、承包商、咨询或监理单位、工程分包商等）很多，参与各方都将自己的工作任务称为施工项目，都有自己相应的施工管理组织，如业主的项目经理部、项目管理公司的项目经理部、承包商的项目经理部、设计单位的项目经理部等。其间有各种联系，有各种管理工作、责任和任务的划分，形成该水利施工项目总体的管理组织系统。

（二）施工组织与管理的研究对象

在对施工组织与管理的研究中，其主要的研究对象是建筑安装工程的实施过程。

建筑工程施工的复杂性和一次性主要是由建筑产品的特点来最终决定的。建筑施工涉及面广，除涉及工程力学、工程地质、建筑结构、建筑材料、工程测量、机械设备、施工技术等学科专业知识外，还涉及与工程勘测、设计、消防、环境保护等各部门的协调配合。另外，不同的工程，由于所处地区不同、季节不同和施工现场条件不同，施工准备工作、施工工艺和施工方法也不相同。针对每个独特的工程项目，通过施工组织可以找到最合理的施工方法和组织方法，并通过施工过程中的科学管理，确保工程项目顺利地实施。

（三）施工组织与管理的任务

施工组织与管理的任务并不是固定不变的，会依据水利施工项目的不同，按照业主和承包商签订的施工合同中的要求和任务，通过对项目经理部人员的组织与管理，确定各种管理程序和组织实施方案，以便达到完成施工任务，获得合理利润的目的。其具体所涉及的任务见表1-1。

表1-1　施工组织与管理的任务

	施工组织与管理的任务	任务实现效果
1	研究施工合同，确定施工任务	确定工程项目的总体施工组织与设计，包括施工总体布置、施工总进度计划、施工设备和施工人员的安排

续　表

	施工组织与管理的任务	任务实现效果
2	分析施工条件	确定不同施工阶段的施工方案、施工程序、施工组织安排
3	合理安排施工进度，组织现场的施工生产	保证工程建设可以按预期完成
4	解决施工的技术问题	确保按照施工图纸要求完成各项施工任务
5	解决施工中的质量问题	确保工程质量达到合同及国家规范要求
6	合理地控制施工成本，完成工程的各项结算管理	保证项目经理部可以获得一定的利润
7	解决施工中的职业健康、安全问题，制定并落实各项管理措施	保证施工人员的安全问题，减少意外情况的产生
8	解决施工的环境保护问题	使项目施工达到环境部门的要求
9	解决协调同业主、监理工程师、设计单位、施工当地各部门以及项目经理内部的信息沟通、协调等问题	减少各部门之间意见的分歧，降低施工的阻碍
10	完成工程的各项阶段验收和竣工验收等工作	做好竣工资料的整理工作

第二节　施工组织与管理的作用与基本原则研究

　　施工组织与管理对整个水利工程建设都具有十分重要的作用，并且在施工的过程中还要遵循一定的原则，以此保证工程的建设可以达到各方面对质量的要求。

　　水利工程建设规模大、涉及专业多、牵涉范围广，经常会遇到不利的地质、地形条件，施工条件往往比其他工程艰难。因此，施工组织与管理工作就显得更为重要。

　　总结过去水利工程施工的经验，在施工组织与管理方面，需要遵循的原则主要有以下几个方面。

　　（1）坚持科学管理原则。

　　（2）坚持按基本建设程序办事原则。

　　（3）全面贯彻多、快、好、省的施工原则。在工程建设中应该根据需要和可能，尽快地完成优质、高产、低消耗的工程，任何片面强调某一个方面而忽视另一个方面的做法都是错误的，都会造成不良的后果。

　　（4）按系统工程的原则合理组织工程施工。

（5）一切从实际出发的原则。遵从施工的科学规律，要做好人力、物力的综合平衡，保证连续、有节奏地施工。

第三节　施工组织与管理的模式研究

工程项目组织是为完成特定的任务而建立起来的、从事工程项目具体工作的组织。该组织是在工程项目生命周期内临时组建的，是暂时的，项目目标实现后，项目组织解散。

一、项目组织的职能

项目组织的职能是项目管理的基本职能，项目组织的职能包括计划职能、组织职能、指挥职能、控制职能和协调职能等几个方面。

（一）计划职能

计划职能是指为了实现项目的目标，对所要做的工作进行安排，并对资源进行配置。

（二）组织职能

组织职能是指为实现项目的目标，建立必要的权力机构、组织层次，进行职能划分，并规划职责范围和协作关系。

（三）指挥职能

指挥职能是指项目组织的上级对下级的领导、监督和激励。

（四）控制职能

控制职能是指采取一定的方法、手段使组织活动按照项目的目标和要求进行。

（五）协调职能

协调职能是指为了实现项目目标，项目组织中各层次、各职能部门团结协作，步调一致地共同实现项目目标。

二、项目组织的形式

项目组织的组织形式主要有三种基本类型（见图 1-1）。

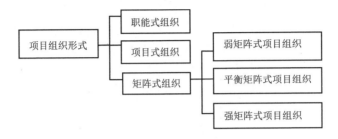

图 1-1　项目组织形式

（一）职能式组织

职能式组织指的是，在同一个组织单位里，把具有相同职业特点的专业人员组织在一起，为项目服务（见图 1-2）。

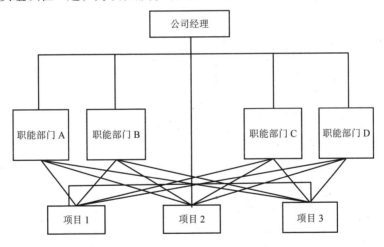

图 1-2　职能式项目组织结构图

1. 职能式组织的特点

职能式组织最突出的特点是专业分工强，其工作的注意力集中于本部门。

职能部门的技术人员的作用可以得到充分的发挥，同一部门的技术人员易于交流知识和经验，使得项目获得部门内所有知识和技术的支持，对创造性地解决项目的技术问题很有帮助；技术人员可以同时服务于多个项目；职能部门为保持项目的连续性发挥了重要作用。

2. 职能式组织的不足

职能部门工作的注意力主要集中在本部门的利益上，项目的利益往往得不到优先考虑；项目团体中的职能部门往往只关心本部门的利益而忽略了项目的总目标，造成部门之间协调困难。

3. 职能式组织的适用范围

职能式组织经常用于企业为某些专门问题，如开发新产品、设计公司信息系统、进行技术革新等。可以认为这是寄生于企业中的项目组织，对各参加部门，项目领导仅作为一个联络小组的领导，从事收集、处理和传递信息等工作，而与项目相关的决策主要由企业领导做出，所以项目经理对项目目标不承担责任。

（二）项目式组织

项目式组织又叫作直线式组织，在项目组织中，所有人员都按项目要求划分为不同的项目团体，由项目经理管理一个特定的项目团体，在没有项目职能部门经理参与的情况下，项目经理可以全面地控制项目，并对项目目标负责。

1. 项目式组织的特点

项目式组织的项目经理对项目全权负责，享有最大限度的自主权，可以调配整个项目组织内外资源；项目目标单一，决策迅速，能够对用户的需求或上级的意图做出最快的响应；项目式组织结构简单，易于操作，在进度、质量、成本等方面控制也较为灵活。

2. 项目式组织的不足

项目式组织对项目经理的要求较高，项目经理需要具备各方面知识和技术的全能式人物；项目各阶段的工作中心不同，会使项目团队各成员的工作闲忙不一，一方面影响了组织成员的积极性，另一方面也造成了人才的浪费；项目组织中各部门之间有比较明确的界限，不利于各部门的沟通。

3. 项目式组织的适用范围

项目式组织常用于中小型项目，也常见于一些涉外及大型项目的公司，如建筑业项目，这类项目成本高，时间跨度大，项目组织成员长时间合作，沟通容易，而且项目组成员具备较高的知识结构。

（三）矩阵式组织

矩阵式组织可以克服上述两种形式的不足，它基本由职能式和项目式组织重叠而成。

1. 矩阵式组织的特点

矩阵式组织建立与公司保持一致的规章制度；可以平衡组织中的资源需求，以保证各个项目完成各自的进度、费用和质量要求，减少人员的冗余，职能部门的作用得到充分发挥。

2. 矩阵式组织的不足

组织中的每个成员接受来自两个部门的领导，当两个领导的指令不同时，常会令人左右为难，无所适从；权力的均衡导致没有明确的负责者，使工作受到影响；项目经理与职能部门经理的职责不同，项目经理必须与部门经理进行资源、技术、进度、费用等方面的协调和权衡利弊。

3. 矩阵式组织的适用范围

矩阵式组织常用于大型综合项目中，或有多个项目同时开展的企业。

4. 矩阵式组织的分类

根据矩阵式组织中项目经理和职能部门经理权责的大小，矩阵式组织可分为强矩阵式、平衡矩阵式和弱矩阵式。

（1）强矩阵式组织。项目经理主要负责项目，职能部门经理负责分配人员。项目经理对项目可以实施更有效的控制，但职能部门对项目的影响却在减小。强矩阵式组织类似于项目式组织，项目经理决定什么时候做什么，职能部门经理决定派哪些人，使用哪些技术。

（2）平衡矩阵式组织。项目经理负责监督项目的执行，各职能部门对本部门的工作负责。项目经理负责项目的时间和成本，职能部门的经理负责项目的界定和质量。一般来说平衡矩阵很难维持，因为它主要取决于项目经理和职能部门经理的相对力度。平衡不好，要么变成弱矩阵，要么变成强矩阵。矩阵式组织中，许多员工同时属于两个部门——职能部门和项目部门，要同时对两个部门负责。

（3）弱矩阵式组织。由一个项目经理来协调项目中的各项工作，项目成员在各职能部门经理的领导下为项目服务，项目经理无权分配职能部门的资源。

三、工程项目管理方式

在工程项目建设的实践中应用的工程项目管理方式有多种类型。每一种方式都有不同的优势和相应的局限性，适应不同种类工程项目。业主可根据其工程项目的特点选择合适的工程项目管理方式。目前，在各国工程项目建设中广泛使用的工程项目管理方式，既包括历史悠久的传统方式，也有新发展起来的工程项目管理方式，包括建筑工程管理方式、设计-建造方式以及建造—运营—移交（Build-Operate-Transfer，BOT）方式等。

（一）传统方式

传统方式又称设计招标—建造方式。采用这种方法时，业主与设计机构（建筑师）签订专业服务合同，设计机构（建筑师）负责提供合同的设计和施工文件，在设计机构（建筑师）协助下，通过竞争性招标将工程施工的任务交给报价最低且最具资质的投标人（总承包商）来完成。

传统方式最显著的特点是，工程项目的实施只能按顺序方式进行，即只有一个阶段结束后另一个阶段才能开始，传统方式的工程项目建设程序清晰明了。传统方式是历史悠久，并得到广泛认同的工程项目管理方式。

（二）BOT 方式

BOT 即建造—运营—移交方式。它是指东道国政府开放本国基础设施建设和运营市场，吸收国外资金，授权项目公司特许权，由该公司负责融资和组织建设，建成后负责运营及偿还贷款，在特许期满将工程移交东道国政府。

BOT 方式运作需要进行以下五个步骤。

1. 项目的提出与招标

拟采用 BOT 方式建设的基础设施项目一般均由当地政府提出，大型项目则由国家政府部门提出，往往委托一家咨询公司对项目进行初步的可行性研究，随后，颁布特许意向，准备招标文件，公开招标。

2. 项目发起人组织投标

发起人往往是强有力的咨询顾问公司与财团或是大型的工程公司，他们申请资格预审，并在通过资格预审以后进行投标。BOT 项目的投标显然要比一般工程项目的投标复杂得多，需要对 BOT 项目进行深入的技术和财务的可行性分析，才有可能提出有关实施方案以及特许年限要求等。同时还要与金融机构接洽，使自己的实施方案，特别是融资方案得到金融机构的认可，才可正式提交投标书。这个过程中，项目发起人常常要聘用各种专业机构（包括法律、金融、财务等）协助编制投标文件。

3．成立项目公司、签署各种合同与协议

中标的项目发起人往往就是项目公司的组织者。项目公司参与各方一般包括项目发起人、大型承包商、设备材料供应商、东道国国有企业。在国外有时当地政府也入股，此外，还有一些不直接参与项目公司经营管理的独立股东，如保险公司、金融机构等。

项目公司签订的主要协议有股东协议、与政府谈判签订的特许协议和与金融机构签署的融资协议。另外，与各参与方签订总承包合同、运输保养合同、保险合同、工程进度合同和各类专业咨询合同（如相关法律条文等），有时需要独立签订设备订货合同。

4．项目建设和运营

这一阶段项目公司的主要任务是委托咨询监理公司对总承包商的工作进行监理，保证项目的顺利实施和资金支付。有的工程可以完成一部分之后开始运营，以早日回收资金。同时，还要组织综合性开发建设公司进行综合项目开发服务，以便多方面盈利。

5．项目移交

在特许期满之前，应做好必要的维护以及资产评估等工作，以便随时将 BOT 项目移交政府运行。政府可以仍旧聘用原有运营公司来运行项目。

（三）CM 管理方式

工程管理（Construction Management，CM）方式是针对传统方式的不足而产生的，采用 CM 管理方式，其核心就是从项目开始阶段就聘请具有施工经验的 CM 经理参与到项目过程中来，向设计专业人员提供施工方面的建议，随后负责施工过程。

1．CM 管理方式

CM 管理方式主要有以下两种方式。

第一种称为代理型建筑工程管理方式。这是一种较为传统的形式，或

称为纯粹的 CM 管理方式。采用这种形式时，CM 经理是业主的咨询人员或代理，提供 CM 服务，主要不足之处是 CM 经理对进度和成本控制不做出保证。

第二种形式称为风险型建筑工程管理方式，实际上是纯粹的 CM 方式与传统方式的结合。采用这种形式，CM 经理同时担任施工总承包的角色，这种方式在英国称为管理承包。

2. CM 管理方式的适用范围

CM 管理方式的适用范围：设计可能经常变更的项目；项目工期比较紧，而不能等待编制出完整的招标文件（阶段性施工）；由于工作范围和规模不确定而无法准确定价的项目。

CM 方式的使用代表工程项目管理方式中的一种新概念的出现。在传统方式中，项目实施过程涉及的各方关系通常依靠合同来调解，可称之为合同方式，而在采用建筑工程管理方式时，业主在建筑初期就选择了建筑师、CM 经理及承包商。各方面以务实合作的态度组成项目组，共同完成项目的预算及成本控制、进度安排及项目的设计。

（四）设计-管理方式

设计-管理方式是一种类似于 CM 方式，但更为复杂的是，由同一实体向业主提供设计和施工管理服务的工程管理方式。在通常的 CM 方式中，业主分别就设计和专业施工过程签订合同。采用设计-管理合同时，业主只签订一份既包括设计也包括 CM 服务在内的管理服务合同。在这种情况下，设计师与 CM 经理是同一实体。这一实体常常是设计机构与施工管理企业的联合体。

采用设计-管理时，由多个与业主或设计-管理公司签订合同的独立承包商负责具体工程施工，设计管理人员则负责施工过程的规划、管理与控制。一般来说，通常会采用阶段施工法。

（五）设计-建造方式

设计-建造方式是一种简练的工程管理方式。在项目原则明确以后，业主只需选定唯一的实体负责项目的设计与施工。近年来，设计-建造方式在建筑业的应用越来越广泛，原因主要是设计-建造方式便于采用阶段施工法。

设计-建造方式的基本特点是在项目实施过程中保持单一的合同责任。选定设计-建造承包商的过程比较复杂。如果是政府投资项目，业主必须采用竞争性招标的方式选择承包商。为了确保承包商的质量，还可确定正式的资格预审原则。

社会生活中，人们经常会提到的"交钥匙"方式，实际上就是一种特殊的设计-建造方式，即承包商为业主提供包括项目融资、土地购买、设计与施工直至竣工移交的全套服务。

第四节　水利工程施工程序研究

工程建设施工程序是指建设项目从决策、设计、施工到竣工验收整个工作进行过程中各阶段及其工作所必须遵循的先后次序与步骤。它所反映的是在基本建设过程中各有关部门之间一环扣一环的紧密联系和工作中相互协调、相互配合的工作关系。它是工程建设活动客观规律（包括自然规律和经济规律）的反映，也是人们在长期工程建设实践过程中的技术和管理活动经验的理性总结。科学的建设程序在坚持"先勘察、后设计、再施工"的原则基础上，突出优化决策、竞争择优、科学管理的原则。

一、水利工程的施工准备工作

（一）水利工程施工需要满足的条件

水利工程项目在主体工程开工之前，必须完成各项施工准备工作，主要内容包括施工现场的征地、拆迁；完成施工用水、电、通信、路和场地平整等工程；必需的生产、生活临时建筑工程；组织招标设计、咨询、设备和物资采购；组织建设监理和主体工程施工招标，并择优选定建设监理单位和施工承包队伍。

水利工程项目的施工顺利进行，需要满足的条件有：项目法人已经建立；初步设计已经批准；有关土地使用权已经批准；已办理报建手续；项目已列入国家或地方水利建设投资计划，筹资方案已经确定。

（二）调查研究与搜集资料

调查研究、收集有关施工资料，是施工准备工作的重要内容之一，必须重视基本资料的收集整理和分析研究工作。

1. 社会经济概况资料

应向当地政府机关、有关部门了解当地经济状况及其发展规划。该项调查包括工程建设地点、现有交通条件、当地国民经济发展对交通运输提出的要求，交通地理位置图；当地工农业发展状况和规划；燃料、动力供应条件；施工占地条件；当地生活物资、建筑材料供应条件；为工程施工提供社会服务、加工制造、修配、运输的可能性；可能提供的劳动力条件；国民经济各部门对施工期间防洪、灌溉、航运、供水、放水等要求；国家、地方各部门对基本建设的有关规定、条例、法令等。

2. 水文和气象资料

多年实测各月最大流量；坝址分月不同频率最大流量，相应枯水时段不同频率的流量，施工洪水过程线；水工建筑物布置地点的水位流量关系曲线；沿岸主要施工设施布置地点的河道特性和水位、流量资料；施工区附近支流、山沟、湖塘等水位、水量等资料；历年各月各级流量过水次数分析；年降水量、最大降水量、降水强度、可能最大暴雨强度、降雨历时等，降雪和积雪厚度；各种气温、水温、地温的特性资料；风速、最大风速、风向玫瑰图。

3. 技术资料的准备

技术准备是施工准备的核心。由于任何技术的差错或隐患都可能引起人身安全和质量事故，造成生命、财产和经济的巨大损失，所以必须认真地做好技术准备工作。

（1）工程施工组织设计资料。施工方法，主体工程、导流、机电安装等单项工程施工方案、施工进度、施工强度；设备、材料、劳动力数量；施工布置及对风、水、电和场内交通运输的要求；施工导流，截流和各期导流工程布置图，导流建筑物平剖面图、工程量，导流程序、相应时段不同频率的上下游水位，不同时段货物过坝分类数量；对外交通，对外运输方案、运输能力，对外交通工程量，修建所需设备、材料、动力燃料等，运输设备和人员数量；辅助企业，各生产系统规模容量、建筑面积、占地面积；风、水、电、供热、通信管线布置，施工设施建安工程量，施工设施设备数量，燃料、材料数量。

（2）工程规划、水工和机电设计资料。水库正常高水位、校核洪水位、库容水位关系曲线；枢纽总布置图、各单项工程布置图、剖面图、分类分部工程量；机组机型、台数，重大部件的尺寸、质量，枢机电和金属结构安装工程量，蓄水发电等要求。

（三）资源准备

材料、构（配）件、半成品、机械设备是保证施工顺利进行的物资基础，这些物资的准备工作必须在工程开工之前完成。根据各种物资的需要量计划，分别落实货源，安排运输和储备，使其满足连续施工的要求。物资准备工作主要包括建筑材料的准备；构（配）件和半成品的加工准备；建筑安装施工机械的准备。

1．建筑材料的准备

对选定的枢纽布置和施工方案，按各主体工程和辅助工程，分别计算列出所需钢材、钢筋、木材、水泥、油料、炸药等主要建筑材料总量及分年度供应计划。

2．建筑安装施工机械的准备

根据各主体工程、辅助工程的施工方法、施工进度计划，计算提出施工所需主要的及特殊专用的施工机械设备，按名称、规格、数量列表汇总，并提出分年度供应计划。

3．构（配）件、半成品的加工准备

根据施工预算提供的构（配）件、制品的名称、规格、质量和消耗量，确定加工方案和供应渠道以及进场后的储存地点和方式，编制出其需要量计划，为组织运输、确定堆场面积等提供依据。

（四）施工现场准备

施工现场的准备工作，主要是为了给拟建工程的施工创造有利的施工条件和物资保证。其具体内容如下。

1．搞好"四通一平"工作

"四通一平"指的是水通、电通、路通、通信通和平整场地。

（1）水通。水是施工现场的生产和生活不可缺少的。拟建工程开工之前，必须按照施工总平面图的要求，接通施工用水和生活用水的管线，使其尽可能与永久性的给水系统结合起来，做好地面排水系统，为施工创造良好的环境。

（2）电通。电是施工现场的主要动力来源。拟建工程开工前，要按照施工组织设计的要求，接通电力和电信设施，做好其他能源（如蒸汽、压缩空气）的供应，确保施工现场动力设备和通信设备的正常运行。

（3）路通。施工现场的道路是组织物资运输的动脉。拟建工程开工前，必须按照施工总平面图的要求，修好施工现场的永久性道路以及必要的临时性道路，形成完整畅通的运输网络，为材料设备进场、堆放创造有利条件。

（4）通信通。拟建工程开工前，必须形成完整畅通的通信网络，为施工人员进场提供有利条件。

（5）平整场地。按照设计总平面图的要求，首先拆除场地上妨碍施工的建筑物或构筑物，然后根据施工总平面图的规定进行平整场地。

2. 做好施工场地的控制网测量

按照设计单位提供的建筑总平面图及给定的永久性坐标控制网和水准控制基桩，进行施工区施工测量，设置施工区的永久性坐标桩、水准基桩和建立施工区工程测量控制网。

3. 建造临时建筑物和设施

按照施工总平面图的布置，建造临时建筑物和设施，为正式开工准备好生产、办公、生活、居住和储存等临时用房。

（五）开工条件及开工报告

施工准备工作是根据施工条件、工程规模、技术复杂程度来制定的。对一般工程项目必须具备相应的条件才能开工。随着社会主义市场经济体制的建立，建设项目法人责任制的推行，水利工程主体工程开工前必须具备以下条件。

（1）建设项目已列入国家或地方水利建设投资年度计划，年度建设资金已落实。

（2）前期工程各阶段文件已按规定批准，施工详图设计可以满足初期主体工程施工需要。

（3）现场施工准备和征地移民等建设外部条件能够满足主体工程开工需要。

（4）主体工程招标已经决标，工程承包合同已经签订，并得到主管部门同意。

（5）项目建设所需全部投资来源已经明确，且投资结构合理。

（6）建设管理模式已经确定，投资主体与项目主体的管理关系已经理顺。

项目法人或其代理机构必须按审批权限，向主管部门提出主体工程开工申请报告，经批准后，主体工程方能正式开工。

二、水利工程施工程序

根据我国基本建设实践，水利工程施工程序归纳起来可以分为四大阶段八个环节。

（一）第一阶段

第一阶段是建设项目决策阶段，在该阶段的任务主要有两个：一是要根据资源条件和国民经济长远发展规划进行流域或河段规划，提出项目建议书；二是进行可行性研究和项目评估，编制可行性研究报告。

（二）第二阶段

第二阶段是项目勘察设计阶段，对拟建项目在技术和经济上进行全面设计，是工程建设计划的具体化的阶段。这一阶段的成果是组织施工的依据。勘察设计直接关系到工程的投资、工程质量和使用效果，是工程建设的决定性环节。

（三）第三阶段

第三阶段是项目施工阶段，它包括建设前期施工准备、全面建设施工和生产（投产）准备工作三个主要环节。

（四）第四阶段

第四阶段的工作是项目竣工验收和交付使用。在生产运行一定时间之后，对建设项目进行评价。

三、工程建设步骤

（一）项目建议书

项目建议书是在流域规划的基础上，由主管部门提出建设项目的轮廓设想，从宏观上衡量、分析项目建设的必要性和可能性，分析建设条件是否具备、是否值得投入资金，以及如何进行可行性研究工作的文件。其编制一般由政府委托有相应资质的设计咨询单位承担，并按国家现行规定权限向主管部门申报审批。

项目建议书是确定建设项目和建设方案的主要文件，是编制设计文件的依据。其所包含的内容主要有建设规模和建设地点的初步设想、拟建项目的必要性和依据、投资估算和资金筹措的设想、建设布局和建设条件的初步分析，以及项目进度的初步安排和效益估算等。

在项目建议书被上级或是其他有关部门批准之后，就可以开始进行下一步的可行性研究。

（二）可行性研究

可行性研究是项目能否成立的基础，这个阶段的成果是可行性研究报告。它是运用现代科学技术、经济学和管理工程学等，对项目进行技术经济分析的综合性工作。

（1）建设中要动用多少人力、物力和资金。

（2）建设工期有多长，如何筹集建设资金。

（3）在技术上是否可行，经济效益是否显著，财务上能否盈利等。

可行性研究是进行建设项目决策的主要依据。水利工程项目的可行性研究是在流域（河段）规划的基础上，组织各方面的专家、学者对拟建项目的建设条件进行全方位、多方面的综合论证比较的过程。例如，三峡工程就是对许多部门和专业，甚至整个流域的生态环境、文物古迹、军事等进行可行性研究后确定的。

可行性研究报告是由项目主管部门委托工程咨询单位或组织专家进行评估，并综合行业归口部门、投资机构、项目法人等方面的意见进行审批而形成的。项目的可行性研究报告批准后，应正式成立项目法人，并按项目法人责任制实行项目管理。

（三）勘察设计

可行性研究报告批准后，项目法人应择优（一般通过招标）选择有相应资质的设计单位承担工程的勘测设计工作。勘察设计的主要任务如下。

（1）确定工程规模，确定工程总体布置、主要建筑物的结构形式及布置。

（2）选定对外交通方案、施工导流方式、施工总进度和施工总布置、主要建筑物施工方法及主要施工设备、资源需用量及其来源。

（3）确定水库淹没、工程占地的范围，提出水库淹没处理、移民安置规划和投资概算。

（4）确定电站或泵站的机组机型、装机容量和布置。

（5）编制初步设计概算，复核经济评价。

（6）提出水土保持、环境保护措施设计等。

勘察设计完成后按国家现行规定权限向上级主管部门申报，主管部门组织专家和相关部门进行审查，审查合格后由主管部门审批通过。

（四）施工准备

施工准备工作开始前，项目法人或其代理机构须依照有关规定向政府主管部门办理报建手续，须同时交验工程建设项目的有关批准文件。工程项目进行项目报建后，方可组织施工准备工作。施工准备阶段的主要内容如下。

（1）施工现场的征地、拆迁，施工用水、电、通信、道路的建设和场地平整等工程。

（2）组织招标设计、咨询、设备和物资采购。

（3）生产、生活临时建筑工程。

（4）进行技术设计，编制、修正总概算和施工详图设计，编制设计预算。

（5）组织建设监理和主体工程施工、主要机电设备采购招标，并择优选择建设监理单位、施工承包队伍及机电设备供应商。

（五）施工

施工阶段以工程项目的施工和安装为工作中心，项目法人按照批准的建设文件组织工程建设，通过项目的施工，在规定的投资、进度和质量要求范围内，按照设计文件的要求实现项目建设目标，将工程项目从蓝图变成工程实体。

项目法人或其代理机构必须按审批权限向主管部门提出主体工程开工申请报告，报告经批准后，主体工程方可正式开工。主体工程开工须具备以下条件。

（1）建设项目已列入国家或地方水利工程建设投资年度计划，年度建设资金已落实。

（2）前期工程各阶段文件已按规定批准，施工详图设计可以满足初期主体工程施工需要。

（3）现场施工准备和征地移民等工程建设条件已经满足工程开工要求。

（4）主体工程招标已经决标，工程承包合同已经签订，并得到主管部门同意。

（5）项目建设所需资金来源已经明确，投资结构合理。

（6）建设管理模式已经确定，投资主体与项目主体的管理关系已经理顺。

（7）工程产品的销售已经有用户承诺，并确定了价格。

（六）生产准备

生产准备是项目投产前所要进行的一项重要工作，是建设阶段转入生产经营的必要条件。项目法人应按照建管结合和项目法人责任制的要求，适时做好有关生产准备工作，其主要内容如下。

（1）生产组织准备，建立生产经营的管理机构及其相应管理制度。

（2）生产技术准备，主要包括技术资料的汇总、运行技术方案的制定、岗位操作规程制定等。

（3）招收和培训人员，按照生产运营的要求，配备生产管理人员，并通过多种形式的培训，提高人员素质，使之能满足运营要求。

（4）生产物资准备，主要落实投产运营所需要的原材料、协作产品、工器具、备品备件和其他协作配合条件。

（5）正常的生活福利设施准备。

（七）竣工验收

竣工验收是工程完成建设目标的标志，是全面考核基本建设成果、检验设计和工程质量的重要步骤。竣工验收合格的项目即从基本建设转入生产或使用。

在建设项目的建设内容全部完成。并经过单位工程验收，符合设计要求并按水利基本建设项目档案管理的有关规定，完成档案资料的整理工作，完成竣工报告、竣工决算等必备文件的编制后，项目法人按照有关规定向主管部门提出申请，根据国家和部颁验收规程组织验收。竣工决算编制完成后，须由审计机关组织竣工审计，其审计报告作为竣工验收的基本资料。

对于工程规模较大、技术较复杂的建设项目，可先进行初步验收。不合格的工程不予验收，有遗留问题必须有具体处理意见，且有限期处理的明确要求，并落实责任人。

工程验收合格后办理正式移交手续，工程从基本建设阶段转入使用阶段。

（八）后评价阶段

建设项目竣工投产，一般经过 1~2 年生产运营后就要对项目进行一次系统的项目后评价。其主要内容如下。

（1）经济效益评价，即对项目投资、国民经济效益、财务效益、技术进步和规模效益、可行性研究深度等方面进行的评价。

（2）过程评价，即对项目立项、设计、施工、建设管理、竣工投产、生产运营等全过程进行的评价。

（3）影响评价，即项目投产后对各方面的影响所进行的评价。

项目后评价工作通常要按照三个层次来组织进行实施，即项目法人的自我评价、项目行业的评价、计划部门（或投资方）的评价。

在项目全部完成时对其进行评价的主要目的是，对工程建设过程中所获得的经验进行总结，找到管理过程中的漏洞和不足之处，并及时吸取教训，从而在以后的工程建设中避免类似的错误出现，提高项目决策水平和投资效果。

第二章　水利工程施工总组织设计

第一节　水利工程基本建设的程序

基本建设的特点是投资多，建设周期长，涉及的专业和部门多，工作环节错综复杂。为了保证工程建设顺利进行，达到预期的目的，在基本建设的实践中，逐渐总结出一套大家共同遵守的工作顺序，这就是基本建设程序。基本建设程序是基本建设全过程中各项工作的先后顺序和工作内容及要求。

按建设程序进行水利水电工程建设是保证工程质量和投资效果的基本要求，是水利工程建设项目管理的重要工作。为此水利部于 1995 年 4 月 21 日发布施行了《水利工程建设项目管理规定》，于 1998 年 1 月 7 日发布施行了《水利工程建设程序管理暂行规定》。水利工程建设程序一般分为：项目建议书、可行性研究报告、初步设计、施工准备（包括招标设计）、建设实施、生产准备、竣工验收、后评价等阶段。

一、项目建议书

项目建议书应根据国民经济和社会发展长远规划、流域综合规划、区域综合规划、专业规划，按照国家产业政策和国家有关投资建设方针进行编制，是对拟进行建设项目的初步说明。主要从宏观上分析项目建设的必要性、建设条件的可行性、获利的可能性。即从国家或地区的长远需要分析建设项目是否有必要，从当前的实际情况分析建设条件是否具备，从投入与产出的关系分析是否值得投入资金和人力。

项目建议书编制一般委托有相应资格的设计单位承担，并按国家规定权限向上级主管部门申报审批。

二、可行性研究报告

可行性研究是综合应用工程技术、经济学和管理科学等学科基本理论对项目建设的各方案进行的技术、经济比较分析，提出评价意见，推荐最佳方案，论证项目建设的必要性、技术可行性和经济合理性。可行性研究报告是项目立项决策依据，同时也是项目办理资金筹措、签订合作协议、进行初步设计等工作的依据和基础，一经批准，不得随意修改和变更。可行性研究报告的内容一定要做到全面、科学、深入、可靠。

可行性研究报告，按国家现行规定的审批权限报批。申请项目可行性研究报告，必须同时提出项目法人组建方案及运行机制、资金筹措方案、资金结构及回收资金办法，并依照有关规定附具有管辖权的水行政主管部门或流域机构签署的规划同意书，对取水许可预申请的书面审查意见，审批部门要委托有项目相应资质的工程咨询机构对可行性研究报告进行评估，并综合行业归口主管部门、投资机构（公司）、项目法人（或项目法人筹备机构）等方面的意见进行审批。

项目可行性报告批准后，应正式成立项目法人，并按项目法人责任制实行项目管理。

三、初步设计

初步设计是根据批准的可行性研究报告和必要而准确的设计资料，对设计对象进行通盘研究，阐明拟建工程在技术上的可行性和经济上的合理性，规定项目的各项基本技术参数，编制项目的总概算。设计是复杂的综合性很强的技术工作，它建立在全面正确的勘测、调查工作之上。设计前不仅要有大量的勘测、调查、试验工作，在设计中以及工程施工中还要有相当细致的勘测、调查、试验工作。

初步设计是解决建设项目的技术可靠性和经济合理性问题。因此，初步设计具有一定程度的规划性质，是建设项目的"纲要"设计。初步设计要提出设计报告、初设概算和经济评价三项资料，主要内容包括工程的总体规划布置，工程规模（包括装机容量、水库的特征水位等），地质条件，主要建筑物的位置、结构型式和尺寸，主要建筑物的施工方法，施工导流方案，消防设施、环境保护、水库淹没、工程占地、水利工程管理机构等。对灌区工程来说，还要确定灌区的范围，主要干支渠道的规划布置，渠道的初步定线、断面设计和土石方量的估计等，还应包括各种建筑材料的用量，主要技术经济指标、建设工期、设计总概算等。

对大中型水利水电工程中一些水工、施工中的重大问题，如新坝型、泄洪方式、施工导流、截流等，应进行相应深度的科学研究，必要时，应有模型试验成果的论证。

初步设计任务应择优选择有项目相应资格的设计单位承担，依照有关初步设计编制规定进行编制。初步设计报批前，一般由项目法人委托有相应资格的工程咨询机构或组织专家，对初步设计中的重大问题进行咨询论证。设计单位根据咨询论证意见，对初步设计文件进行补充、修改和优化。初步设计由项目法人组织审查后，按国家现行规定权限向主管部门申报审批。

四、施工准备

项目在主体工程开工之前，必须完成各项施工准备工作，其主要内容包括落实施工用地的征地、拆迁；完成施工用水、电、通信、道路和场地平整等工程；建设生产、生活必需的临时工程；准备施工图纸；完成施工招标工作，择优选定监理单位、施工单位和材料设备供应厂家。这一阶段的工作对于保证项目开工后能否顺利进行具有决定性作用。

施工准备工作开始前，项目法人或其代理机构，必须按照规定向水行政主管部门办理报建手续，项目报建须交验工程建设项目的有关批准文件。工程项目进行项目报建登记后，方可组织施工准备工作。工程建设项目施工，除某些不适应招标的特殊工程项目外（须经水行政主管部门批准），均须实行招标投标。

水利工程项目进行施工准备必须满足如下条件：初步设计已经批准；项目法人已经建立；项目已列入国家或地方水利建设投资计划，筹资方案已经确定；有关土地使用权已经批准；已办理报建手续。

五、建设实施

建设实施阶段是项目法人按照批准的建设文件，组织工程建设，保证项目建设目标的实现。项目法人或其代理机构必须按审批权限，向主管部门提出主体工程开工申请报告，经批准后，主体工程方能正式开工。

主体工程开工须具备如下条件：前期工程各阶段文件已按规定批准，施工详图设计可以满足初期主体工程施工需要；建设项目已列入国家或地方水利建设投资年度计划，年度建设资金已落实；主体工程招标已经决标，工程承包合同已经签订，并得到主管部门同意；现场施工准备和征地移民等建设外部条件能够满足主体工程开工需要。

施工是把设计变为具有使用价值的建设实体，必须严格按照设计图纸进行，如有修改变动，要征得设计单位的同意。施工单位要严格履行合同，要与建设、设计单位和监理工程师密切配合。在施工过程中，各个环节要相互协调，加强科学管理，确保工程质量，全面按期完成施工任务。要按设计和施工验收规范验收，对地下工程，特别是基础和结构的关键部位，一定要在验收合格后，才能进行下一道工序施工，并做好原始记录。

六、生产准备

生产准备是项目投产前所要进行的一项重要工作，是建设阶段转入生产经营的必要条件。项目法人应按照建管结合和项目法人责任制的要求，适时做好有关生产准备工作。生产准备应根据不同类型的工程要求确定，一般应包括如下主要内容：

（1）生产组织准备。建立生产经营的管理机构、配备生产人员、制定相应管理制度。

（2）招收和培训人员。按照生产运营的要求，配备生产管理人员，并通过多种形式的培训，提高人员素质，使之能满足运营要求。有条件时，生产管理人员要尽早介入工程的施工建设，参加设备的安装调试和工程验收，熟悉情况，掌握好生产技术和工艺流程，为顺利衔接基本建设和生产经营阶段做好准备。

（3）生产技术准备。主要包括技术资料的汇总、运行技术方案的制定、岗位操作规程制定和新技术准备。

（4）生产的物资准备。主要是落实投产运营所需要的原材料、协作产品、工器具、备品备件和其他协作配合条件的准备。

（5）正常的生活福利设施准备。

七、竣工验收

当建设项目的建设内容全部完成，并经过单位工程验收，符合设计要求并按有关规定的要求完成了档案资料的整理工作；完成竣工报告、竣工决算等必需文件的编制后，项目法人按规定向验收主管部门提出申请，根据国家和部颁验收规程，组织验收。工程规模较大、技术较复杂的建设项目可先进行初步验收。不合格的工程不予验收；有遗留问题的项目，对遗留问题必须有具体处理意见，且有限期处理的明确要求，并落实责任人。

水利水电工程按照设计文件所规定的内容建成以后，在办理竣工验收以前，必须进行试运行。如工程质量不合格，应返工或加固处理。

竣工验收程序，一般分两个阶段：单项工程验收和整个工程项目的全部验收。对于大型工程，因建设时间长或建设过程中逐步投产，应分批组织验收。验收之前，项目法人要组织设计、施工等单位进行初验，待施工单位对初验的问题做出必要的处理之后，再向主管部门提交验收申请，根据国家和部颁验收规程，组织验收。

项目法人要系统整理技术资料，绘制竣工图，分类立卷，在验收后作为档案资料，交生产单位保存。项目法人要认真清理所有财产和物资，编好工程竣工决算，报上级主管部门审批。竣工决算编制完成后，须由审计机关组织竣工审计，审计报告作为竣工验收的基本资料。

水利水电工程把上述验收程序分为阶段验收和竣工验收，凡能独立发挥作用的单项工程均应进行阶段验收，如截流、下闸蓄水、机组启动、通水等。

竣工验收是工程完成建设目标的标志，是全面考核基本建设成果、检验设计和工程质量的重要步骤。竣工验收合格的项目即从基本建设转入生产或使用。

八、后评价

后评价是工程交付使用并生产运行 1～2 年后，对项目的立项决策、设计、施工、竣工验收、生产运行等全过程进行系统评价的一种技术经济活动。通过后评价达到肯定成绩、总结经验、研究问题、提高项目决策水平和投资效果的目的。评价的内容主要包括：

（1）影响评价。通过项目建成投入生产后对社会、经济、政治、技术和环境等方面所产生的影响来评价项目决策的正确性。如项目建成后没达到决策时的目标，或背弃了决策目标，则应分析原因，找出问题，加以改进。

（2）经济效益评价。通过项目建成投产后所产生的实际效益的分析，来评价项目投资是否合理，经营管理是否得当，并与可行性研究阶段的评价结果进行比较，找出两者之间的差异及原因，提出改进措施。

（3）过程评价。前述两种评价是从项目投产后运行结果来分析评价的。过程评价则是从项目的立项决策、设计、施工、竣工投产等全过程进行系统分析。

基本建设过程大致上可以分为三个时期，即前期工作时期、工程实施时期、竣工投产时期。从国内外的基本建设经验来看，前期工作最重要，一般占整个过程的 50%～60%的时间。前期工作搞好了，其后各阶段的工作就容易顺利完成。

第二节　水利工程施工组织设计与进度计划

一、水利工程施工组织设计

（一）施工组织设计的作用

施工组织设计是研究施工条件、选择施工方案、对工程施工全过程实施组织和管理的指导性文件，是编制工程投资估算、设计概算和招标投标文件的主要依据。认真做好施工组织设计，对于合理选定工程设计方案，做好施工准备工作，加强施工计划性，建立正常施工秩序，保证工程质量，降低工程造价等具有重要作用。

水电工程建设规模大、涉及专业多、涉及范围广，面临洪水的威胁和受到某些不利的地质、地形条件的影响，施工条件往往较其他工程要复杂困难得多。因此，施工组织设计工作就显得更为重要。目前，国家基本建设体制已由过去的计划经济内包方式，改为市场经济招标承包方式，对施工组织设计的质量、水平、效益的要求也越来越高。在编制招标文件阶段，施工组织设计是确定标底和评标的技术依据，其质量的好坏直接关系到能否选定合适的承包单位和提高工程效益等问题。投标单位在投标时如想在竞争中取胜，也必须做好施工组织设计，才能提出合适的有竞争性的报价。

（二）施工组织设计的编制原则

水利水电工程施工组织设计必须遵循国家的方针政策，确保优质、经济、快速地完成施工任务。尽管各阶段施工组织设计的内容和深度有所不同，都应遵循下列基本原则：

（1）执行国家有关方针政策，严格执行国家基建程序和有关技术标准、规程规范，并符合国内招标、投标规定和国际招标、投标惯例。

（2）保证工程按期并争取提前完工，尽早投入使用，迅速发挥工程效益和投资效益。

（3）根据需要与可能，采取机械化施工，加速施工进度，提高劳动生产率。

（4）尽可能节约人力、财力、物力，尽量利用原建筑、已有的设备和前期建成的永久建筑物，减少临时设施工程，节约投资。尽量减少施工用地，不占或少占农田。

（5）结合国情积极开发和推广新技术、新材料、新工艺和新设备，凡经实践证明技术经济效益显著的科研成果，应尽量采用，努力提高技术效益和经济效益。

（6）统筹安排，综合平衡，妥善协调各分部分项工程，达到均衡施工。

（7）充分掌握自然条件，科学地安排施工顺序与进度，尽量利用枯水季节施工，并采取充分可靠合理的季节性施工措施，争取全年施工。

（8）创造良好的施工条件，保证施工安全。

（9）结合实际，因地制宜。

（三）施工组织设计的编制依据

施工组织设计要认真贯彻国家经济建设方针，设计工作必须依据以下各项进行。

（1）可行性研究报告及审批意见、设计任务书、上级单位对本工程建设的要求或批件。

（2）工程所在地区有关基本建设的法规或条例、地方政府对本工程建设的要求。

（3）国民经济各有关部门（铁道、交通、林业、水利、旅游、环保、文物、城乡供水等）对本工程建设期间有关要求及协议。

（4）当前水电工程建设的施工装备、管理水平和技术特点。

（5）工程所在地区和河流的自然条件（地形、地质、水文、气象特征和当地建材情况等）、施工电源、水源及水质、交通、环保、旅游、防洪、灌溉排水、航运、过木、供水等现状和近期发展规划。

（6）当地城镇现有修配、加工能力，生活、生产物资和劳动力供应条件，居民生活、卫生习惯等。

（7）施工导流及通航过木等水工模型试验、各种材料试验、混凝土配合比试验、重要结构模型试验、岩土物理力学试验等成果。

（8）工程有关工艺试验或生产性试验成果。

（9）勘测、设计各专业有关成果。

（四）施工组织设计的内容

施工组织设计是从施工角度对建筑物的位置、型式及枢纽布置进行方案比较，选定施工方案并拟定施工方法、施工程序及施工进度；计算工程量及相应需要的建筑材料、施工设备、劳动力及工程投资；进行工地各项业务的组织，确定场地布置和临时设施等。

初步设计中施工组织设计主要包括以下几部分。

1. 施工条件分析

施工条件主要有：工程所在地点，对外交通运输，枢纽建筑物及其特征；地形、地质、水文、气象条件；主要建筑材料来源和供应条件；当地水源、电源情况，施工期间通航、过鱼、供水、环保等要求；对工期、分期投产的要求；施工用地、居民安置以及与工程施工有关的协作条件等。

施工条件分析需在简要阐明上述条件的基础上，着重分析它们对工程施工可能带来的影响和后果。

2. 施工导流

在周密地分析研究水文、气象、地形、地质、水文地质、枢纽布置及施工条件等基本资料前提下，划分导流时段，选定导流标准，确定导流设计流量；选择导流方案及导流挡水、泄水建筑物的型式，确定导流建筑物的布置、构造与尺寸；拟定导流挡水建筑物的修建、拆除与泄水建筑物的堵塞方法以及河道截流、拦洪度汛和基坑排水的措施等。根据导流条件确定导流标准和导流流量，选择导流方案和导流建筑物型式及尺寸，截流设计及施工措施和基坑排水等问题。

3. 主体工程施工

根据工程规模和特点，对主体工程施工程序、施工方法、施工强度、施工布置、施工进度和主要施工机械进行分析比较和选择，拟定主体工程的机电设备和金属结构安装方法。

4. 施工交通运输

施工交通运输分对外交通运输和场内交通运输。

对外交通运输是在弄清现有对外交通和发展规划的情况下，根据工程对外运输总量、运输强度和重大部件的运输要求，确定对外交通运输方式，选择线路的标准和线路，规划沿线重大设施与国家干线的连接，并提出场外交通工程的施工进度安排。

场内交通运输应根据施工场区的地形条件和分区规划要求，结合主体工程的施工运输，选定场内交通主干线路的布置和标准，提出相应的工程量。施工期间，若有船、木过坝问题，应做出专门的分析论证，提出解决方案。

5. 施工辅助设施和大型临建工程

根据工程任务和要求，拟定主要施工辅助设施（如土石料场、骨料场、混凝土拌和系统、钢筋、木材加工场、预制厂等）和大型临建工程（如导流设施、缆机平台、过河桥涵等）的规模和布置。

6. 施工总布置

根据工地地形、地貌、枢纽布置和各项临时设施布置的要求，对施工场地进行分区规划，确定分期分区布置方案和各承包单位的场地范围，对土石方的开挖、堆料、弃料和填筑进行综合平衡，提出各类房屋分区布置一览表，估计用地和施工征地面积，提出用地计划，研究施工期间的环境保护和植被恢复的可能性。

7. 施工总进度

根据工程规模、导流程序和上级规定的工期要求，拟定整个工程，包括准备工程、主体工程和结尾工程的施工进度。对导流截流、拦洪度汛、封孔蓄水、供水发电等控制环节以及工程应达到的形象面貌，需做出专门的论证；对土石方、混凝土等主要工种工程的施工强度以及劳动力、主要建筑材料、主要机械设备的需用量，要进行综合平衡；要分析施工工期和工程费用的关系，提出合理工期的推荐意见。

8. 主要技术供应计划

根据工程规模和施工总进度安排，通过定额资料分析，对主要的工种劳动力，建筑材料、施工机械设备及粮煤等生活物资列出需要量供应计划。

此外，在施工组织设计中，必要时还需提出进行试验研究和补充勘测的建议，为进一步深入设计和研究提供依据。

在完成上述设计内容时，还应提出如下附图：施工场外交通图；施工总布置图；施工转运站规划布置图；施工征地规划范围图；施工导流方案综合比较图；施工导流分期布置图；导流建筑物结构布置图；导流建筑物施工方法示意图；施工期通航布置图；主要建筑物土石方开挖施工程序及基础处理示意图；主要建筑物混凝土施工程序、施工方法及施工布置示意图；主要建筑物土石方填筑施工程序、施工方法及施工布置示意图；地下工程开挖、衬砌施工程序、施工方法及施工布置示意图；机电设备、金属结构安装施工示意图；砂石料系统生产工艺布置图；混凝土拌和系统及制冷系统布置图；当地建筑材料开采、加工及运输路线布置图；施工总进度表及施工关键路线图。

施工组织设计的内容虽然各有侧重、自成体系，但密切关联、相辅相成。弄清施工组织设计各部分内容之间的内在联系，对于搞好施工组织设计，做好现场施工的组织和管理，都有重要意义。

五、施工组织设计的类型

施工组织设计一般根据工程规模的大小和施工条件的不同，大致可分为：施工总组织设计、单项工程施工组织设计和分部（分项）工程施工组织设计。

（1）施工总组织设计是以一个水利水电工程项目为对象而编制的。它是整个建设项目施工的战略性部署，涉及范围广，内容较概括。一般是在初步设计或扩大初步设计批准后编制。

（2）单项工程施工组织设计是以枢纽中的主要工程项目为对象，如大坝、溢洪道、水电站等组成部分进行编制的。它是拟建工程施工的战术性安排，是施工总组织设计的具体化，内容较详细。一般是在技术设计会审后，由施工单位的项目主管工程师负责。

（3）分部（分项）工程施工组织设计是以施工难度较大或技术较复杂的分部（分项）工程为对象，结合施工单位的年度计划编制的。内容较具体详尽，又称施工作业计划。

二、水利工程施工进度计划

（一）施工总进度的任务

施工总进度一般按指令性工期或合理性工期编制，其任务包括：分析工程所在地区的自然条件、社会经济条件、工程施工特性和可能的施工进度方案，研究确定关键性工程的施工分期和施工程序，协调平衡安排其他工程的施工进度，使整个工程施工前后兼顾、互相衔接、均衡生产，最大限度地合理使用资金、劳力、设备、材料，在保证工程质量和施工安全前提下，按时或提前建成投产、发挥效益，满足国家经济发展的需要。

施工总进度的各设计阶段及深度如下：

（1）工程前期规划阶段。根据已掌握的流域内的自然和社会条件及可能的施工方案，参照已建工程的施工指标，拟定轮廓性施工进度规划，估算施工总工期、初期发电期、劳动力数量和总工日数。

（2）可行性研究阶段。根据工程具体条件和施工特性，对拟定的各坝址、坝型和水工枢纽布置方案，分别进行施工进度的分析研究，提出施工进度资料，参与方案选择和评价水工枢纽布置方案。在既定方案的基础上，配合拟定并选择导流方案，研究确定主体工程施工分期和施工程序，提出控制性进度表及主要工程的施工强度，初算劳动力高峰时人数和平均人数。

（3）初步设计阶段。根据主管部门对可行性研究报告的审批意见、设计任务和实际情况的变化，在参与选择和评价枢纽布置方案、施工导流方案的过程中，提出并修改施工控制性进度；对导流建筑物施工、工程截流、基坑抽水、拦洪、后期导流和下闸蓄水等工期要认真分析，进行方案比较，选择最优方案；对枢纽主体工程的土建、机电、金属结构安装等的施工进度要求其程序合理，均衡施工。

在编制单项工程施工进度的基础上，经综合平衡，进一步调整、完善、确定施工控制性进度，并提出施工总进度表及施工强度、劳动力需要量和总工日数等资料。

（4）技术设计（招标设计）阶段。根据初步设计编制的施工总进度和水工建筑物型式、工程量的局部修改，结合施工方法和技术供应条件，进一步调整、优化施工总进度。

（二）施工总进度的编制原则

编制施工总进度时，应根据工程条件、工程规模、技术难度，依据我国施工组织管理水平和施工机械化程度，合理安排筹建及准备时间与建设工期，并分析论证项目业主对工期提出的要求。

编制施工总进度的原则如下：

（1）执行基本建设程序，遵照国家政策、法令和有关规程规范。

（2）采用先进、合理的指标和方法安排工期。对复杂地质、恶劣气候条件或受洪水制约的工程，宜适当留有余地。

（3）系统分析受洪水威胁的关键项目的施工进度计划，采取有效的技术和安全措施。

（4）单项工程施工进度与施工总进度相互协调，各项目施工程序前后兼顾、衔接合理、减少施工干扰、均衡施工。

（5）在保证工程质量与建设总工期的前提下，应研究提前发电和使投资效益最大化的施工措施。

（三）施工总进度表述的类型

施工进度计划的设计成果，常以图表的形式来表述，有以下几种类型：

（1）横道图。横道图是传统的总进度表述形式。图上标有各单项工程主要项目的工程量、施工时段、施工工期、施工强度，并有经平衡后汇总的施工强度曲线和劳动力需要量曲线，必要时还可表示各期施工导流方式。其优点是图面简单明了、直观易懂，缺点是不能表示各分项工程之间的逻辑关系。

（2）网络图。这是系统工程在编制施工进度中的应用。其优点是能明确表示分项工程之间的逻辑关系，能标出控制工期的关键路线；缺点是不太明了、直观。

（3）横道图与网络图结合。吸取横道图和网络图的优点，在横道图基础上，对关键性工程项目之间加上逻辑关系，是 20 世纪 80 年代后期以后常用的表达形式。

（四）施工进度计划的编制

1．收集基本资料

施工总进度编制的合理与否，在很大程度上取决于原始资料的收集是否全面、准确，以及对资料是否进行了充分的分析研究。因此，在编制施工总进度之前和在工作过程中，要收集和不断完善所需的基本资料，主要包括：

（1）国家规定的工程施工期限或限期投入运转的顺序和日期，以及上级主管部门对该工程的指示文件。

（2）工程勘测和技术经济调查资料。如水文、气象、地形、地质、水文地质和当地建筑材料等自然条件资料，以及工程所在地区（和水库库区的）厂矿企业、矿产资源、库区淹没、文物保护、移民安置、地震和环保等资料。

（3）工程的规划设计和预算文件。它包括工程的规划设计成果，主要建筑物的设计图纸，国家的投资分配和各项工程定额资料等。

（4）交通运输和技术供应的基本资料。它主要包括对外交通运输方式、运输能力和发展情况，劳动力、建筑材料、机械设备等的供应情况，以及施工用电和通信等有关资料。

（5）国民经济各部门对施工期间的防洪、灌溉、航运、过木、供水等方面的要求。

2．编制轮廓性施工进度

轮廓性施工进度，可根据初步掌握的基本资料和水工建筑物布置方案，结合其他专业设计文件，对关键性工程施工分期、施工程序进行粗略的研究之后，参考已建同类工程的施工进度指标，估算工程受益工期和总工期。一般编制方法如下：

（1）同水工建筑物设计人员共同研究选定有代表性的设计方案，并了解主要建筑物的施工特性，初步选定关键性施工项目。

（2）根据对外交通和工程布置的规模及难易程度，拟定准备工程的工期。

（3）以拦河坝为主要主体建筑的工程，根据初拟的导流方案，对主体建筑物进行施工分期规划，确定截流和主体工程的基坑施工日期。

（4）根据已建工程的施工进度指标，结合本工程的具体条件，规划关键性工程项目的施工期限，确定工程受益日期和总工期。

（5）对其他主体建筑物的施工进度作粗略分析，编制轮廓性施工进度表。

轮廓性施工进度在工程规划阶段，是施工总进度的最终成果；可行性研究阶段，是编制控制性施工进度的中间成果，其目的是：①配合拟定可能的导流方案；②为了对关键性工程项目进行粗略规划，拟定工程受益日期和总工期，为编制控制性进度做好准备；在初步设计阶段，可不编制轮廓性施工进度。

3．编制控制性施工进度

控制性施工进度与导流、施工方法设计等专业有密切联系，在编制过程中，应根据工程建设总工期的要求，确定施工分期和施工程序。以拦河坝为主要主体建筑的工程还应解决好导流和主体工程施工方法设计之间在进度安排上的矛盾，协调各主体工程在施工中的衔接关系。因此，控制性施工进度的编制，必然是一个反复调整的过程。

编制控制性施工进度时，应以关键性工程施工项目为主线，根据工程特点和施工条件，拟定关键性工程项目的施工程序，分析研究关键性工程的施工进度。而后以关键性施工进度为主线，安排其他各单项工程的施工进度，拟定初步的控制性施工进度表。计算并绘制施工强度曲线，经反复调整，使各项进度合理，施工强度曲线平衡。

控制性施工进度在可行性研究阶段，是施工总进度的最终成果；在初步设计阶段，是编制施工总进度的重要步骤，并作为中间成果提供给施工组织设计的各有关专业，作为设计工作的依据。

完成控制性施工进度的编制后，应基本解决施工总进度中的主要施工技术问题。

4. 施工进度方案比较

在可行性研究阶段或初步设计的前期，一般常有几个枢纽布置方案，对于具有代表性的枢纽方案，都应编制控制性施工进度表，提出施工进度指标和对枢纽方案的评价意见，作为枢纽布置方案比较的依据之一，同时对一个枢纽方案可能做出几种不同的施工方案。以拦河坝为主要主体建筑物的工程可有几种不同的导流方案，可编制出多个相应的施工进度方案，需要对施工进度方案进行比较和优选。

5. 编制施工总进度表

施工总进度表是施工总进度的最终成果，它是在控制性进度表的基础上进行编制的，其项目较控制性进度表全面而详细。在编制总进度表的过程中，可以对控制性进度作局部修改。对非控制性施工项目，主要根据施工强度和土石方、混凝土方平衡的原则安排。

6. 编写施工总进度研究报告

在施工总进度研究报告中，应列出基本资料，阐明总进度编制的依据，各方案主体建筑物的施工条件、施工程序、主要施工方法、方案比较。以拦河坝为主要主体建筑物的工程，阐明导流方案和相应的施工程序、方案比较意见，最后阐明选定方案的施工进度安排及主要技术经济指标。

（五）编制施工总进度的主要工作内容

1. 列出工程项目

在施工总进度中，重要内容是拟定施工中各项工作的施工先后顺序和起止时间，从而起到制定和据此控制总工期的作用，因此编制施工总进度的首要工作是按照工程开展顺序和分期投产要求，将项目建设内容进行分解及合并，列出施工过程中可能涉及的工程项目。

一般情况下，一个建设项目的工程项目可能包括单项工程、分部分项工程、各项准备工作、辅助设施、结束工作及工程建设所必需的其他施工项目等。在做工程项目划分时，主要工程项目应重点考虑，附属的及次要的工程项目可以做适当的合并。

工程项目划分完成后，根据这些项目的施工顺序和相互关系进行排序，依次填入总进度表中。总进度表中工程项目的填写顺序一般是：各项目准备工程、导流工程（包括基坑排水）、主体单项工程、次要单项工程、机电及金属结构安装工程（可以单列也可以合并在有关的单项工程中）、现场清理等结束工作。在各单项工程中，再按施工顺序列出各分部分项工程。如大坝工程中可列出基坑开挖、坝基处理、坝身填筑、坝顶工程、金属结构安装等。

工程项目列出表后，要结合具体项目与已建的类似项目进行对比，完善工程项目表，尽可能做到所列工程项目没有重复和遗漏。

2．计算工程量

在列出工程项目后，依据所列项目，根据工程量计算规则《水利水电工程设计工程量计算规定》（SL328-2005）、《水利工程工程量清单计价规范》（GB50501-2007），计算各项工程的工程量。工程量计算时，由于进度计划所对应的设计阶段不同，工程量计算精度也不一样。在工程规划阶段，可参照类似工程进行匡算；在可行性研究阶段，依据可行性研究设计图纸进行估算；在初步设计阶段，设计图纸内容更为全面，工程量精度加深；在技术设计阶段，各项工程设计图纸更为详细，工程量计算精度相应提高。

在项目实施时，由于各项工程可能分期、分批实施，因此，在编制工程进度计划时，要考虑实际需要，提出分期、分批的工程量。

3．初拟施工进度

这是编制总进度的一项主要步骤。在草拟总进度计划时，应该做到抓住关键、分清三次、安排合理，保证各项工程的实施时间和顺序互不干扰、可能实现连续作业。在水利工程的实施中，与雨洪有关的、受季节性影响的以及施工技术复杂的控制性工程，往往是影响工程进度的关键环节，一旦这些项目的任何一个发生延误，都将影响整个工程进度，因此，在总进度中，应特别注意对这些项目的进度安排，以保证整个项目的如期进行。

对于堤坝式水电枢纽工程，其关键工程一般均位于河床，故施工总进度安排应以导流程序为主线，先将导流工程、围堰截流、基坑排水、坝基开挖、基础处理、施工度汛、坝体拦洪、水库蓄水和机组发电等关键性控制进度安排好，其中还应包括相应的准备工作、结尾工作和辅助工程的进度安排。这样构成整个工程进度计划的轮廓，再将不直接受水文条件控制的其他工程项目配合安排，即可拟成整个枢纽工程的施工总进度计划草案。

必须指出在初拟控制性进度时，对于围堰截流、蓄水发电等一些关键项目，一定要进行认真的分析论证，在技术措施、组织措施等方面都应该得到可靠的保证。不然延误了截流时机，或者影响了发电计划，将会对整个工期产生较大的影响，最终造成较大的国民经济损失。

对于引水式水电工程，引水建筑物的施工期限是控制总进度的关键，所以总进度计划应根据引水建筑物的施工特点进行安排，其他项目的施工进度再与之配合。

4．论证施工强度

一项工程的施工进度，往往不仅是由工程本身决定，外部的施工条件(包括自然条件、人力、物力、财力)和所采用的施工方法也将影响工程的施工进度。因此在初拟一个施工总进度后，要考虑各种因素，对各项工程的施工强度要进行分析论证，特别是那些对总进度起控制作用的关键性工程的施工强度，一定要详尽论证，使编制的总进度计划合理、可靠、可行，能有效地指导施工作业。

论证施工强度的目的在于分析初拟的施工进度是否合理。在论证施工强度时，一般采用工程类比法。所谓类比法，就是参考已建类似工程的施工强度，通过对施工条件、施工方法等方面内容的比较来分析论证本工程的施工强度是否合理，能否实现。并以此来决定是否对初拟的施工进度进行调整。如果没有类似工程可供对比，则应通过施工设计，从施工方法、施工机械和生产能力、施工的现场布置、施工措施等方面进行论证。

在进行论证时不仅要研究各项工程施工期间所要求达到的平均施工强度，而且还要估计到施工期间可能出现的不均衡性。因为水利水电工程施工，常受各种自然条件的影响，如水文、气象等条件，在整个施工期间，要保持均衡施工是比较困难的。

5．编制劳动力、材料、机械设备等需要量

根据拟定的施工总进度和定额指标，计算劳动力、材料、机械设备等的需要量，并提出相应的计划。这些计划应与器材调配、材料供应、厂家加工制造的交货日期相协调。所有材料、设备尽量均衡供应，这是衡量施工进度是否完善的一个重要标志。

6．调整和修改

在完成初拟施工进度后，根据对施工强度的论证和劳动力、材料、机械设备等的平衡，就可以对初拟的总进度做出评价。它是否切合实际、各

项工程之间是否协调、施工强度是否大体均衡、特别是主体工程要大体均衡。如果有不尽完善的地方，及时进行调整和修改。

对施工总进度的编制，在实际工作中并不是简单地划分为以上几个步骤，各个步骤也不是单独进行的，它们之间相互关联、互为先后，一个施工总进度的编制，往往要经过多次修改，不断完善才能最终确定。在施工过程中，随着新情况的不断出现，施工总进度也要求不断地进行调整、修正，才能有效地指导现场施工，进行进度控制。

（六）施工的网络进度计划

网络计划技术能完整确切地反映各个工作项目之间互相依存和互相制约的关系，具有逻辑严密、主要矛盾突出、有利于计划的优化调整和电子计算机应用等特点，因此网络进度计划在国内外工程上得到了广泛的应用。

网络计划技术的基本原理是：首先应用网络图的形式表示工程各个施工过程的先后顺序和相互关系，其次分析各个施工过程在网络中的地位，找出关键工作和关键线路，再按照一定的目标不断改善计划安排，选择最优方案，并在计划执行过程中进行有效的控制与监督，保证以最小的消耗取得最大的经济效果。

网络计划的形式主要有双代号和单代号两种。单代号是在双代号基础上的简化。两者之间的根本区别是图形中的节点（○）与箭杆（→）使用方法不同。双代号网络中，箭杆代表作业，节点代表事件。在单代号中，节点代表作业，箭杆代表作业活动流向。我国目前多采用双代号网络图。但由于单代号网络图绘制比较容易，没有虚工作，且便于检查和修改等优点，因此在国内外日益受到重视。下面仅介绍双代号网络的关键线路法。

1. 关键线路法的网络进度编制程序

关键线路法的特点是每项工作的持续时间属肯定型。各项工作之间的衔接和联系是明确而完整的，即各项工作之间的逻辑关系是肯定的。当然在实际施工中往往很多工作的持续时间是非肯定型，需把非肯定型问题转化为肯定型问题后，才可以参照关键线路法计算各时间参数。

应用关键线路法编制网络进度的主要步骤如下：

（1）确定进度计划中各个工作项目（或工序、活动）。

（2）明确它们的施工顺序和逻辑关系。

（3）确定每个工作项目所需的持续时间。

（4）按网络图的要求和规定，绘制整个工程的网络进度计划。

（5）计算最早开始、最早结束、最迟开始、最迟结束、总时差、自由时差等时间参数，并确定关键线路。

（6）检查网络进度是否符合国家计划的要求，是否与工程合同、银行贷款等约束条件相适应，否则应重新调整，直至满意为止。

2．关键线路法网络图的基本概念

关键线路法网络图具有以下三个要素。

（1）工作。工作（工序、活动）是网络图的主要组成部分。通常用一个箭号（→）来表示。一个箭号代表一项工作。对那些既不消耗时间又不消耗资源，只用它说明一项工作和另外几项工作之间的约束关系的工作称为虚工作，用虚箭线表示。

（2）事件。在箭杆的箭头和箭尾画上圆圈（节点），用以标志前面一项工作或若干项工作的结束和后面一项或若干项工作的开始，我们把这种圆圈（节点）叫作事件。事件和工作不同，它是工作结束或开始的瞬间，且不耗用时间和资源。

（3）线路。从总开始事件到总结束事件有不同的线路，其中工期最长的线路为关键线路，位于关键线路上的工作称为关键工作，这些工作的快慢直接影响到总工期。关键线路和非关键线路随着主客观因素的变化也可能互相转化。如关键线路上的某些工作，由于采取了有效的技术措施缩短了工期，这时原来非关键线路也可能成为关键线路。

处于非关键线路上的工作都有时差，也就是可以有一定的机动时间或富裕时间。这意味着可以抽出一定的人力、物力去支援关键工作，以缩短工期。因此人们对此概括了两句话："向关键线路要进度，向非关键线路要节约"。

3．绘图的基本原则

（1）网络图必须正确表达各项工作的先后顺序、彼此之间的联系和互相制约与依存的关系，不能违背基本工艺或技术操作上的逻辑关系。

（2）对事件的编号一般应使箭杆终点的编号大于起点的编号，并且每两个编号只能代表一项工作，不允许用多根箭杆同时连在两个相同的事件上。编号的方法有水平和垂直两种。

（3）网络图中不允许出现闭合回路。

（4）在网络图中，不允许出现无节点或无结束节点的工作。

（5）网络图中不允许出现无箭线或双箭线工作。

（6）网络图中交叉箭线用"过桥法"处理。

（7）当网络图的起点节点有多条外向箭线，或终点节点有多条内向箭线时，可采用"母线法"绘制。

4. 关键工作与关键线路

在网络图上判别关键工作一般比较简捷方便，凡网络图上各个事件最早和最迟时间相等的工作，即可视为关键工作，将这些工作连接起来就是关键线路。然后再用总时差和自由时差是否为零等条件加以复核，如果都符合，则确定为关键线路。在非关键线路上的总时差必不等于零，这说明非关键线路上的工作一定有潜力可挖。因此可以将非关键工作的持续时间在时差允许的范围内适当地延长，降低施工强度，以抽调一部分人力、物力去支援关键线路上的薄弱环节，也可在时差的允许范围内，推迟非关键项目的开工时间去支援关键工作。

5. 网络计划的优化简介

网络计划编制以后，往往还有一个择优的过程，习惯上称之"优化"。优化的目的主要是检查所安排的工期是否符合国家计划或合同工期的要求，检查关键的材料、施工机械、劳动力等资源是否能满足工期要求和与工程进度相适应，检查工程预算成本和所安排的工期有无冲突，是否使费用超支过大等。如上述不符合就要设法调整和修正使之优化。

所谓优化、最优都是相对而言的。例如对于土方开挖，人工施工与机械化施工相比，当然后者优，而效率高的机械又比效率低的机械优，自动化的机械则更优。但当客观条件只有一般土方挖掘机械和人工开挖可供选择时，那自然是选择一般土方挖掘机械开挖方案为优，这实为上述的淘汰方案。很明显，脱离了具体条件片面地强调理论上或公式上的最优，有时不仅不能取得实效，反而会造成浪费。网络计划的优化，目前有工期优化、费用优化和资源优化三大类。

从目前我国建设施工的特点来看，优化的目标主要集中在如下两个方面。

（1）网络计划工期满足不了国家对建设项目规定的工期或达不到合同工期的要求，经过优化使之改进、加快。

（2）劳动力、施工机械等使用过于集中，需要通过优化加以均衡。

第三节　水利工程施工的总布置

一、水利施工总布置的内容

施工总布置是施工场区在施工期间的空间规划。它是根据场区的地形地貌、枢纽布置和各项临时设施布置的要求，研究施工场地的分期分区分标布置方案，对施工期间所需的交通运输设施、施工工厂、仓库房屋、动力、给排水管线及其他施工设施做出平面立面布置，从场地安排上为保证施工安全、工程质量、加快施工进度和降低工程造价创造环境条件。

施工总布置是施工组织设计的重要内容。可行性研究阶段，应着重就对外交通、场内主干线以及它们之间的衔接、主要料场、主要场区划分等问题做出评价。初步设计阶段，应分别就施工场地的划分，生产、生活设施的分区布置，料场、主要施工工厂、大型临时设施和场内主要交通运输线路的布置以及场内外交通的衔接等，拟定各种可能的布局方案，进行论证比较，选择合理的方案。技施设计和工程施工时，主要是在初步设计的基础上，对主要施工工厂进行工艺布置设计，对大型临建工程做出结构设计。

施工总体布置的成果，需标示在一定比例尺的施工场区地形图上，构成施工总体布置图，它是施工组织设计的主要成果之一。

施工总布置图一般应包括以下内容：一切地上和地下已有的建筑物和房屋；一切地上和地下拟建的建筑物和房屋；一切为施工服务的临时性建筑物和施工设施，主要有：①施工导流建筑物，如围堰、隧洞等；②交通运输系统，如公路、铁路、车站、码头、车库、桥涵等；③料场及其加工系统，如土料场、石料场、砂砾料场、骨料加工厂等；④各种仓库、料堆和弃料场等；⑤混凝土制备系统，如混凝土工厂、骨料仓库、水泥仓库等；⑥混凝土浇筑系统；⑦机械修配系统；⑧金属结构、机电设备和施工设备安装基地；⑨风、水、电供应系统；⑩其他施工工厂，如钢筋加工厂、木材加工厂、预制构件厂等；⑪办公及生活用房，如办公室、试验室、宿舍、医院、学校等；⑫安全防火设施及其他，如消防站、警卫室、安全警戒线等。众所周知，施工过程是一个动态过程，永久性建筑物将随施工进程，按一定顺序修建；临时性建筑物和临时设施也随着施工的需要而逐渐建造，用完后，拆除、转移或废弃。同时，随着施工的进展，水文、地形等自然条件也将有所变化，因此，研究施工总体布置，解决施工地区空间组织问题，必须同施工进度的时间安排协调起来。对于工期较长的大型‘水电工程，常需根据不同时期的现场特点，分期做出布置，既满足不同时期的需要，又作好前后阶段的衔接。

施工总布置的成果，除了集中反映在施工总体布置图上以外，还应提出各类临时建筑物、施工设施的分区布置一览表，它们的占地面积、建筑面积和建筑安装工程量；对施工征地做出估计，提出征地面积和征地使用计划，研究还地造田、征地再利用的措施；计算场地平整土石方工程量，对挖填方量进行综合平衡，提出有效挖方的利用规划；对重大施工设施的场址选择和大宗物料的运输进行合理的规划，提出施工运输的优选方案。

二、水利施工总布置的设计

一般说来，施工总布置规划要与水利水电工程建设管理要求相适应，主要考虑以下因素：

（1）综合分析水工枢纽布置、主体建筑物规模、型式、特点、施工条件以及工程所在地区的社会与自然条件。

（2）考虑建设管理模式、工程施工分标因素及其对施工总布置的影响。

（3）合理确定并统筹规划布置为工程施工服务的各种临时设施。

（4）妥善处理各施工区、段之间的关系和施工场地内外的关系。

（5）研究施工临时设施与永久建筑相结合以及利用工程区附近现有设施的可能性。

（6）为保障工程施工质量，有利于施工安全和工程管理，加快施工进度，提高经济效益创造条件。

（7）满足环境保护、水土保持要求，少占耕地，适应移民安置要求。

施工总布置要解决以下主要问题：

1）施工临时设施项目的划分、组成、规模和布置。

2）对外交通衔接方式、站场位置、主要交通干线及跨河设施的布置。

3）可利用场地的相对位置、高程、面积和征地费用。

4）供生产、生活设施布置的场地。

5）临建工程和永久设施的结合。

6）前后期结合和重复利用场地的可能性。

7）施工期对环境保护、水土保持的影响，提出渣场防护以及噪声、粉尘、生产生活废水等处理的必要措施。

三、水利施工总布置的步骤

对施工总体布置图的设计，由于施工条件多变，不可能列出一种一成不变的格局。根据实践经验，因地制宜，按场地布置优化的原理和原则，创造性地予以解决。

一般说来，设计施工总体布置图应该符合以下原则：①合理使用场地，尽量少占农田；②场区划分和布局符合有利生产、方便生活、易于管理、经济合理的原则，并符合国家有关安全、防火、卫生和环保等的专门规定；③一切临时建筑物和施工设施的布置，必须满足主体工程施工的要求，互相协调，避免干扰，尤其不能影响主体工程的施工和运行；④主要的施工设施、施工工厂的防洪标准，可根据它们的规模大小、使用期限和重要程度，在 5~20 年重现期内选用。必要时，宜通过水工模型试验，论证场地防护范围。

设计施工总布置图，大体可以按以下步骤进行。

（一）收集和分析基本资料

所收集的基本资料包括：施工场区的地形图，比例尺为 1:10 000~1:1 000；拟建枢纽的布置图；已有的场外交通运输设施、运输能力和发展规划；施工场区附近的居民点、城镇和工矿企业，特别是有关建筑标准、可供利用的住房、当地建筑材料、水电供应以及机械修配能力等情况，施工场区的土地状况；料场位置和范围；河流水文特征，包括在自然条件下和施工导流过程中不同频率上下游水位资料；施工地区的工程地质、水文地质及气象资料；施工组织设计中的有关成果，如施工方法、导流程序和进度安排等。

（二）列出临建工程项目清单

在掌握基本资料的基础上，根据工程的施工条件，结合类似工程的施工经验，编制拟临建工程项目单，估算它们的占地面积、建筑面积，明确它们的建筑标准、使用期限以及布置和使用方面的要求，对于施工工厂还要列出它们的生产能力、工作班制、水电动力负荷以及服务对象等情况。如有可能，宜结合施工分期分区的需要来编列清单，使临建工程的分片布置更加清晰。

（三）进行现场布置总体规划

施工现场总体规划是解决施工总体布置的关键，要着重研究解决一些重大原则问题。比如，施工场地是设在一岸还是分布在两岸？是集中布置还是分散布置？如果是分散布置，则主要场地设在哪里，如何分区？哪些临时设施要集中布置，哪些可以分散布置？主要交通干线设几条，它们的高程、走向如何布局？场内交通与场外交通如何衔接？以及临建工程和永久设施的结合、前期和后期的结合等。在工程施工实行分项承包的情况下，尤其要做好总体规划，明确划分各承包单位的施工场地范围，并按总体规划要求进行布置，使得既有各自的活动区域，又能避免互相干扰。

水电枢纽工程的布置和地形条件，直接影响到施工场地的布局，对于堤坝式水电站枢纽，由于电站厂房靠近大坝，工程比较集中，如果下游比较平坦开阔，常在枢纽轴线下游的一岸或两岸设立施工场地。当设在一岸时，则这一岸的选择常受电站厂房位置和对外交通线路引入的影响。若分设在两岸，则主要场地的确定，也受上述因素的影响。如果坝址位于峡谷地区，两岸地形陡峻，则施工场地常沿河流一岸或两岸的冲沟连绵分布，形成所谓"一条龙"的布置方式。直接影响工程施工的临时设施靠近施工现场，随着影响程度的减弱，逐渐向下游延伸。对于引水式水电站，由于电站厂房远离取水枢纽，施工场地常分设在厂房和取水枢纽两处，当引水建筑物较长时，有时还在两者之间设立辅助施工场地。

枢纽工程的组成不同，施工辅助设施的构成也不尽相同，其施工布置常有很大差异。对以混凝土建筑物为主体的枢纽工程，在进行施工总体布置时，当以砂石骨料开采、运输、加工、储存和混凝土的拌和、运输、浇筑为主线来规划布置各项施工工厂和临时设施。对以当地材料建筑物为主体的工程，其施工总体布置的重点应放在料场开采、加工、堆置和上坝线路等方面，并以此为主线来规划布置其他施工设施和施工工厂。

规划施工场地时，对水文资料要进行认真研究。主要场地和交通干线要满足防洪标准。在坝址上游布置临建工程时，要研究施工期间由于导流、截流、拦洪、蓄水等原因而引起的上游水位变化，保证在淹没前能顺利撤走。在峡谷冲沟内布置施工场地时，要注重冲沟的承雨面积，分析研究山洪突然袭击的可能。

根据我国水电工程施工的经验，对于各项临时建筑物和施工设施，宜根据具体情况，采取集中和分散相结合的布置方式。例如，砂石骨料的开采和加工，应根据料场的选择，力求做到集中开采，集中加工。大型混凝土制备系统，对峡谷枢纽，多选择集中布置的方案；在河面开阔的坝址，常考虑两岸分设拌和系统；至于施工初期的少量浇筑和零星分散的混凝土工程，可以设置临时拌和站或采用混凝土搅拌车来解决。机械修配系统除全工地设中心机修厂外，各工区宜分设机修站，解决即时零星的修配任务。全工地的交通运输系统及有关设施，如车站、车库、基地等，应统一规划，统一管理，而各工区宜分设停车场、修理间等，以满足运营方便的要求。仓库业务除设立集中的仓库区外，对于水泥、炸药、油料等专用仓库和各工区、各施工工厂的仓库，在保证安全的前提下，以分别布置在服务对象附近为好。临时公用房屋或居住房屋，一般都分散布置，形成与各工区相配合的生活区，但部分家属生活区可在离现场较远的地点适当集中。施工用电多以临时发电厂或中心变电站为中心，建立全工地统一的供电系统，由分区变电站供电。而供水、供风则往往是分区形成独立的系统。

在规划施工场地时，要十分注意场内运输干线的布置，主要有：两岸交通联系的线路；混凝土和水泥的运输线路；土石方上坝线路；砂石骨料运输线路；金属结构、机电设备的进厂线路；联系上下游的过坝线路等。可采取高低线统筹布置的方式，能结合的则尽量结合。两岸联系最好在坝址下游修建永久性跨河桥，以保证全年运输畅通。当对外交透采用标准轨专用线时，宜将专用线引入混凝土系统和水电站厂房，作为运送水泥、机电设备之用。砂石骨料运输线取决于料场、加工厂和混凝土系统的相对位置，常设专线运输；对外交通干线应从施工场区边沿引入，最好不穿过居住区。场内外交通干线要避免平面交叉，如无法避免时，其交角以在 90°左右为宜。

在进行布置规划时，对于严重不良地质区，如滑坡体危害区和泥石流、沙暴、雪崩耳可能危害区，重点文物、古迹、名胜或自然保护区以及与重要资源开发有干扰的地区，均不应设置施工设施，以确保施工安全和避免发生不可挽回的损失。

（四）具体布置各项临时建筑物

在做出现场布置总体规划的基础上，通常是根据对外交通方式，按实际地形地貌，依一定顺序布置各项临时建筑物和施工设施。

当对外交通采用标准轨铁路或水路时，宜首先确定车站或码头的位置，以满足站台停车线、泊岸航深和线路设计等方面的专门要求，然后布置场内外交通的衔接和场内交通干线，再沿干线布置各项施工工厂和仓库等设施，最后布置办公、生活设施以及水、电和动力供应系统等。

如果对外交通采用公路，则可与场内交通联成一个系统来考虑，再据以确定施工工厂、仓库、办公、生活以及水、电、动力系统的布置。

在具体布置各项临建工程时，以下意见可供参考。

（1）对外运输专用线的铁路车站或汽车基地，宜布置在施工场区入口附近。铁路车站的地面坡度最好不超过 2%。有足够的临时堆场，机车库和检修支线宜在车站附近引出。

（2）工地的一般器材仓库可以靠近车站布置，而油库、炸药库等危险物品仓库应单独布置，设立一定的警戒线，并和场内外交通联系起来。

（3）混凝土工厂应设在主要浇筑对象附近，并和混凝土运输线路相协调。水泥仓库、骨料仓库、预制构件厂、钢筋加工厂、模板加工厂，在场地宽敞时都可以靠近混凝土工厂布置。如果地形条件不允许，至少应使水泥仓库、骨料仓库和混凝土工厂布置在一起，形成运输流水线。

（4）机械修配厂的布置要考虑重型机械进出方便，最好设在交通干线侧旁。

（5）码头、停泊处、木工厂（当木材由水路运来时）、供水抽水站均可布置在枢纽附近的河边，但要考虑河岸稳定、河水流速、水位变化等条件的影响。

（6）空压机站、修理厂等多分散布置在石方开挖地点附近，布置时要考虑爆破的安全距离和压缩空气的输送距离。

（7）闸门和金属结构安装基地常靠近主要安装地点，施工用金属结构和设备、钢管加工厂等，可以和它靠近，以便统一使用人力和物力。

（8）水电站设备安装基地宜布置在水电站厂房附近。

（9）中心变电站常设在比较僻静便于警戒的地方，临时发电厂或低压变电站应布置在电能需求量比较集中的地点，如混凝土系统、机械修配厂附近。对隧洞、地下厂房等施工厂区，需要布置由 220V 降至 36V 的变电压设备。

（10）骨料加工厂应布置在料场附近，以免运输废弃料，并减轻现场干扰。

（11）弃料堆场的布置不能影响各项永久工程的施工和运行，弃料要一次到位，避免转运；尽可能利用开挖料渣填筑围堰，开拓施工场地等。

（五）评价、调整、修改和选定合理方案

布置了各项临时建筑物和施工设施以后，应对整个施工场地布置进行评价、协调和修正，检查临建工程与主体工程之间、各项临建工程之间有无矛盾干扰；生产和施工工艺是否协调；能否满足安全防火和环境卫生方面的要求；占用农田是否合理；如有不协调的地方，进行适当调整。

施工总体布置方案的优劣，涉及许多因素，可以从不同的角度进行评价，其评价因素大体有两类，一类是定性因素，一类是定量因素。

属于定性因素的指标主要有：①有利生产，易于管理，方便生活的程度；②在施工流程中，互相协调的程度；③对主体工程施工和运行的影响；④满足安全、防火、防洪、环保方面的要求；⑤临建工程与永久工程结合的情况等。

属于定量因素的指标主要有：①场地平整土石方工程量和费用；②土石方开挖利用的程度；③临建工程建筑安装工程量和费用；④各种物料的运输工作量和费用；⑤征地面积和费用；⑥造地还田的面积；⑦临建工程的回收率或回收费等。

选择施工总体布置方案时，就一个或几个因素进行评价，虽然比较便捷，但容易以偏概全，造成错觉，只有对以上因素做出综合评价，才能体现总体择优的原则。

综合评价的方法很多，其原理多源于系统分析的多目标规划。其中，经常用来对定性、定量因素进行综合评价的方法有：层次分析法、效用函数法、模糊分析法和专家评分法等。

第三章　水利工程施工的准备工作

第一节　施工准备工作概述

一、施工准备工作的意义

施工准备工作是为了保证工程顺利开工和施工活动正常进行所必须事先做好的各项准备工作。它是生产经营管理的重要组成部分，是施工程序中的重要一环。做好施工准备工作具有以下意义。

（一）全面完成施工任务的必要条件

水利工程施工不仅需要消耗大量的人力、物力、财力，而且还会遇到各种各样的复杂技术问题、协作配合问题等。对于一项复杂而庞大的系统工程，如果事先缺乏充分的统筹安排，必然会使施工过程陷于被动，施工无法正常进行。由此可见，做好施工准备工作，既可以为整个工程的施工打下基础，又可以为各个分部工程的施工创造条件。

（二）降低工程成本、提高经济效益的有力保证

认真细致地做好施工准备工作，能充分发挥各方面的积极因素、合理组织各种资源，能有效地加快施工进度、提高工作质量、降低工程成本、实现文明施工、保证施工安全，从而获得较高的经济效益,为企业赢得良好的社会声誉。

（三）降低工程施工风险的有力保障

建筑产品的生产要素多且易变，影响因素多且预见性差，可能遇到的风险也大。只有充分做好施工准备工作、采取预防措施、增强应变能力才能有效地降低风险损失。

（四）遵循建筑施工程序的重要体现

建筑产品的生产有其科学的技术规律和市场经济规律。基本建设工程

项目的总程序是按照规划、设计和施工等几个阶段进行的，施工阶段又分为施工准备、土建施工、设备安装和交工验收阶段。由此可见，施工准备是基本建设施工的重要阶段之一。

由于建筑产品及其生产的特点，施工准备工作的好坏将直接影响建筑产品生产的全过程。实践证明，凡是重视施工准备工作、积极为拟建工程创造一切良好施工条件的，其工程的施工都会顺利地进行；凡是不重视施工准备工作的，将会处处被动，给工程的施工带来麻烦，甚至造成重大损失。

二、施工准备工作的类型与内容

（一）施工准备工作的类型

1．按工程所处施工阶段分类

按工程所处施工阶段，施工准备可分为开工前的施工准备和工程作业条件下的施工准备。

（1）开工前的施工准备：在拟建工程正式开工前所进行的一切施工准备，目的是为工程正式开工创造必要的施工条件，它带有全局性和总体性。没有这个阶段则工程不能顺利开工，更不能连续施工。

（2）工程作业条件下的施工准备：开工之后，为某一单位工程、某个施工阶段或某个分部工程所做的施工准备工作，它带有局部性和经常性。一般来说，冬、雨季施工准备都属于这种施工准备。

2．按施工准备工作范围分类

按施工准备工作范围，施工准备可分为全局性施工准备、单位工程施工条件准备、分部工程作业条件准备。

（1）全局性施工准备：以整个建设项目或建筑群为对象所进行的统一部署的施工准备工作，它不仅要为全局性的施工活动创造有利条件，而且要兼顾单位工程施工条件准备。

（2）单位工程施工条件准备：以一个建筑物或构筑物为施工对象而进行的施工条件准备，不仅为该单位工程在开工前做好一切准备工作，而且也要为分部工程作业条件做好施工准备工作。

当单位工程施工条件准备工作完成，且具备开工条件后，项目经理部应申请开工，递交开工报告，报审且批准后方可开工。实行建设监理的工程，企业还应将开工报告送监理工程师审批，由监理工程师签发开工通知，在限定时间内开工。

单位工程开工应具备以下条件：①施工图纸已经会审并有记录；②施工组织设计已经审核批准并已进行交底；③施工图预算和施工预算已经编制并审定；④施工合同已签订，施工证已经审批办好；⑤现场妨碍物已清除，场地已平整，施工道路、水源、电源已接通，排水沟道畅通；⑥材料、构建、半成品和生产设备等已经落实并能陆续进场，保证连续施工的需要；⑦各种临时设施已经搭设，能满足施工和生活的需要；⑧施工机械、设备的安排已落实，先期使用的已运入现场、已试运转并能正常使用；⑨劳动力安排已经落实，可以按时进场；⑩现场安全守则、安全标识宣传牌已建立，安全、防火的必要设施已具备。

（3）分部工程作业条件准备：以一个分部工程为施工对象而进行的作业条件准备。由于对某些施工难度大、技术复杂的分部工程需要单独编制施工作业设计，应对其所采用的施工工艺、材料、机具、设备及安全防护设施等分别进行准备。

综上所述，不仅在拟建工程开工之前要做好施工准备工作，而且随着工程施工的开展，在各施工阶段开工之前也要做好施工准备工作。施工准备工作既要有阶段性，也要有连续性。因此，施工准备工作必须要有计划、有步骤、分期和分阶段地进行，贯穿于拟建工程的整个建设过程。

（二）施工准备工作的内容

施工准备工作涉及的范围广、内容多，应视该工程本身及其具备条件的不同而不同。一般可归纳为以下六个方面：

（1）调查收集原始资料，包括水利工程建设场址的勘察和技术经济资料的调查。

（2）施工技术资料准备工作，包括熟悉和会审图纸，编制施工图预算，编制施工组织设计。

（3）施工现场准备工作，包括清除障碍物，搞好三通一平，测量放线，搭设临时设施。

（4）施工物资准备工作，包括主要材料的准备，模板、脚手架、施工机械、机具的准备。

（5）施工人员、组织准备工作，包括研究施工项目组织管理模式，组建项目经理部，规划施工力量与任务安排。建立健全质量管理体系和各项管理制度，完善技术检测措施，落实分包单位，审查分包单位资质，签订分包合同。

（6）季节性施工准备工作，包括拟订和落实冬、雨季施工措施。

　　每项工程施工准备工作的内容视该工程本身及其具备的条件不同而有所不同的只有按照施工项目的规划来确定准备工作的内容，并拟订具体的、分阶段的施工准备工作实施计划，才能充分地为施工创造一切必要的条件。

（三）施工准备工作的要求

1．编制好施工准备工作计划

　　为了有步骤、有组织、全面地搞好施工准备，在进行施工准备工作之前，应编制好施工准备工作计划，其形式见表 3-1。

表 3-1 施工准备工作计划表

序号	项目	施工准备工作内容	要求	负责单位	负责人	配合单位	起止日期		备注
							月-日	月-日	

　　施工准备工作计划是施工组织设计的重要组成部分，应依据施工方案、施工进度计划、资源需要量等进行编制。除用上述表格外，还可以采用网络计划进行编制，以明确各项准备工作之间的关系并找出关键工作，而且可在网络计划上进行施工准备期的调整。

2．建立严格的施工准备工作责任制

　　施工准备工作必须有严格的责任制，按施工准备工作计划将责任落实到有关部门和具体人员。项目经理全权负责整个项目的施工准备工作，对准备工作进行统一布置和安排，协调各方面关系，以便按计划要求及时、全面地完成准备工作。

3．建立施工准备工作检查制度

　　施工准备工作不仅要有明确的分工和责任、有布置、有交底，在实施过程中还要定期进行检查。其目的在于督促和控制施工准备工作，通过检查发现问题和薄弱环节，并进行分析，找出原因，及时解决，不断协调和调整，把工作落到实处。

4．严格遵守建设程序，执行开工报告制度

　　必须遵循基本建设程序，坚持没做好施工准备工作不准开工的原则。当施工准备工作的各项内容已完成、满足开工条件、已办理施工许可证时，项目经理部应提出开工报告申请，报上级批准后方可开工。实行监理的工

程还应将开工报告送监理工程师批准，由监理工程师签发开工通知书。单位工程开工报告见表3-2。

表3-2 单位工程开工报告

申报单位：　　　　　　　　　　　　　　　　　　年　月　日　第　号

工程名称		建筑面积	
结构类型		工程造价	
建设单位		监理单位	
施工单位		技术负责人	
申请开工日期	年 月 日	计划竣工日期	年 月 日
序号	单位工程开工的基本条件		完成情况
1	施工图纸已会审，图纸中存在的问题和错误已得到纠正		
2	施工组织设计或施工方案已经被批准并进行了交底		
3	场内场地平整和障碍物的清理已基本完成		
4	场内外交通道路施工用水、用电、排水已能满足施工要求		
5	材料、半成品和工艺设计等均能满足连续施工的要求		
6	生产和生活用的临建设施已搭建完毕		
7	施工机械、设备已进场，并经过检验能保证连续施工要求		
8	施工图预算和施工预算已经审，并已签订工作合同协议		
9	劳动力计划已落实		
10	已办理了施工许可证		
施工单位上级主管部门意见 （签章） 年 月 日	建设单位意见 年 月 日	质检站意见 年 月 日	监理意见 年 月 日

5. 处理好各方面的关系

为保证施工准备工作的顺利实施，必须将多工种、多专业的准备工作统筹安排、协调配合，施工单位要取得建设单位、设计单位、监理单位及有关单位的大力支持与协作。为此，要处理好以下几个方面的关系。

（1）建设单位准备与施工单位准备相结合。为保证施工准备工作全面完成，不出现漏洞或职责推诿的情况，应明确划分建设单位和施工单位准备工作的范围、职责及完成时间，并在实施过程中相互沟通、相互配合，保证施工准备工作的顺利完成。

（2）施工前期准备工作与施工后期准备工作相结合。施工准备工作有一些是开工前必须做的，有一些是在开工之后交叉进行的，因而既要立足于前期准备工作，也要着眼于后期准备工作，两者不能偏废。

（3）内业准备工作与外业准备工作相结合。内业准备工作是指工程建设的各种技术经济资料的编制和汇集，外业准备工作是指进行施工现场的施工活动所必需的技术、经济、物质条件的建立。内业准备工作与外业准备工作应并举，互相创造条件。室内准备工作对室外准备工作起指导作用，而室外准备工作则对室内准备工作起促进作用。

（4）现场准备工作与预制加工准备工作相结合。在现场准备的同时，对大宗预制加工构件应提出供应进度要求，并委托生产。对一些大型构件应进行技术经济分析，及时确定是现场预制，还是加工厂预制。构件加工还应考虑现场的存放能力及使用要求。

（5）土建工程与安装工程相结合。土建施工企业在拟订出施工准备工作规划后，要及时与其他专业工程以及供应部门相结合，研究总包与分包之间综合施工、协作配合的关系，然后各自进行施工准备工作，相互提供施工条件，有问题及早提出，以便采取有效措施，促进各方面准备工作的进行。

（6）班组准备工作与工地总体准备工作相结合。在各班组做施工准备工作时，必须与工地总体准备工作相结合。按结合图纸交底及施工组织计划的要求，熟悉有关的技术规范、规划，协调各工种之间的衔接结合，力争连续、均衡的施工。班组作业的准备工作包括以下几个方面：

①进行计划和技术交底，下达施工任务书。

②施工机具进行保养和就位。

③施工所需的材料、配件经质量检查合格后，将其供应到施工地点。

④具体布置操作场地，创造操作环境。

⑤检查前一工序的质量，搞好标高与轴线的控制。

第二节　施工前的准备工作

一、施工原始资料收集

调查研究和收集有关施工资料是施工准备工作的重要内容之一，尤其是当施工单位进入一个新的地区时，此项工作显得更加重要，它关系到施工单位全局的部署与安排。通过对原始资料的收集分析，为编制出合理的、符合客观实际的施工组织设计文件提供全面的、系统的、科学的依据，为图纸会审、编制施工图预算和施工预算提供依据，为施工企业管理人员进行经营管理决策提供可靠的依据。

（一）原始资料的调查内容

原始资料是工程设计及施工组织设计的重要依据之一。原始资料调查是施工准备工作的一项重要内容，它主要是对工程条件、工程环境特点和施工条件等施工技术与组织的基础资料进行调查。原始资料调查工作应有计划、有目的地进行，事先要拟订明确的、详细的调查提纲，明确调查范围、内容、要求等，调查提纲应根据拟建工程的规模、性质、复杂程度、工程及对工程当地熟悉了解程度而定。

原始资料调查内容一般包括建设场址的勘察和技术经济资料的调查，具体内容一般包括以下几个方面。

1. 建设场址的勘察

水利工程建设场址勘察主要是了解建设地点的地形、地貌、地质、水文、气象以及场址周围环境和妨碍物的情况等，勘察结果一般可作为确定施工方法和技术措施的依据。

（1）地形地貌勘察。地形地貌勘察要求提供水利工程的规划图、区域地形图（1∶10 000～1∶25 000）、工程位置地形图（1∶1 000～1∶2 000）、水准点及控制桩的位置、现场地形地貌特征、勘察高程及高差等。对于地形简单的施工现场，一般采用目测和步测；对于地形复杂的施工现场，可用测量仪器进行观测，也可向规划部门、建设单位、勘察单位等进行调查。这些资料可作为选择施工用地、布置施工总平面图、场地平整机土方量计算、了解障碍物及其数量的依据。

（2）工程地质勘察。工程地质勘察的目的是为了查明建设地区的工程地质条件和特征，包括地层构造、土层的类别及厚度、土的性质、承载力及地震级别等。应提供的资料有钻孔布置图，工程地质剖面图，图层的类别、厚度，土壤物理力学指标（包括天然含水量、孔隙比、塑性指数、渗透系数、压缩试验及地基土强度等），地层的稳定性（包括断层滑块、流沙），地基土的处理方法以及基础施工方法等。

（3）水文地质勘察。水文地质勘察所提供的资料主要有以下两方面：

1）地下水资料。地下水最高水位、最低水位及时间，水的流速、流向、流量，地下水的水质分析及化学成分分析，地下水对基础有无冲刷、侵蚀影响等。所提供资料有助于选择基础施工方案、选择降水方法以及拟订防止侵蚀性介质的措施。

2）地面水资料。临近江河湖泊至工地的距离，洪水期、平水期、枯水期的水位、流量及航道深度，水质，最大、最小冻结深度及冻结时间等。调查目的在于为确定临时给水方案、施工运输方式提供依据。

（4）气象资料调查。气象资料一般可向当地气象部门进行调查，调查资料作为确定冬、雨季施工措施的依据。气象资料包括以下几个方面：

1）降水资料。全年降雨量、降雪量，一日最大降雨量，雨季起止日期，年雷雹日数等。

2）气温资料。年平均气温、最高气温、最低气温，最冷月、最热月及逐月的平均温度。

3）气象资料。主导风向、风速、风的频率，全年不小于 8 级风的天数，并应将风向资料绘成图。

5．周围环境及障碍物调查

周围环境及障碍物调查包括施工区域现有建筑物、构筑物、沟渠、水井、树木、土堆、电力架空线路等。这些资料要通过实地踏勘，并向建设单位、设计单位等调查取得，可作为现场施工平面布置的依据。

2．技术经济资料调查

技术经济资料调查的目的是为了查明建设地区工业、资源、交通运输、动力资源、生活福利设施等地区经济因素，获得建设地区技术经济条件资料，以便在施工组织中尽可能利用地方资源为工程建设服务，同时也可作为选择施工方法和确定费用的依据。

（1）地区的能源调查。能源一般指水源、电源、气源等。能源资料可向当地城建、电力、燃气供应部门及建设单位等进行调查，主要用做选择施工用临时供水、供电和供气的方式，提供经济分析比较的依据。调查内容有：施工现场用水与当地水源连接的可能性、供水距离、接管距离、地点、水压、水质及消费等资料；利用当地排水设施排水的可能性、距离、去向等；可供施工使用的电源位置、引入工地的路径和条件，可满足的容量、电压及电费；建设单位、施工单位自有的发变电设备、供电能力；冬季施工时附近蒸汽的供应量、接管条件和价格；建设单位自有的供热能力；当地或建筑单位可以提供煤气、压缩空气、氧气的能力和其至工地的距离等。

（2）建设地区的交通调查。建设地区的交通运输方式一般有铁路、公路、水路、航空等。交通资料可向当地交通运输部门进行调查。收集交通运输资料包括调查主要材料及构件运输通道的情况，包括道路，街巷，途经桥涵的宽度、高度，允许载重量和转弯半径限制等资料。当有超长、超高、超宽或超重的大型构件、大型起重机械和生产工艺设备需整体运输时，还要调查沿途架空电线、天桥的高度，并与有关部门商议避免大件运输业务、选择运输方式、提供经济分析比较的依据。

（3）主要材料及地方资源情况调查。该项调查的内容包括三大材料（钢材、木材和水泥）的供应能力、质量、价格、运费情况，地方资源如石灰石、石膏石、碎石、卵石、河沙、矿渣、粉煤灰等能否满足水利工程建筑施工的要求，开采、运输和利用的可能性及经济合理性。这些资料可向当地计划、经济等部门进行调查，作为确定材料供应计划、加工方式、储存和堆放场地及建造临时设施的依据。

（4）建设地区情况调查。该项主要调查建设地区附近有无建筑机械化基地、机械租赁站及修配厂，有无金属结构及配件加工厂，有无商品混凝土搅拌站和预制构件厂等。这些资料可用做确定后预制件、半成品及成品等货源的加工供应方式、运输计划和规划临时设施。

（5）社会劳动力和生活设施情况调查。该项调查的内容包括当地能提供的劳动力人数、技术水平、来源和生活安排，建设地区已有的可供施工期间使用的房屋情况，当地主副食、日用品供应，文化教育、消防治安、预料单位的基本情况以及能为施工提供的支援能力。这些资料是制订劳动力安排计划、建立职工生活基地、确定临时设施的依据。

（6）参加施工的各单位能力调查。该项主要调查施工企业的资质等级、技术装备、管理水平、施工经验、社会信誉等有关情况。这些资料可作为了解总、分包单位的技术和管理水平及选择分包单位的依据。

在编制施工组织设计时，为弥补原始资料的不足，有时还可借助一些相关的参考资料来作为编制依据，如冬、雨季参考资料、机械台班产量参考指标、施工工期参考指标等。这些参考资料可利用现有的施工定额、施工手册、施工组织设计实例或通过平时施工实践活动来获得。

（二）制定原始资料调查表

为了使原始资源调查具有针对性，先做调查表。

1．给水、排水、供电等调查

水、电、气、热是施工不可缺少的条件，需收集资料的内容见表 3-3。资料来源主要是当地城市建设、电业、通信等管理部门和建设单位。水、电、气、热资料主要用做选用施工用水、用电和供热、供气方式的依据。

表 3-3　水、电、气、热条件调查表

序号	项目	调查内容	调查目的
1	供水排水	（1）工地用水与当地现有水源连接的可能性，可供水量、接管地点、管径、材料、埋深、水压、水质及水费，至工地距离，沿途地形地物状况 （2）自选临时的江河水源的水质、水量、取水方式，至工地距离，沿途地形地物状况；自选临时水井的位置、深度、管径、出水量和水质 （3）利用永久性排水设施的可能性，施工排水的去向、距离和坡度；有无洪水影响，防洪设施状况	①确定生活、生产供水方式 ②确定工地排水方案和防洪方案 ③拟订供排水设施的施工进度计划
2	供电通信	（1）当地电源位置，引入的可能性，可供电的容量、电压、导线截面和电费，引入方向，接线地点，至工地距离，沿途地形地物状况 （2）建设单位和施工单位自有发、变电设备的型号、台数和容量 （3）利用邻近通信设施的可能性，电话、电报局等至工地的距离，可能增设通信设备、线路的情况	①确定供电方案 ②确定通信方案 ③拟订供电、通信设施的施工进度计划
3	供气供热	（1）蒸汽来源，可供蒸汽量，接管地点、管径、埋深，至工地距离，沿途地形地物状况，蒸汽价格 （2）建设、施工单位自有锅炉的型号、台数和能力，所需燃料及水质标准 （3）当地或建设单位可能提供的压缩空气、氧气的能力，至工地的距离	①确定生产、生活供热的方案 ②确定压缩空气、氧气的供应计划

2. 交通运输资料调查

在建筑施工中，常用铁路、公路和航运等三种主要交通运输方式，须收集的内容见表 3-4。资料来源主要是当地铁路、公路、水运和航运管理部门，主要用做决定选用材料和设备的运输方式、组织运输业务的依据。

表 3-4　交通运输条件调查表

序号	项目	调查内容	调查目的
1	铁路	（1）邻近铁路专用线、车站至工地的距离及沿途运输条件 （2）站场卸货线长度，起重能力和储存能力 （3）装卸单个货物的最大尺寸、重量的限制	选择运输方式，拟订运输计划
2	公路	（1）主要材料产地至工地的公路等级、路面构造、路宽及完好情况，允许最大载重量；途经桥涵等级、允许最大尺寸、最大载重量 （2）当地专业运输机构及附近村镇能提供的装卸、运输能力，运输工具的数量及运输效率；运费、装卸费 （3）当地有无汽车修配厂，其修配能力和至工地的距离	

续 表

序号	项目	调查内容	调查目的
3	航运	（1）货源、工地至邻近河流码头、渡口的距离，道路情况 （2）洪水期、平水期、枯水期时通航的最大船只及吨位，取得船只的可能性 （3）码头装卸能力、最大载重量，增设码头的可能性 （4）渡口的渡船能力，同时可载汽车数，每日次数，提供能力 （5）运费、渡口费、装卸费	

3．建筑材料资料调查

建筑工程要消耗大量的材料，主要有钢材、木材、水泥、地方材料（砖、砂、灰、石）、装饰材料、构件制作、建筑机械等，其内容见表3-5，表3-6。资料来源主要是当地主管部门和建设单位及各建材生产厂家、供应商，主要用做选择建筑材料和施工机械的依据。

表3-5　当地材料调查表

序号	材料名称	产地	储藏量	质量	开采量	出厂价	供应能力	运距	单位运价
1									
2									

表3-6　主要材料设备调查表

序号	项目	调查内容	调查目的
1	三种主材	（1）钢材订货的规格、型号、数量和到货时间 （2）木材订货的规格、等级、数量和到货时间 （3）水泥订货的品种、等级、数量和到货时间	①确定钢材加工堆放 ②确定木材加工场地 ③确定水泥储存方式
2	特殊材料	（1）需要的品种、规格、数量 （2）试制、加工和供应情况	①制订供应计划 ②确定储存方式
3	主要设备	（1）主要工艺设备的名称、规格、供货单位 （2）供应时间、批次、到货时间	①确定堆放场地 ②制订防雨措施

4．社会资源利用资料调查

建筑施工是劳动密集型的生产活动。社会劳动力是建筑施工劳动力的主要来源，其内容见表3-7。资料来源主要是当地劳动、商业、卫生和教育主管部门，主要为劳动力安排计划、布置临时设施和确定施工力量提供依据。

表3-7　社会资源利用调查表

序号	项目	调查内容	调查目的
1	社会劳动力	（1）少数民族地区的风俗习惯 （2）当地能提供劳动力的人数、技术水平和来源 （3）上述人员的生活安排	①拟订劳动力计划 ②布置临时设施

续　表

序号	项目	调查内容	调查目的
2	房屋设施	（1）必须在工地居住的单身人数和户数 （2）能作为施工用的现有的房屋幢数、每幢面积、结构特征、总面积、位置以及水、电、暖、卫生设备状况 （3）上述建筑物的适宜用途，做宿舍、食堂、办公室的可能性	①确定原有房屋为施工服务的可能性 ②布置临时设施
3	生活服务	（1）主副食品供应、日用品供应、文化教育、消防治安等机构能为施工提供的支持能力 （2）邻近医疗单位至工地的距离，可能就医的情况 （3）周围是否存在有害气体污染情况，有无地方病	布置职工生活基地

5．原始资料调查

原始资料调查的主要内容有建设地点的气象、地形地貌、工程地质、水文地质、场地周围环境及障碍物情况见表3-8。资料主要由气象部门及设计单位提供，主要用做确定施工方法和技术措施、编制施工进度计划和进行施工平面图布置设计的依据。

表3-8　自然条件调查表

序号	项目	调查内容	调查目的
（一）		气象	
1	气温	（1）年平均气温、最高气温、最低气温，最冷月、最热月及逐月的平均温度 （2）冬、夏季室外计算温度	①确定防暑降温措施 ②确定冬季施工措施 ③估计混凝土、砂浆强度
2	雨雪	（1）雨季起止时间 （2）月平均降雨（雪）量、最大降雨（雪）量、一昼夜最大降雨（雪）量 （3）全年雷暴日数	①确定雨季施工措施 ②确定工地排水、防洪方案 ③确定防雷设施
3	风	（1）主导风向及频率（风玫瑰图） （2）不小于8级风的全年天数、时间	①确定临时设施的布置方案 ②确定高空作业及吊装的技术、安全措施
（二）		地形、工程地质	
1	地形	（1）区域地形图：1/10 000～1/25 000 （2）工程位置地形图：1/1 000～1/2 000 （3）该地区城市规划图 （4）经纬坐标桩、水准基桩的位置	①选择施工用地 ②布置施工总平面图 ③场地平整及土方量计算 ④了解障碍物及其数量

续 表

序号	项目	调查内容	调查目的
2	工程地质	（1）钻孔布置图 （2）地质剖面图：土层类别、厚度 （3）物理力学指标：天然含水率、孔隙比、塑性指数、渗透系数、压缩试验及地基土强度 （4）地良的稳定性：断层滑块、流沙 （5）最大冻结深度 （6）地基土破坏情况：枯井、古墓、防空洞及地下构筑物等	①土方施工方法的选择 ②地基土的处理方法 ③基础施工方法 ④复核地基基础设计 ⑤拟订障碍物拆除计划
3	地震	地震等级、烈度大小	确定对基础的影响、注意事项
（三）		水文地质	
1	地下水	（1）最高、最低水位及时间 （2）水的流向、流速及流量 （3）水质分析：水的化学成分 （4）抽水试验	①基础施工方案选择 ②降低地下水位的方法 ③拟订防止侵蚀性介质的措施
2	地面水	（1）邻近的江河湖泊至工地的距离 （2）洪水期、平水期、枯水期的水位、流量及航道深度 （3）水质分析 （4）最大、最小冻结深度及冻结时间	①确定临时给水方案 ②确定运输方式 ③确定水利工程施工方案 ④确定防洪方案

二、施工技术准备工作

技术资料的准备是施工准备工作的核心，是现场施工准备工作的基础。由于任何技术的差错或隐患都可能引起人身安全和质量事故，造成生命、财产和经济的巨大损失，所以必须认真地做好技术准备工作。其主要内容包括熟悉与会审图纸、编制施工组织设计、编制施工图预算和施工预算。

（一）熟悉与会审图纸

1．熟悉与会审图纸的目的

（1）能够在工程开工之前，使工程技术人员充分了解和掌握设计图纸的设计意图、结构与构造特点和技术要求。

（2）通过审查发现图纸中存在的问题和错误并加以改正，为工程施工提供一份准确、齐全的设计图纸。

（3）保证能按设计图纸的要求顺利施工，生产出符合设计要求的最终建筑产品。

2．熟悉图纸及其他设计技术资料的重点

（1）基础及地下室部分注意事项。

1）核对建筑、结构、设备施工图中关于基础留口、留洞的位置及标高的互相关系是否处理恰当。

2）给水及排水的去向，防水体系的做法及要求。

3）特殊基础的做法，变形缝及人防出口的做法。

（2）主体结构部分注意事项。

1）定位轴线的布置及与承重结构的位置关系。

2）各层所用材料是否有改变。

3）各种构配件的构造及做法。

4）采用的标准图集有无特殊变化和要求。

（3）装饰部分注意事项。

1）装修与结构施工的关系。

2）变形缝的做法及防水处理的特殊要求。

3）防水、保温、隔热、防尘、高级装修的类型及技术要求。

3．审查图纸及其他设计技术资料的内容

（1）设计图纸是否符合国家有关规划及技术规范的要求。

（2）核对设计图纸及说明书是否完整、明确，设计图纸与说明等其他各组成部分之间有无矛盾和错误，内容是否一致，有无遗漏。

（3）总图的建筑物坐标位置与单位工程建筑平面图是否一致。

（4）核对主要轴线、几何尺寸、坐标、标高、说明等是否一致，有无错误和遗漏。

（5）基础设计与实际地质情况是否相符，建筑物与地下构筑物及管线之间有无矛盾。

（6）主体建筑材料在各部分有无变化，各部分的构造做法。

（7）建筑施工与安装在配合上存在哪些技术问题，能否合理解决。

（8）设计中所选用的各种材料、配件、构件等能否满足设计规划的需要。

（9）工程中采用的新工艺、新结构、新材料的施工技术要求及技术措施。

（10）对设计技术资料的合理化建议及其他问题。

审查图纸的程序通常分为自审、会审和现场签证三个阶段。

1）自审：施工企业组织技术人员熟悉和审查图纸。自审记录包括对设计图纸的疑问和有关建议。

2）会审：由建筑单位支持，设计单位和施工单位参加。先由设计单位进行图纸技术交底，各方面提出意见，经充分协商后，统一认识，形成图纸会审纪要，由设计单位正式行文，参加单位共同会签、盖章，作为设计图纸的修改文件。

3）现场签证：在工程施工过程中，发现施工条件与设计图纸的条件不符，或图纸仍有错误，或因材料的规格、质量不能满足设计要求等原因，需要对设计图纸进行及时修改，应遵循设计变更的签证制度，进行图纸的施工现场签证。对于一般问题，经设计单位同意，即可办理手续进行修改；对于重大问题，须经建设单位、设计单位和施工单位协商，由设计单位修改，向施工单位签发设计变更单方可有效。

4．熟悉技术规范、规程和有关技术规定

技术规范、规程是国家制定的建设法规，是实践经验的总结，在技术管理上具有法律效用。建筑施工中常用的技术规范、规程主要有：

（1）建筑安装工程质量检验评定标准；

（2）施工操作规程；

（3）建筑工程施工及验收规范；

（4）设备维修及维修规程；

（5）安全技术规程；

（6）上级技术部门颁发的其他技术规范和规定。

（二）编制施工组织设计

施工组织设计是指导施工现场全部生产活动的技术经济文件。它既是施工准备工作的重要组成部分，又是做好其他施工准备工作的依据；它既要体现建设计划和设计的要求，又要符合施工活动的客观规律，对建设项目的全过程起到战略部署和战术安排的双重作用。

建筑产品及建筑施工的特点决定了建筑工程种类繁多、施工方法多变，没有一个通用的、一成不变的施工方法。每个建筑工程项目都需要分别确定施工组织方法，作为组织和指导施工的重要依据。

（三）编制施工图预算和施工预算

施工图预算是技术准备工作的主要组成部分之一，是按照施工图确定的工程量、施工组织设计所拟订的施工方法、建筑工程预算定额及其取费标准，由施工单位主持，在拟建工程开工前的施工准备工作期编制的确定建筑安装工程造价的经济文件。它是施工企业签订工程承包合同、工程结算、银行拨款及进行企业经济核算的依据。

施工预算是根据施工图预算、施工图纸、施工组织设计或施工方案、施工定额等文件，综合企业和工程实际情况编制的。施工预算在工程确定承包关系以后进行。它是企业内部经济核算和班组承包的依据，因而是企业内部使用的一种预算。

施工图预算与施工预算存在很大区别：施工图预算是甲、乙双方确定预算造价、发生经济联系的技术经济文件，施工预算是施工企业内部经济核算的依据。将"两算"进行对比，是促进施工企业降低物质消耗、增加积累的重要手段。

三、施工生产准备工作

（一）施工场地准备工作

施工现场的准备又称室外准备，主要为工程施工创造有利的施工条件。施工现场的准备工作按施工组织设计的要求和安排进行，其主要内容为"三通一平"测量放线、临时设施的搭设等。

1. "三通一平"

"三通一平"是在建筑工程的用地范围内，接通施工用水、用电、道路和平整场地的总称。而工程实际的需要往往不止水通、电通、路通，有些工地上还要求有"热通"（供蒸汽）、"气通"（供煤气）、"话通"（通电话）等，但是基本的还是"三通"。

（1）平整施工场地。首先，通过测量，按建筑总平面图中确定的标高计算出挖土及填土的数量，设计土方调配方案，组织人力或机械进行平整工作。若拟建场内有旧建筑物，则须拆迁房屋。其次，清理地面上的各种障碍物，对地下管道、电缆等要采取可靠的拆除或保护措施。

（2）通路。施工现场的道路是组织大量物质进场的运输动脉。为了保证各种建筑材料、施工机械、生产设备和构件按计划到场，必须按施工总平面图要求修通道路。为了节省工程费用，应尽可能利用已有道路或结合正式工程的永久性道路。在利用正式工程的永久性道路时，为使施工时不损坏路面，可先做路基，施工完毕后再做路面。

（3）通水。施工现场的通水包括给水与排水。施工用水包括生产、生活和消防用水，其布置应按施工总平面图的规划进行安排。施工用水设施应尽量利用永久性给水线路。临时管线的铺设既要满足用水点的需要和使用方便，又要尽量缩短管线。施工现场要做好有组织的排水系统，否则会影响施工的顺利进行。

（4）通电。施工现场的通电包括生产用电和生活用电。根据生产、生活用电的电量选择配电变压器，与供电部门或建设单位联系，按施工组织要求布设线路和通电设备。当供电系统供电不足时，应考虑在现场建立发电系统以保证施工的顺利进行。

2．测量放线

施工现场测量放线的任务是把图纸上所设计好的建筑物、构建物及管线等测到地面或实物上，并用各种标志表现出来，作为施工的依据。在土方开挖前，按设计单位提供的总平面图及给定的永久性经、纬坐标控制网和水准控制基桩进行场区施工测量，设置场区永久性坐标、水准基桩和建立场区工程测量控制网。在进行测量放线前，应做好以下几项准备工作：

（1）了解设计意图，熟悉并校核施工图纸。

（2）对测量仪器进行检验和校正。

（3）校核红线桩与水准点。

（4）制定测量放线方案。测量放线方案主要包括平面控制、标高控制、±0.00 以下施测、±0.00 以上施测、沉降观测和竣工测量等项目，该方案依据设计图纸要求和施工方案来确定。

建筑物定位放线是确定整个工程平面图位置的关键环节，在施测中必须保证精度、杜绝错误，否则其后果将难以处理。建筑物的定位放线一般通过设计图中平面控制轴线来确定建筑物的轮廓位置，经自检合格后，提交有关部门和甲方（监理人员）验线，以保证定位的准确性。沿红线的建筑物，还要由规划部门验线，以防止建筑物超、压红线。

3．临时设施的搭设

现场需要的临时设施应报请规划、市政、消防、交通、环保等有关部门审查批准，按施工组织设计和审查情况来实施。

对于指定的施工用地周围应用围墙（栏）围挡起来。围挡的形式和材料应符合市容管理的有关规定和要求，并在主要出入口设置标牌，标明工程名称、施工单位、工地负责人、监理单位等。

各种生产（仓库、混凝土搅拌站、预制构件场、机修站、生产作业棚等）、生活（办公室、宿舍、食堂等）用的临时设施，严格按批准的施工组织设计规定的数量、标准、面积、位置等来组织实施，不得乱搭乱建，并尽可能做到以下几点：

（1）利用原有建筑物减少临时设施的数量，以节约投资。

（2）适用、经济、就地取材，尽量采用移动式、装配式临时建筑。

（3）节约用地，少占农田。

（二）生产资料准备工作

生产资料准备工作是指对工程施工中必需的劳动手段（施工机械、机具等）和劳动对象（材料、构件、配件等）的准备。该项工作应根据施工组织设计的各种资源需要量计划，分别落实货源、组织运输和安排储备。

生产资料的准备工作是工程连续施工的基本保证，主要内容有以下三方面。

1．建筑材料的准备

建筑材料的准备包括对"三材"（钢材、木材、水泥）、地方材料（砖、瓦、石灰、砂、石等）、装饰材料（面砖、地砖等）、特殊材料（防腐、防射线、防爆材料等）的准备。为保证工程顺利施工，材料准备有如下要求。

（1）编制材料需要量计划，签订供货合同。根据预算的工料分析，按施工进度计划的使用要求、材料储备定额和消耗定额及材料名称、规定、使用时间进行汇总，编制材料需要量计划。同时，根据不同材料的供应情况，随时注意市场行情，及时组织货源，签订定货合同，保证采购供应计划的准确可靠。

（2）材料的储备和运输。材料的储备和运输要按工程进度分期、分批进场。现场储备过多会增加保管费用、占用流动资金，过少则难以保证施工的连续进行。对于使用量少的材料，尽可能一次进场。

（3）材料的堆放和保管。现场材料的堆放应按施工平面布置图的位置及材料的性质、种类，选取不同的堆放方式进行合理堆放，避免材料的混涉及二次搬运。进场后的材料要依据材料的性质妥善保管，避免材料变质或损坏，以保持材料的原有数量和原有的使用价值。

2．施工机具和周转材料的准备

施工机具包括在施工中确定选用的各种土方机械、木工机械、钢筋加工机械、混凝土机械、砂浆机械、垂直与水平运输机械、吊装机械等。在进行施工机具的准备工作时，应根据采用的施工方案和施工进度计划，确定施工机械的数量和进场时间，确定施工机具的供应方法和进场后的存放地点及方式，并提出施工机具需要量计划，以便企业内平衡或对外签约租借机械。

周转材料主要指模板和脚手架。此类材料施工现场使用量大、堆放场地面积大、规格多、对堆放场地的要求高，应按施工组织设计的要求分规格、型号整齐码放，以便使用和维修。

3．预制构件和配件的加工准备

在工程施工中需要大量的钢筋混凝土构件、木构件、金属构件、水泥制品、卫生洁具等，应在图纸会审后提出预制加工单，确定加工方案、供应渠道及进场后的储备地点和方式。现场预制的大型构件，应依据施工组织设计做好规划，提前加工预制。

此外，对于采用商品混凝土的现浇工程，要依施工进度计划要求确定需要量计划，主要内容有商品混凝土的品种、规格、数量、需要时间、送货方式、交货地点，并提前与生产单位签订供货合同，以保证施工顺利进行。

（三）人力资源准备工作

1．项目管理机构的组建

项目管理机构建立的原则是根据工程规模、结构特点和复杂程度，确定劳动组织领导机构的编制及人选；坚持合理分工与密切协作相结合的原则；执行因事设职、因职选人的原则，将富有经验、具有创新精神、工作效率高的人选入项目管理领导机构。

对于一般单位工程可设一名工地负责人，配一定数量的施工员、材料员、质检员、安全员等即可；对于大中型单位工程或群体工程，则要配备包括技术、计划等管理人员在内的一套班子。

2．施工队伍的准备

施工队伍的建立要考虑工种的合理配合，技工和普工的比例要满足劳动组织的要求，建立混合施工队或专业施工队及确定建立数量。组建施工班组要坚持合理、精干的原则。在施工过程中，依工程实际进度要求，动态管理劳动力数量。需要外部力量的，可通过签订承包合同或联合其他队伍来共同完成。

（1）建立精干的基本施工班组。基本施工班组应根据现有的劳动组织情况、结构特点及施工组织设计的劳动力需要量计划确定。一般有以下几种组织形式：

1）砖混结构的建筑。该类建筑在主题施工阶段主要是砌筑工程，应以瓦工为主，配合适量的架子工、钢筋工、混凝土工、木工以及小型机械工；装饰阶段以抹灰工、油漆工为主，配合适量的木工、电工、管工等。因此，该类建筑的施工人员以混合施工班组为宜。

2）框架、框剪及全现浇结构的建筑。该类建筑主体结构施工主要是钢筋混凝土工程，应以模板工、钢筋工、混凝土工为主，配合适量的瓦工；装饰阶段配备抹灰工、油漆工等。因此，该类建筑的施工人员以专业施工班组为宜。

3）预制装备式结构的建筑。该类建筑的主要施工工作以构件吊装为主，应以吊装起重工为主，配合适量的电焊工、木工、钢筋工、混凝土工、瓦工等；装饰阶段配备抹灰工、油漆工、木工等。因此，该类建筑的施工人员以专业班组为宜。

（2）确定优良的专业施工队伍。大中型的工业项目或公用工程，内部的机电安装、生产设备安装一般需要专业施工队或生产厂家进行安装和调试，某些分项工程也可能需要由机械化施工公司来承担。这些需要外部施工队伍来承担的工作在施工准备工作中以签订承包合同的形式予以明确，并落实施工队伍。

（3）选择优势互补的外包施工队伍。随着建筑市场的开放，施工单位往往依靠自身的力量难以满足施工需要，因而需联合其他建筑队伍（外包施工队）来共同完成施工任务。联合时要通过考察外包队伍的市场信誉、已完工程质量、确认资质、施工力量水平等来选择，联合要充分体现优势互补的原则。

3．施工队伍的培训

施工前，企业要对施工队伍进行劳动纪律、施工质量和安全方面的教育，牢固树立"质量第一""安全第一"的意识。平时，企业还应抓好职工的培训和技术更新工作，不断提高职工的业务技术水平，增强企业的竞争力。对于采用新工艺、新结构、新材料、新技术及使用新设备的工程,应将相关管理人员、技术人员和操作人员组织起来培训,达到标准后再上岗操作。

此外,还要加强施工队伍平时的政治思想教育。

(四)冬、雨季施工的准备工作

1. 冬季施工准备工作

(1)合理安排冬季施工项目。建筑产品的生产周期长,且多为露天作业,冬季施工条件差、技术要求高。因此,在施工组织设计中就应合理安排冬季施工项目,尽可能保证工程连续施工。一般情况下,尽量安排费用增加少、易保证质量、对施工条件要求低的项目在冬季施工,如吊装、打桩、室内装修等;而如土方、基础、外装修、屋面防水等则不易在冬季施工。

(2)落实各种热源的供应工作。提前落实供热渠道,准备热源设备,储备和供应冬季施工用的保暖材料,做好供暖培训工作。

(3)做好保温防冻工作。

1)临时设施的保暖防冻。包括给水管道的保温,防止管道冻裂,防止道路积水、积雪成冻,保证运输顺利进行。

2)工程已成部分的保温保护。如基础完成后及时回填至基础面同一高度,砌完一层墙后及时将楼板安装到位等。

3)冬季要施工部分的保温防冻。如凝结硬化尚未达到强度要求的砂浆、混凝土要及时测温,加强保温,防止遭受冻结;将要进行的室内施工项目,先完成供热系统,安装好门、窗、玻璃等。

(4)加强安全教育。要有冬季施工的防火、安全措施,加强安全教育,做好职工培训工作,避免火灾、安全事故的发生。

2. 雨季施工准备工作

(1)合理安排雨季施工项目。在施工组织设计中要充分考虑雨季对施工的影响。一般情况下,雨季到来之前,多安排土方、基础、室外及屋面等不易在雨季施工的项目,多留一些室内工作在雨季进行,以避免雨季窝工。

(2)做好现场的排水工作。雨季来临前,在施工现场做好排水沟,准备好抽水设备,防止场地积水,最大限度地减少因泡水而造成的损失。

(3)做好运输道路的维护和物质储备。雨季前检查道路边坡排水情况,适当提高路面,防止路面凹陷,保证运输道路的畅通。多储备一些物质,减少雨季运输量,节约施工费用。

（4）做好机具设备等的保护。对现场各种机具、电器、工棚都要加强检查，特别是脚手架、塔吊、井架等，要采取防倒塌、防雷击、防漏电等一系列技术措施。

（5）加强施工管理。认真编制雨季施工的安全措施，加强对职工的教育，防止各种事故发生。

第三节　施工接口管理与协调工作

工程施工项目接口管理与协调工作是指项目部与其施工的工程项目有关的单位、个人等的关系处理，是工程项目建设期间能否创造良好外部环境的重要手段和途径。在工程项目施工期间，接口单位比较多，参加建设的有关人员也比较复杂，几乎每时每刻都要应对来自各方面的交涉和沟通等，哪一个方面应对不好都有可能给项目实施带来不利甚至是损失。因此，接口管理和协调工作是项目部重要的管理工作。在硬件一定的条件下，接口管理是否成功往往对一个项目的成败起到关键作用，这就是一个工程多个标段施工时，在施工质量、施工进度、现场管理、安全生产等基本相同的情况下，有的施工企业令业主等合作单位非常满意，而有的施工企业则不能令合作单位满意的根源所在。在工程项目施工过程中经常接触的单位和个人主要包括业主、设计单位、监理单位、上级主管部门、地方政府、质量监督部门、供货商、新闻媒体等，其中最主要的是与业主、各供货商以及项目监理部之间的关系处理。

一、与业主关系的处理与协调

让业主满意是项目施工日常工作的出发点，也是项目部首要的接口管理与协调任务。业主是工程项目的客户，是工程项目的出资者和拥有者，在一定范围内业主对工程项目有绝对的权力和责任，同时也承担着重要的义务。在工程施工期间，项目部与业主需要打交道的部门和人员是最多和最广的，业主对整个工程建设过程也是最关心和最重视的。一旦处理不好与业主的关系，整个施工过程将变得复杂。因此，项目部乃至企业必须以业主为中心，为业主着想。监理与业主之间的相互信任、相互了解、相互配合相当重要。

做好职能整合工作，让业主方和项目部的工作人员默契配合。在工程施工期间，除项目法人对工程项目的施工有监督权和管理权外，项目法人一般在工程现场设置专门的建设管理机构，而业主的管理机构和项目部的职能部门有较大差别，主要表现在以下几个方面：业主的管理机构要求的服务是全方位的，需要的是水平式服务；项目部的职能部门则是垂直分工式的，提供的服务只能是分工范围内的。而仅就项目的管理需要来说，垂直式的项目组织结构又是可行和有效的，为了解决垂直与水平的矛盾，就要求项目部必须以业主为中心将项目部的职能部门整合起来，从管理指导原则和机制上要求项目部人员加强横向合作，弥补垂直式组织结构在服务业方面存在的不足，以满足业主全方位水平式的服务要求。在日常工作中，可以通过会议、部门职责、制度、教育、要求、考核等措施加强项目部职能部门间的合作。

经常汇报工作情况，预防不利状况发生。项目经理和班子应经常将工程进展情况、质量情况、进度情况等向业主技术负责人等主要人员汇报，使他们随时了解和掌握工程实际情况，防止项目法人单方面听取业主方人员汇报，造成偏离事实的情况发生。这种情况一旦发生，有可能造成项目法人对项目部产生误解而影响与汇报人员的关系，造成以后具体工作接触中的被动。因此，项目经理等经常把工程实施情况汇报给项目法人等主要人员是项目施工管理必尽的义务。

处事环节要规范，工作之中体现尊重。学会在工作中尊重业主是项目施工管理必须重视和强调的组织制度，是各职能部门和全体项目管理人员都应该明白的纪律要求。因此，项目管理力争要做到每一个与业主打交道的环节都要加以规范，做到多渠道无缝连接。要做到这几点：第一，要加强组织领导，项目经理直接负责，班子成员齐心协力；第二，根据工程进展情况和具体问题，由牵头部门组织落实，其他部门密切配合，形成相互帮助的协调环境，最终达到共赢；第三，职能部门职责清晰，部门人员分工明确，该哪个部门和人员做的工作哪个部门的具体人员就负责找业主人员解决处理，不推、不等、不靠、不拖；第四，部门间应互相沟通，加快信息传递，以便统一口径，使得决策加快、反馈提前、服务到位、处理及时、落实迅速。尊重别人不能理解为自己低人一等，工作中应坚持原则、不卑不亢，应采用交流、沟通、疏导等方式最终达到尊重事实、依靠事实、以事实为根据处理和解决问题的目的。

分析业主特点、预测业主要求是赢得业主信任的关键。从第一次与业主打交道的情况入手，系统地总结业主与企业及项目部交流的特点，了解业主的基本情况和需求方向，从而制定有针对性的管理和协调策略以指导项目部的工作，使整个组织过程始终围绕着以征得业主信任为工作指向调整工作思路和工作方法，并据此积累成功的经验和吸取失败的教训，为今后企业尽早建立业主管理信息库掌握第一手资料。

集中全体管理者的智慧、经验并形成制度，达到与业主尽早成功合作。在日常工作中，每一个与业主打交道的部门和人员都有自己的方法和方式，但是这些方法和方式往往都是自发的和不成体系的，有一定的局限性，也有一定的实用性，若不相互沟通和总结，则可行的经验不能被及时推广，不可行的经验长时间得不到改进。这需要项目部经理等主要管理者专门组织召开经验交流会，组织经常与业主打交道的职工各抒己见，把各自的想法和做法及实施后的效果全部表达出来，大家分析和总结一套适用的方法和方式，供今后各部门参照执行，并逐渐形成制度和模式，使以后与业主关系的管理和协调有规可循，从而节省精力和时间，提高成功率和诚信度，缩短磨合期，尽早进入正常轨道。

二、与各供货商关系的处理和协调

互惠互利是处理和协调供货商关系的首要原则。项目部在施工过程中要与多个供货商进行合作，设备、物资、能源、材料、劳务等都由供货商提供，可以说离开了供货商的合作就没有项目部成功的可能。因此，处理与供货商的关系对项目部来说是至关重要的。项目部与供货商之间发生利益冲突时，在竞争目标一致的前提下，以互谅互让的精神求得互惠互利，"丢卒保车"不失为一种好的处理方法，而"一毛不拔"则往往因小失大。

平等协商是处理和协调与供货商关系的重要原则。项目部和各供货商在隶属关系和追求的目标等方面是不同的，但又都是相对独立的经济实体，不存在谁领导谁，都是为了各自的利益而结合在一起。因此，以平等的身份相互协商，通过了解和沟通使各自的需要和意见由不统一到统一，以达成真诚的合作。

真诚相待是处理和协调与供货商关系的常规原则。项目部和各供货商之间是一种相互依赖、相互需要、相互依存的供求关系，出现问题时双方必须遵循真诚相待的原则，树立全局意识和整体观念，在日常业务配合中彼此真诚相待，不存心欺骗对方，均本着真心实意解决问题的态度处理分歧，需方不存心苛刻要求供方，供方不糊弄需方，更不能欺行霸市。

项目部在日常工作中要处理好与供货商的关系，应做到积极主动，即主动向供货商反映阶段需求信息；主动给供货商提供方便和帮助，积极协助他们解决生产和技术问题；主动给供货商介绍新客户；主动与供货商加强感情交流和沟通，以一家人的心态对待他们，使双方的关系始终处在协调的状态下，最终达到双赢。

三、与工程监理部门关系的管理和协调

在工程施工期间，工程项目部与工程监理部应该是接触最频繁的，在一定情况下两者的共同语言最多，但有时分歧也最为严重。如何处理好两者的关系既是业主的事也是项目部的事，因此项目部主动与监理部门处理好工作关系，共同把工程建设好是建设者和工程管理者共同的愿望。

了解工程实施阶段监理工作的基本内容和主要工作方法。工程实施阶段监理人员是处在发包人和承包人之间的独立机构，其主要工作内容简单地说是控制工程质量、控制工程进度、控制工程投资、协调业主与承包人之间的关系，简称"三控制、一协调"。但实际上，监理人员在工程实施阶段的工作远远不止这些，如开工条件的控制、施工安全和施工安全环境管理、合同管理、信息管理、工程验收与移交等，都是监理人员的工作范围和工作内容。也就是说，在工程施工期间与工程施工有关的事项监理人员都有权监督或参与。其主要工作方法是现场记录、发布文件、旁站监督、巡视检查、跟踪检测、平行检测和协调。

熟悉施工监理的主要工作制度。施工期间监理的主要工作制度有八项，即施工技术文件审核和审批制度，原材料、构配件、工程设备检验制度，工程质量检验制度，工程计量付款签证制度，会议协调制度，施工现场紧急情况报告制度，工作报告制度和工程验收制度。

通过以上对监理工作基本情况的了解，我们看到监理部与项目部在工程施工期间是不可分割的，项目部的一切工作都是在监理部的监督和控制下进行的。因此，正确处理好与监理部的关系对工程建设和工程质量等都有好处。在处理与监理的关系时应遵循以下原则：

（1）充分尊重监理的工作。监理部在一定条件下可以说是受业主的委托代表业主专门对工程建设过程进行监督和控制的机构，同时，监理部有时是介于业主和承包人之间的独立行使权力的机构。因此，监理工作主要是对工程项目负责，也就是说，对业主和承包人都要负责。所以，监理工作不仅应当受到业主的尊重，更应当受到承包人的尊重，项目部在日常工作中应始终尊重监理的工作，并形成制度建立管理和监督。

（2）加强与监理的沟通和交流。同在一个工程项目上生活和工作是人生

难得的机会，因此在工作中彼此互相了解、互相关心、互相爱护、互相帮助、互相交流和沟通，有利于增进感情和友谊，有利于工作的协调和配合。

（3）在工作上服从监理，在生活上关心监理。监理是受业主的委托负责对工程建设过程实施监督和控制的，只要监理人员的工作没有超出他们的权限或者不是乱指挥、乱干涉、恶意阻挠等，项目部就必须服从监理的监督和控制。同时，由于监理部人员比较少，各方面条件往往不如项目部，业主和项目部在通信、交通、办公、生活等方面应给予其必要的关心和帮助，为他们提供一些更好的条件，以便他们更安心地工作，使得业主、监理、施工三方在整个建设过程中均能全身心地投入工程建设管理中，以利于整个工程建设。

（4）项目经理等主要班子成员要主动加强与监理的合作，带头处理好与监理的关系，为正常的业务配合创造良好的条件。在日常工作中，与监理打交道的主要是技术负责人和施工技术及质量检查人员等专业人员，这些人员在工程开工初期往往因为对监理人员不熟悉或有顾虑而怕和监理打交道，容易造成工作的被动或耽搁，这就需要项目经理等主要人员积极给他们创造熟悉的条件，尽早消除工作顾虑和胆怯心理，使双方的工作早日进入正常的轨道。

（5）工作制度、责任心、业务熟练程度、企业实力、诚实守信、工程管理情况等是处理与监理关系最好的条件。与监理关系处理的好坏主要看项目部能否将工程项目建设好和管理好，这是决定项目部与监理关系的基础。因此，抓好硬件的管理始终是项目部根本的工作，没有硬件作保障，即使绞尽脑汁也难以处理好与监理的关系。

（6）在向业主汇报有关工作情况前，充分征求监理的意见。在工程建设期间，项目部需要随时将工程情况向业主汇报，每次汇报，业主一般不会仅听取项目部一方的汇报，实际上业主更信任监理的报告，为了不出现与监理汇报偏差较大的情况而影响业主对项目部的信任，重要的汇报应提前与监理进行交流和沟通，力争双方达成一致、贴近实际，把工程的真实情况汇报给业主，使其决策更有利于下一步的工作。应减少单方面汇报，避免单方面不合实际的汇报，禁止项目部与监理部分头以抵制对方为目的的恶意汇报，杜绝与监理双方联合对业主进行有欺骗性的汇报。

（7）各项工作应按程序进行，不寻捷径。有不少项目部的人以为与监理处理好关系的目的是借用监理之权谋不义之财，想方设法通过各种途径将监理拉向项目部一方，达到另有所图、共同欺骗业主的目的；也有一部分业主认为，监理是他们花钱请来帮助监管施工企业的，应该和业主站在一边共同对抗项目部，以便达到节省工程资金等目的。这两种想法和做法都是错误的，都没有充分理解监理的工作性质和实施监理制度的目的，是任何工程项目必须预防和坚决禁止的，无论出现上述哪种情况都会给工程建设带来严重甚至是致命的影响。因此，项目部和业主双方必须按有关规定严格按程序办事，监理人员也必须严于律己，严格按监理规程及监理大纲要求工作。项目部、业主和监理三方应互相监督、互相配合、互相支持、互相交流、互相帮助才能共同管理、实施和监督好整个工程项目的实施过程，最终达到共赢；违背原则、违背程序、违背法律、违背事实、违背道德、互相欺骗、互相抵制、互相隐瞒、互相敲诈、互相攻击、心存不轨、心存侥幸的，必将受到道德和法律的谴责和制裁。

第四章 水利工程施工质量与进度管理

第一节 水利工程施工质量管理

一、水利工程质量管理的基本概念

水利工程项目的施工阶段是根据设计图纸和设计文件的要求，通过工程参建各方及其技术人员的劳动形成工程实体的阶段。这个阶段的质量控制无疑是极其重要的，其中心任务是通过建立健全有效的工程质量监督体系，确保工程质量达到合同规定的标准和等级要求。为此，在水利工程项目建设中，建立了质量管理的三个体系，即施工单位的质量保证体系、建设（监理）单位的质量检查体系和政府部门的质量监督体系。

（一）工程项目质量和质量控制的概念

1．工程项目质量

质量是反映实体满足明确或隐含需要能力的特性的总和。工程项目质量是国家现行的有关法律、法规、技术标准、设计文件及工程承包合同对工程的安全、适用、经济、美观等特征的综合要求。

从功能和使用价值来看，工程项目质量体现在适用性、可靠性、经济性、外观质量与环境协调等方面。由于工程项目是依据项目法人的需求而兴建的，故各工程项目的功能和使用价值的质量应满足不同项目法人的需求，并无一个统一的标准。

从工程项目质量的形成过程来看，工程项目质量包括工程建设各个阶段的质量，即可行性研究质量、工程决策质量、工程设计质量、工程施工质量、工程竣工验收质量。

工程项目质量具有两个方面的含义：一是指工程产品的特征性能，即工程产品质量；二是指参与工程建设各方面的工作水平、组织管理等，即工作质量。工作质量包括社会工作质量和生产过程工作质量。社会工作质量主要是指社会调查、市场预测、维修服务等。生产过程工作质量主要包括管理工作质量、技术工作质量、后勤工作质量等，最终将反映在工序质量上，而工序质量的好坏直接受人、原材料、机具设备、工艺及环境等五方面因素的影响。因此，工程项目质量的好坏是各环节、各方面工作质量的综合反映，而不是单纯靠质量检验查出来的。

2. 工程项目质量控制

质量控制是指为达到质量要求所采取的作业技术和活动，工程项目质量控制实际上就是对工程在可行性研究、勘测设计、施工准备、建设实施、后期运行等各阶段、各环节、各因素的全程、全方位的质量监督控制。工程项目质量有个产生、形成和实现的过程，控制这个过程中的各环节，以满足工程合同、设计文件、技术规范规定的质量标准。在我国的工程项目建设中，工程项目质量控制按其实施者的不同，包括以下三个方面。

（1）项目法人的质量控制。项目法人方面的质量控制，主要是委托监理单位依据国家的法律、规范、标准和工程建设的合同文件对工程建设进行监督和管理。其特点是外部的、横向的、不间断的控制。

（2）政府方面的质量控制。政府方面的质量控制是通过政府的质量监督机构来实现的，其目的在于维护社会公共利益，保证技术性法规和标准的贯彻执行。其特点是外部的、纵向的、定期或不定期抽查。

（3）承包人方面的质量控制。承包人主要是通过建立健全质量保证体系，加强工序质量管理，严格施行"三检制"（即初检、复检、终检），避免返工，提高生产效率等方式来进行质量控制。其特点是内部的、自身的、连续的控制。

（二）工程项目质量的特点

由于建筑产品具有位置固定、生产流动性、项目单件性、生产一次性、受自然条件影响大等特点，这些决定了工程项目质量具有以下特点。

1. 影响因素多

影响工程质量的因素是多方面的，如人的因素、机械因素、材料因素、方法因素、环境因素（人、机、料、法、环）等均直接或间接地影响着工程质量，尤其是水利水电工程项目主体工程的建设，一般由多家承包单位共同完成，故其质量形式较为复杂，影响因素多。

2. 质量波动大

由于工程建设周期长，在建设过程中易受到系统因素及偶然因素的影响，使产品质量产生波动。

3. 质量变异大

由于影响工程质量的因素较多，任何因素的变异均会引起工程项目的质量变异。

4. 质量具有隐蔽性

由于工程项目在实施过程中，工序交接多，中间产品多，隐蔽工程多，取样数量受到各种因素、条件的限制，使产生错误判断的概率增大。

5. 终检局限性大

由于建筑产品具有位置固定等自身特点，使质量检验时不能解体、拆卸，所以在工程项目终检验收时难以发现工程内在的、隐蔽的质量缺陷。

此外，质量、进度和投资目标三者之间既对立又统一的关系，使工程质量受到投资、进度的制约。因此，应针对工程质量的特点，严格控制质量，并将质量控制贯穿于项目建设的全过程。

（三）工程项目质量控制的原则

在工程项目建设过程中，对其质量进行控制应遵循以下几项原则。

1. 质量第一原则

"百年大计，质量第一"工程建设与国民经济的发展和人民生活的改善息息相关。质量的好坏直接关系到国家繁荣富强，关系到人民生命财产的安全，关系到子孙幸福，所以必须树立强烈的"质量第一"的思想。

要确立质量第一的原则，必须弄清并且摆正质量和数量、质量和进度之间的关系。不符合质量要求的工程，数量和进度都将失去意义，也没有任何使用价值，而且数量越多，进度越快，国家和人民遭受的损失也将越大。因此，好中求多、好中求快、好中求省才是符合质量管理所要求的质量水平。

2. 预防为主原则

对于工程项目的质量，我们长期以来采取事后检验的方法，认为严格检查就能保证质量，实际上这是远远不够的，应该从消极防守的事后检验变为积极预防的事先管理。因为好的建筑产品是好的设计、好的施工所产生的，不是检查出来的。必须在项目管理的全过程中，事先采取各种措施，消灭种种不符合质量要求的因素，以保证建筑产品质量。如果各质量因素

（人、机、料、法、环）预先得到保证，工程项目的质量就有了可靠的前提条件。

3. 为用户服务原则

建设工程项目是为了满足用户的要求，尤其是要满足用户对质量的要求。真正好的质量是用户完全满意的质量。进行质量控制就是要把为用户服务的原则作为工程项目管理的出发点，贯穿到各项工作中去。同时，要在项目内部树立"下道工序就是用户"的思想。各个部门、各种工作、各种人员都有个前、后的工作顺序，在自己这道工序的工作一定要保证质量，凡达不到质量要求不能交给下道工序，一定要使"下道工序"这个用户感到满意。

4. 用数据说话原则

质量控制必须建立在有效的数据基础之上，必须依靠能够确切反映客观实际的数字和资料，否则就谈不上科学的管理。一切用数据说话，就需要用数理统计方法对工程实体或工作对象进行科学的分析和整理，从而研究工程质量的波动情况，寻求影响工程质量的主次原因，采取改进质量的有效措施，掌握保证和提高工程质量的客观规律。

在很多情况下，我们评定工程质量时，虽然也按规范标准进行检测计量产生一些数据，但是这些数据往往不完整、不系统，没有按数理统计要求积累数据、抽样选点，所以难以汇总分析，有时只能统计加估计，抓不住质量问题，既不能完全表达工程的内在质量状态，也不能有针对性地进行质量教育，提高企业素质。所以，必须树立起"用数据说话"的意识，从积累的大量数据中找出控制质量的规律性，以保证工程项目的优质建设。

（四）工程项目质量控制的任务

工程项目质量控制的任务就是根据国家现行的有关法规、技术标准和工程合同规定的工程建设各阶段质量目标实施全过程的监督管理。由于工程建设各阶段的质量目标不同，因此需要分别确定各阶段的质量控制对象和任务。

1. 工程项目决策阶段质量控制的任务

（1）审核可行性研究报告是否符合国民经济发展的长远规划、国家经济建设的方针政策。

（2）审核可行性研究报告是否符合工程项目建议书或业主的要求。

（3）审核可行性研究报告是否具有可靠的基础资料和数据。

（4）审核可行性研究报告是否符合技术经济方面的规范标准和定额等指标。

（5）审核可行性研究报告的内容、深度和计算指标是否达到标准要求。

2．工程项目设计阶段质量控制的任务

（1）审查设计基础资料的正确性和完整性。

（2）编制设计招标文件，组织设计方案竞赛。

（3）审查设计方案的先进性和合理性，确定最佳设计方案。

（4）督促设计单位完善质量保证体系，建立内部专业交底及专业会签制度。

（5）进行设计质量跟踪检查，控制设计图纸的质量。在初步设计和技术设计阶段，主要检查生产工艺及设备的选型、总平面布置、建筑与设施的布置、采用的设计标准和主要技术参数；在施工图设计阶段，主要检查计算是否有错误，选用的材料和做法是否合理，标注的各部分设计标高和尺寸是否有错误，各专业设计之间是否有矛盾等。

3．工程项目施工阶段质量控制的任务

施工阶段质量控制是工程项目全过程质量控制的关键环节。根据工程质量形成的时间，施工阶段的质量控制又可分为质量的事前控制、事中控制和事后控制，其中事前控制为重点控制。

（1）事前控制。①审查承包商及分包商的技术资质。②协助承建商完善质量体系，包括完善计量及质量检测技术和手段等，同时对承包商的实验室资质进行考核。③督促承包商完善现场质量管理制度，包括现场会议制度、现场质量检验制度、质量统计报表制度和质量事故报告及处理制度等。④与当地质量监督站联系，争取其配合、支持和帮助。⑤组织设计交底和图纸会审，对某些工程部位应下达质量要求标准。⑥审查承包商提交的施工组织设计，保证工程质量具有可靠的技术措施。审核工程中采用的新材料、新结构、新工艺、新技术的技术鉴定书；对工程质量有重大影响的施工机械、设备，应审核其技术性能报告。⑦对工程所需原材料、构配件的质量进行检查与控制。⑧对永久性生产设备或装置，应按审批同意的设计图纸组织采购或订货，到场后进行检查验收。⑨对施工场地进行检查验收。检查施工场地的测量标桩、建筑物的定位放线以及高程水准点，重要工程还应复核，落实现场障碍物的清理、拆除等。⑩把好开工关。对现场各项准备工作检查合格后，方可发开工令；停工的工程，未发复工令者不得复工。

（2）事中控制。①督促承包商完善工序控制措施。工程质量是在工序中产生的，工序控制对工程质量起着决定性的作用。应把影响工序质量的因素都纳入控制状态中，建立质量管理点，及时检查和审核承包商提交的质量统计分析资料和质量控制图表。②严格工序交接检查。主要工作作业（包括隐蔽作业）需按有关验收规定经检查验收后，方可进行下一工序的施工。③重要的工程部位或专业工程（如混凝土工程）要做试验或技术复核。④审查质量事故处理方案，并对处理效果进行检查。⑤对完成的分部（分项）工程，按相应的质量评定标准和办法进行检查验收。⑥审核设计变更和图纸修改。⑦按合同行使质量监督权和质量否决权。⑧组织定期或不定期的质量现场会议，及时分析、通报工程质量状况。

（3）事后控制。①审核承包商提供的质量检验报告及有关技术性文件。②审核承包商提交的竣工图。③组织联动试车。④按规定的质量评定标准和办法，进行检查验收。⑤组织项目竣工总验收。⑥整理有关工程项目质量的技术文件，并编目、建档。

4. 工程项目保修阶段质量控制的任务

（1）审核承包商的工程保修书。

（2）检查、鉴定工程质量状况和工程使用情况。

（3）对出现的质量缺陷，确定责任者。

（4）督促承包商修复缺陷。

（5）在保修期结束后，检查工程保修状况，移交保修资料。

二、质量体系建立与运行

（一）施工阶段的质量控制

1. 质量控制的依据

施工阶段的质量管理及质量控制的依据大体上可分为两类，即共同性依据及专门技术法规性依据。

共同性依据是指那些适用于工程项目施工阶段与质量控制有关的，具有普遍指导意义和必须遵守的基本文件。其主要有工程承包合同文件、设计文件，国家和行业现行的有关质量管理方面的法律、法规文件。

工程承包合同中分别规定了参与施工建设的各方在质量控制方面的权利和义务，并据此对工程质量进行监督和控制。

有关质量检验与控制的专门技术法规性依据是指针对不同行业、不同的质量控制对象而制定的技术法规性的文件，主要包括：

（1）已批准的施工组织设计。它是承包单位进行施工准备和指导现场施工的规划性、指导性文件，详细规定了工程施工的现场布置、人员设备的配置、作业要求、施工工序和工艺、技术保证措施、质量检查方法和技术标准等，是进行质量控制的重要依据。

（2）合同中引用的国家和行业的现行施工操作技术规范、施工工艺规程及验收规范。它是维护正常施工的准则，与工程质量密切相关，必须严格遵守执行。

（3）合同中引用的有关原材料、半成品、配件方面的质量依据。如水泥、钢材、骨料等有关产品技术标准，水泥、骨料、钢材等有关检验、取样、方法的技术标准，有关材料验收、包装、标志的技术标准。

（4）制造厂提供的设备安装说明书和有关技术标准。这是施工安装承包人进行设备安装必须遵循的重要技术文件，也是进行检查和控制质量的依据。

2．质量控制的方法

施工过程中的质量控制方法主要有旁站检查、测量、试验等。

（1）旁站检查。旁站是指有关管理人员对重要工序（质量控制点）的施工所进行的现场监督和检查，以避免质量事故的发生。旁站也是驻地监理人员的一种主要现场检查形式。根据工程施工难度及复杂性，可采用全过程旁站、部分时间旁站两种方式。对容易产生缺陷的部位，或产生了缺陷难以补救的部位，以及隐蔽工程，应加强旁站检查。

在旁站检查中，必须检查承包人在施工中所用的设备、材料及混合料是否符合已批准的文件要求，检查施工方案、施工工艺是否符合相应的技术规范。

（2）测量。测量是对建筑物的尺寸控制的重要手段，应对施工放样及高程控制进行核查，不合格者不准开工。对模板工程、已完工程的几何尺寸、高程、宽度、厚度、坡度等质量指标，按规定要求进行测量验收，不符合规定要求的须进行返工。测量记录均要事先经工程师审核签字后方可使用。

（3）试验。试验是工程师确定各种材料和建筑物内在质量是否合格的重要方法。所有工程使用的材料都必须事先经过材料试验，质量必须满足产品标准，并经工程师检查批准后，方可使用。材料试验包括水泥、粗骨料、沥青、土工织物等各种原材料，不同等级混凝土的配合比试验，外购材料及成品质量证明和必要的试验鉴定，仪器设备的校调试验，加工后的成品强度及耐用性检验，工程检查等。没有试验数据的工程不予验收。

3．工序质量监控

（1）工序质量监控的内容。工序质量控制主要包括对工序活动条件的监控和对工序活动效果的监控。

1）对工序活动条件的监控。所谓工序活动条件监控，就是指对影响工程生产因素进行的控制。工序活动条件的控制是工序质量控制的手段。尽管在开工前对生产活动条件已进行了初步控制，但在工序活动中有的条件还会发生变化，使其基本性能达不到检验指标，这正是生产过程产生质量不稳定的重要原因。因此，只有对工序活动条件进行控制，才能达到对工程或产品的质量性能特性指标的控制。工序活动条件包括的因素较多，要通过分析，分清影响工序质量的主要因素，抓住主要矛盾，逐渐予以调节，以达到质量控制的目的。

2）对工序活动效果的监控。对工序活动效果的监控主要反映在对工序产品质量性能的特征指标的控制上。通过对工序活动的产品采取一定的检测手段进行检验，根据检验结果分析、判断该工序活动的质量效果，从而实现对工序质量的控制，其步骤如下：

1）工序活动前的控制，主要要求人、材料、机械、方法或工艺、环境能满足要求；

2）采用必要的手段和工具，对抽出的工序子样进行质量检验；

3）应用质量统计分析工具（如直方图、控制图、排列图等）对检验所得的数据进行分析，找出这些质量数据所遵循的规律；

4）根据质量数据分布规律的结果，判断质量是否正常；

5）若出现异常情况，寻找原因，找出影响工序质量的因素，尤其是那些主要因素，采取对策和措施进行调整；

6）重复前面的步骤，检查调整效果，直到满足要求。

这样便可达到控制工序质量的目的。

（2）工序质量监控实施要点。对工序活动质量监控，首先应确定质量控制计划，它是以完善的质量监控体系和质量检查制度为基础。一方面，工序质量控制计划要明确规定质量监控的工作程序、流程和质量检查制度；另一方面，需进行工序分析，在影响工序质量的因素中找出对工序质量产生影响的重要因素，进行主动的、预防性的重点控制。例如，在振捣混凝土这一工序中，振捣的插点和振捣时间是影响质量的主要因素，为此应加强现场监督并要求施工单位严格予以控制。

同时，在整个施工活动中，应采取连续的动态跟踪控制，通过对工序产品的抽样检验判定其产品质量波动状态，若工序活动处于异常状态，则应查出影响质量的原因，采取措施排除系统性因素的干扰，使工序活动恢复到正常状态，从而保证工序活动及其产品质量。此外，为确保工程质量，应在工序活动过程中设置质量控制点，进行预控。

（3）质量控制点的设置。质量控制点的设置是进行工序质量预防控制的有效措施。质量控制点是指为保证工程质量而必须控制的重点工序、关键部位、薄弱环节。应在施工前全面、合理地选择质量控制点，并对设置质量控制点的情况及拟采取的控制措施进行审核。必要时，应对质量控制实施过程进行跟踪检查或旁站监督，以确保质量控制点的施工质量。

设置质量控制点的对象，主要有以下几方面：

1）关键的分项工程。如大体积混凝土工程、土石坝工程的坝体填筑、隧洞开挖工程等。

2）关键的工程部位。如混凝土面板堆石坝面板趾板及周边缝的接缝、土基上水闸的地基基础、预制框架结构的梁板节点、关键设备的设备基础等。

3）薄弱环节。指经常发生或容易发生质量问题的环节，或承包人无法把握的环节，或采用新工艺（材料）施工的环节等。

4）关键工序。如钢筋混凝土工程的混凝土振捣，灌注桩钻孔，隧洞开挖的钻孔布置、方向、深度、用药量和填塞等。

5）关键工序的关键质量特性。如混凝土的强度、耐久性，土石坝的干密度、黏性土的含水率等。

6）关键质量特性的关键因素。如冬季混凝土强度的关键因素是环境（养护温度），支模的关键因素是支撑方法，泵送混凝土输送质量的关键因素是机械，墙体垂直度的关键因素是人等。

控制点的设置应准确、有效，因此究竟选择哪些作为控制点，需要由有经验的质量控制人员进行选择。一般可根据工程性质和特点来确定，表 4-1 列举出某些分部（分项）工程的质量控制点，可供参考。

表 4-1 质量控制点的设置

分部（分项）工程		质量控制点
建筑物定位		标准轴线桩、定位轴线、标高
地基开挖及清理		开挖部位的位置、轮廓尺寸、标高，岩石地基钻爆过程中的钻孔、装药量、起爆方式，开挖清理后的建基面；断层、破碎带、软弱夹层、岩熔的处理，渗水的处理
基础处理	基础灌浆 帷幕灌浆	造孔工艺、孔位、孔斜，岩芯获得率，洗孔及压水情况，灌浆情况，灌浆压力、结束标准、封孔
	基础排水	造孔、洗孔工艺，孔口、孔口设施的安装工艺
	锚桩孔	造孔工艺锚桩材料质量、规格、焊接，孔内回填
混凝土生产	砂石料生产	毛料开采、筛分、运输、堆存，砂石料质量（杂质含量、细度模数、超逊径、级配）、含水率、骨料降温措施
	混凝土拌和	原材料的品种、配合比、称量精度，混凝土拌和时间、温度均匀性，拌和物的坍遂度，温控措施（骨料冷却、加冰、加冰水）、外加剂比例
混凝土浇筑	建基面清理	岩基面清理（冲洗、积水处理）
	模板 预埋件	位置、尺寸、标高、平整性、稳定性、刚度、内部清理，预埋件型号、规格、埋设位置、安装稳定性、保护措施
	钢筋	钢筋品种、规格、尺寸、搭接长度、钢筋焊接、根数、位置
	浇筑	浇筑层厚度、平仓、振捣、浇筑间歇时间、积水和泌水情况、埋设件保护、混凝土养护、混凝土表面平整度、麻面、蜂窝、露筋、裂缝、混凝土密实性、强度
土石料填筑	土石料	土料的黏粒含量、含水率，砾质土的粗粒含量、最大粒径，石料的粒径、级配，坚硬度、抗冻性
	土料填筑	防渗体与岩石面或混凝土面的结合处理、防渗体与砾质土、黏土地基的结合处理、填筑体的位置、轮廓尺寸、铺土厚度、铺填边线、土层接面处理、土料碾压、压实干密度
	石料砌筑	砌筑体位置、轮廓尺寸、石块重量、尺寸、表面顺直度、砌筑工艺、砌体密实度、砂浆配比、强度
	砌石护坡	石块尺寸、强度、抗冻性、砌石厚度、砌筑方法、砌石孔隙率、垫层级配、厚度、孔隙率

（4）见证点、停止点的概念。在工程项目实施控制中，通常是由承包人在分项工程施工前制订施工计划时，就选定设置控制点，并在相应的质量计划中进一步明确哪些是见证点，哪些是停止点。所谓见证点和停止点，是国际上对于重要程度不同及监督控制要求不同的质量控制对象的一种区分方式。见证点监督也称为 W 点监督。凡是被列为见证点的质量控制对象，在规定的控制点施工前，施工单位应提前 24 小时通知监理人员在约定的时间内到现场进行见证并实施监督。如监理人员未按约定到场，施工单位有权对该点进行相应的操作和施工。停止点也称为待检查点或 H 点，它的重要性高于见证点，是针对那些由于施工过程或工序施工质量不易或不能通

过其后的检验和试验而充分得到论证的"特殊过程"或"特殊工序"而言的。凡被列入停止点的控制点，要求必须在该控制点来临之前 24 小时通知监理人员到场实行监控，如监理人员未能在约定时间内到达现场，施工单位应停止该控制点的施工，并按合同规定等待监理方，未经认可不能超过该点继续施工，如水闸闸墩混凝土结构在钢筋架立后，混凝土浇筑之前，可设置停止点。

在施工过程中，应加强旁站和现场巡查的监督检查，严格实施隐蔽工程工序间交接检查验收、工程施工预检等检查监督，严格执行对成品保护的质量检查。只有这样才能及早发现问题，及时纠正，防患于未然，确保工程质量，避免导致工程质量事故。

为了对施工期间的各分部（分项）工程的各工序质量实施严密、细致和有效的监督、控制，应认真地填写跟踪档案，即施工和安装记录。

4．施工合同条件下的工程质量控制

工程施工是使业主及工程设计意图最终实现并形成工程实体的阶段，也是最终形成工程产品质量和工程项目使用价值的重要阶段。由此可见，施工阶段的质量控制不但是工程师的核心工作内容，也是工程项目质量控制的重点。

（1）质量检查（验）的职责和权力。施工质量检查（验）是建设各方质量控制必不可少的一项工作，它可以起到监督、控制质量，及时纠正错误，避免事故扩大，消除隐患等作用。

1）承包商质量检查（验）的职责。提交质量保证计划措施报告。保证工程施工质量是承包商的基本义务。承包商应按 ISO 9000 系列标准建立和健全所承包工程的质量保证计划，在组织上和制度上落实质量管理工作，以确保工程质量。

承包商质量检查（验）职责。根据合同规定和工程师的指示，承包商应对工程使用的材料和工程设备以及工程的所有部位及其施工工艺进行全过程的质量自检，并作质量检查（验）记录，定期向工程师提交工程质量报告。同时，承包商应建立一套全部工程的质量记录和报表，以便工程师复核检验和日后发现质量问题时查找原因。当合同发生争议时，质量记录和报表还是重要的当时记录。

自检是检验的一种形式，它是由承包商自己来进行的。在合同环境下，承包商的自检包括班组的初检、施工队的复检、公司的终检。自检的目的不仅在于判定被检验实体的质量特性是否符合合同要求，更为重要的是用于对过程的控制。因此，承包商的自检是质量检查（验）的基础，是控制质量的关键。为此，工程师有权拒绝对那些"三检"资料不完善或无"三检"资料的过程（工序）进行检验。

2）工程师的质量检查（验）权力。按照我国有关法律、法规的规定，工程师在不妨碍承包商正常作业的情况下，可以随时对作业质量进行检查（验）。这表明工程师有权对全部工程的所有部位及其任何一项工艺、材料和工程设备进行检查和检验，并具有质量否决权。具体内容包括：

第一，复核材料和工程设备的质量及承包商提交的检查结果。

第二，对建筑物开工前的定位定线进行复核签证，未经工程师签认不得开工。

第三，对隐蔽工程和工程的隐蔽部位进行覆盖前的检查（验），上道工序质量不合格的不得进入下一道工序施工。

第四，对正在施工中的工程在现场进行质量跟踪检查（验），发现问题及时纠正等。

这里需要指出，承包商要求工程师进行检查（验）的意向，以及工程师要进行检查（验）的意向均应提前 24 小时通知对方。

（2）材料、工程设备的检查和检验。《水利水电土建工程施工合同条件》通用条款及技术条款规定材料和工程设备的采购分两种情况：承包商负责采购的材料和工程设备；业主负责采购的工程设备，承包商负责采购的材料。

对材料和工程设备进行检查和检验时应区别对待以上两种情况。

1）材料和工程设备的检验和交货验收。承包商采购的材料和工程设备，其产品质量承包商应对业主负责。材料和工程设备的检验和交货验收由承包商负责实施，并承担所需费用，具体做法：承包商会同工程师进行检验和交货验收，查验材质证明和产品合格证书。此外，承包商还应按合同规定进行材料的抽样检验和工程设备的检验测试，并将检验结果提交给工程师。工程师参加交货验收不能减轻或免除承包商在检验和验收中应负的责任。

对业主采购的工程设备，为了简化验交手续和重复装运，业主应将其采购的工程设备由生产厂家直接移交给承包商。为此，业主和承包商在合同规定的交货地点（如生产厂家、工地或其他合适的地方）共同进行交货验收，由业主正式移交给承包商。在交货验收过程中，业主采购的工程设备检验及测试由承包商负责，业主不必再配备检验及测试用的设备和人员，但承包商必须将其检验结果提交工程师，并由工程师复核签认检验结果。

2）工程师检查或检验。工程师和承包商应商定对工程所用的材料和工程设备进行检查和检验的具体时间和地点。通常情况下，工程师应到场参加检查或检验，如果在商定时间内工程师未到场参加检查或检验，且工程师无其他指示（如延期检查或检验），承包商可自行检查或检验，并立即将检查或检验结果提交给工程师。除合同另有规定外，工程师应在事后确认承包商提交的检查或检验结果。

对于承包商未按合同规定检查或检验材料和工程设备，工程师指示承包商按合同规定补作检查或检验。此时，承包商应无条件地按工程师的指示和合同规定补作检查或检验，并应承担检查或检验所需的费用和可能带来的工期延误责任。

3）额外检验和重新检验。①额外检验。在合同履行过程中，如果工程师需要增加合同中未作规定的检查和检验项目，工程师有权指示承包商增加额外检验，承包商应遵照执行，但应由业主承担额外检验的费用和工期延误责任。②重新检验。在任何情况下，如果工程师对以往的检验结果有疑问时，有权指示承包商进行再次检验即重新检验，承包商必须执行工程师指示，不得拒绝。"以往检验结果"是指已按合同规定要求得到工程师的同意，如果承包商的检验结果未得到工程师同意，则工程师指示承包商进行的检验不能称为重新检验，应为合同内检测。

重新检验带来的费用增加和工期延误责任的承担视重新检验结果而定。如果重新检验结果证明这些材料、工程设备、工序不符合合同要求，则应由承包商承担重新检验的全部费用和工期延误责任；如果重新检验结果证明这些材料、工程设备、工序符合合同要求，则应由业主承担重新检验的费用和工期延误责任。

当承包商未按合同规定进行检查或检验，并且不执行工程师有关补作检查或检验指示和重新检验的指示时，工程师为了及时发现可能的质量隐患，减少可能造成的损失，可以指派自己的人员或委托其他人进行检查或检验，以保证质量。此时，不论检查或检验结果如何，工程师因采取上述检查或检验补救措施而造成的工期延误和增加的费用均应由承包商承担。

4）不合格工程、材料和工程设备。禁止使用不合格材料和工程设备。工程使用的一切材料、工程设备均应满足合同规定的等级、质量标准和技术特性。工程师在工程质量的检查或检验中发现承包商使用了不合格材料或工程设备时，可以随时发出指示，要求承包商立即改正，并禁止在工程中继续使用这些不合格的材料和工程设备。

如果承包商使用了不合格材料和工程设备，其造成的后果应由承包商承担责任，承包商应无条件地按工程师指示进行补救。业主提供的工程设备经验收不合格的应由业主承担相应责任。

对不合格工程材料和工程设备的处理。

1）如果工程师的检查或检验结果表明承包商提供的材料或工程设备不符合合同要求，工程师可以拒绝接收，并立即通知承包商。此时，承包商除立即停止使用外，应与工程师共同研究补救措施。如果在使用过程中发现不合格材料，工程师应视具体情况下达运出现场或降级使用的指示。

2）如果检查或检验结果表明业主提供的工程设备不符合合同要求，承包商有权拒绝接收，并要求业主予以更换。

3）如果因承包商使用了不合格材料和工程设备造成了工程损害，工程师可以随时发出指示，要求承包商立即采取措施进行补救，直至彻底清除工程的不合格部位及不合格材料和工程设备。

4）如果承包商无故拖延或拒绝执行工程师的有关指示，则业主有权委托其他承包商执行该项指示。由此而造成的工期延误和增加的费用由承包商承担。

（3）隐蔽工程。隐蔽工程和工程隐蔽部位是指已完成的工作面经覆盖后将无法事后查看的任何工程部位和基础。由于隐蔽工程和工程隐蔽部位的特殊性及重要性，因此没有工程师的批准，工程的任何部分均不得覆盖或使之无法查看。

对于将被覆盖的部位和基础，在进行下一道工序之前，首先由承包商进行自检，确认符合合同要求后，再通知工程师进行检查，工程师不得无故缺席或拖延，承包商通知时应考虑到工程师有足够的检查时间。工程师应按通知约定的时间到场进行检查，确认质量符合合同规定要求，并在检查记录上签字后，才能允许承包商进入下一道工序，进行覆盖。承包商在取得工程师的检查签证之前，不得以任何理由进行覆盖；否则，承包商应承担因补检而增加的费用和工期延误责任。如果由于工程师未及时到场检查，承包商因等待或延期检查而造成工期延误，则承包商有权要求延长工期和赔偿其停工、窝工等损失。

（4）放线。

1）施工控制网。工程师应在合同规定的期限内向承包商提供测量基准点、基准线和水准点及其书面资料。业主和工程师应对测量点、基准线和水准点的正确性负责。

承包商应在合同规定期限内完成测设自己的施工控制网，并将施工控制网资料报送工程师审批。承包商应对施工控制网的正确性负责。此外，承包商还应负责保管全部测量基准和控制网点。工程完工后，应将施工控制网点完好地移交给业主。

工程师为了监理工作的需要，可以使用承包商的施工控制网，并不为此另行支付费用。此时，承包商应及时提供必要的协助，不得以任何理由加以拒绝。

2）施工测量。承包商应负责整个施工过程中的全部施工测量放线工作，包括地形测量、放样测量、断面测量、支付收方测量和验收测量等，并应自行配置合格的人员、仪器、设备和其他物品。

承包商在施测前，应将施工测量措施报告报送工程师审批。

工程师应按合同规定对承包商的测量数据和放样成果进行检查。工程师认为必要时还可指示承包商在工程师的监督下进行抽样复测，并修正复测中发现的错误。

（5）完工和保修。

1）完工验收。完工验收是指承包商基本完成合同中规定的工程项目后，移交给业主接收前的交工验收，不是国家或业主对整个项目的验收。基本完成是指不一定要合同规定的工程项目全部完成，有些不影响工程使用的尾工项目，经工程师批准，可待验收后在保修期中去完成。

当工程具备了下列条件，并经工程师确认，承包商即可向业主和工程师提交完工验收申请报告，并附上完工资料：

①除工程师同意可列入保修期完成的项目外，已完成的合同规定的全部工程项目。

②已按合同规定备齐了完工资料，包括工程实施概况和大事记，已完工程（含工程设备）清单，永久工程完工图，列入保修期完成的项目清单，未完成的缺陷修复清单，施工期观测资料，各类施工文件、施工原始记录等。

③已编制了在保修期内实施的项目清单和未修复的缺陷项目清单以及相应的施工措施计划。

工程师在接到承包商完工验收申请报告后的 28d 内进行审核并做出决定，或者提请业主进行工程验收，或者通知承包商在验收前尚应完成的工作和对申请报告的异议。承包商应在完成工作后或修改报告后重新提交完工验收申请报告。

完工验收和移交证书。业主在接到工程师提请进行工程验收的通知后，应在收到完工验收申请报告后 56d 内组织工程验收，并在验收通过后向承包商颁发移交证书。移交证书上应注明由业主、承包商、工程师协商核定的工程实际完工日期。此日期是计算承包商完工工期的依据，也是工程保修期的开始。从颁发移交书之日起，照管工程的责任即应由业主承担，且在此后 14d 内，业主应将保留金总额的 50%退还给承包商。

分阶段验收和施工期运行。水利水电工程中分阶段验收有两种情况：第一种情况是在全部工程验收前，某些单位工程如船闸、隧洞等已完工，经业主同意可先行单独进行验收，通过后颁发单位工程移交证书，由业主先接管该单位工程。第二种情况是业主根据合同进度计划的安排，需提前使用尚未全部建成的工程，如当大坝工程达到某一特定高程可以满足初期发电，可对该部分工程进行验收，以满足初期发电要求。验收通过应签发临时移交证书。工程未完成部分仍由承包商继续施工。对通过验收的部分工程由于在施工期运行而使承包商增加了修复缺陷的费用，业主应给予适当的补偿。

业主拖延验收。如业主在收到承包商完工验收申请报告后，不及时进行验收，或在验收通过后无故不颁发移交证书，则业主应从承包商发出完工验收申请报告 56d 后的次日起承担照管工程的费用。

2）保修期工程保修。工程移交前，虽然已通过验收，但是还未经过运行的考验，而且还可能有一些尾工项目和修补缺陷项目未完成，所以还必须有一段时间用来检验工程的正常运行，这就是保修期（FIDIC 条款中称为缺陷通知期）。水利水电工程保修期一般不少于一年，从移交证书中注明的全部工程完工日期开始起算。在全部工程完工验收前，业主已提前验收的单位工程或部分工程，若未投入正常运行，其保修期仍按全部工程完工日期起算；若验收后投入正常运行，其保修期应从该单位工程或部分工程移交证书上注明的完工日期起算。

保修责任。保修期内，承包商应负责修复完工资料中未完成的缺陷修复清单所列的全部项目。保修期内如发现新的缺陷和损坏，或原修复的缺陷又遭损坏，承包商应负责修复。至于修复费用由谁承担，需视缺陷和损坏的原因而定，由于承包商施工中的隐患或其他承包商的原因所造成，应由承包商承担；若由于业主使用不当或业主其他原因所导致的损坏，则由业主承担。

保修责任终止证书（FIDIC 条款中称为履约证书）。在全部工程保修期满，且承包商不遗留任何尾工项目和缺陷修补项目，业主或授权工程师应在 28d 内向承包商颁发保修责任终止证书。

保修责任终止证书的颁发表明承包商已履行了保修期的义务，工程师对其满意，也表明了承包商已按合同规定完成了全部工程的施工任务，业主接受了整个工程项目。但此时合同双方的财务账目尚未结清，可能有些争议还未解决，故并不意味合同已履行结束。

3）清理现场与撤离。圆满完成清场工作是承包商进行文明施工的一个重要标志。一般而言，在工程移交证书颁发前，承包商应按合同规定的工作内容对工地进行彻底清理，以便业主使用已完成的工程。经业主同意后也可留下部分清场工作在保修期满前完成。

承包商应按下列工作内容对工地进行彻底清理，并需经工程师检验合格为止：

①工程范围内残留的垃圾已全部焚毁、掩埋或清除出场。

②临时工程已按合同规定拆除，场地已按合同要求清理和平整。

③承包商设备和剩余的建筑材料已按计划撤离工地，废弃的施工设备和材料亦已清除。

④施工区内的永久道路和永久建筑物周围的排水沟道，均已按合同图纸要求和工程师指示进行疏通和修整。

⑤主体工程建筑物附近及其上、下游河道中的施工堆积场，已按工程师的指示予以清理。

此外，在全部工程的移交证书颁发后 42d 内，除了经工程师同意，由于保修期工作需要留下部分承包商人员、施工设备和临时工程外，承包商的队伍应撤离工地，并做好环境恢复工作。

（二）全面质量管理

全面质量管理（Total Quality Management，简称 TQM）是企业管理的中心环节，是企业管理的纲，它和企业的经营目标是一致的。这就要求将企业的生产经营管理和质量管理有机地结合起来。

1. 全面质量管理的基本概念

全面质量管理是以组织全员参与为基础的质量管理模式，它代表了质量管理的最新阶段，最早起源于美国，菲根堡姆指出：全面质量管理是为了能够在最经济的水平上，并充分考虑到满足用户的要求的条件下进行市场研究、设计、生产和服务，把企业内各部门研制质量、维持质量和提高质量的活动构成为一体的一种有效体系。他的理论经过世界各国的继承和发展，得到了进一步的扩展和深化。1994 版 ISO9000 族标准中对全面质量管理的定义为：一个组织以质量为中心，以全员参与为基础，目的在于通过让顾客满意和本组织所有成员及社会受益而达到长期成功的管理途径。

2．全面质量管理的基本要求

（1）全过程的管理。任何一个工程（和产品）的质量，都有一个产生、形成和实现的过程，整个过程由多个相互联系、相互影响的环节所组成，每一环节都或重或轻地影响着最终的质量状况。因此，要搞好工程质量管理，必须把形成质量的全过程和有关因素控制起来，形成一个综合的管理体系，做到以防为主、防检结合、重在提高。

（2）全员的质量管理。工程（产品）的质量是企业各方面、各部门、各环节工作质量的反映。每一环节、每一个人的工作质量都会不同程度地影响着工程（产品）最终质量。工程质量人人有责，只有人人都关心工程的质量，做好本职工作，才能生产出好质量的工程。

（3）全企业的质量管理。全企业的质量管理一方面要求企业各管理层次都要有明确的质量管理内容，各层次的侧重点要突出，每个部门应有自己的质量计划、质量目标和对策，层层控制；另一方面就是要把分散在各部门的质量职能发挥出来。如水利水电工程中的"三检制"，就充分反映这一观点。

（4）多方法的管理。影响工程质量的因素越来越复杂：既有物质的因素，又有人为的因素；既有技术因素，又有管理因素；既有内部因素，又有企业外部因素。要搞好工程质量，就必须把这些影响因素控制起来，分析它们对工程质量的不同影响。灵活运用各种现代化管理方法来解决工程质量问题。

3．全面质量管理的基本指导思想

（1）质量第一、以质量求生存。任何产品都必须达到所要求的质量水平，否则就没有或未实现其使用价值，从而给消费者、给社会带来损失。从这个意义上讲，质量必须是第一位的。贯彻"质量第一"就要求企业全员，尤其是领导层要有强烈的质量意识；要求企业在确定质量目标时，首先应根据用户或市场的需求，科学地确定质量目标，并安排人力、物力、财力予以保证。当质量与数量、社会效益与企业效益、长远利益与眼前利益发生矛盾时，应把质量、社会效益和长远利益放在首位。

"质量第一"并非"质量至上"。质量不能脱离当前的市场水准，也不能不问成本一味地讲求质量，应该重视质量成本的分析，把质量与成本加以统一，确定最适合的质量。

（2）用户至上。在全面质量管理中，这是一个十分重要的指导思想。"用户至上"就是要树立以用户为中心，为用户服务的思想。要使产品质量和服务质量尽可能满足用户的要求。产品质量的好坏最终应以用户的满意程度为标准。这里所谓用户是广义的，不仅指产品出厂后的直接用户，而且指在企业内部下道工序是上道工序的用户。如混凝土工程、模板工程的质量直接影响混凝土浇筑这一下道关键工序的质量。每道工序的质量不仅影响下道工序质量，也会影响工程进度和费用。

（3）质量是设计、制造出来的，而不是检验出来的。在生产过程中，检验是重要的，它可以起到不允许不合格品出厂的把关作用，同时还可以将检验信息反馈到有关部门。但影响产品质量好坏的真正原因并不在检验，而主要在于设计和制造。设计质量是先天性的，在设计的时候就已经决定了质量的等级和水平，而制造只是实现设计质量，是符合性质量。二者不可偏废，都应重视。

（4）强调用数据说话。这就是要求在全面质量管理工作中具有科学的工作作风，在研究问题时不能满足于一知半解和表面，对问题不仅有定性分析还尽量有定量分析，做到心中有"数"，这样可以避免主观盲目性。

在全面质量管理中广泛采用了各种统计方法和工具，其中用得最多的有七种，即因果图、排列图、直方图、相关图、控制图、分层法和调查表。常用的数理统计方法有回归分析、方差分析、多元分析、试验分析和时间序列分析等。

（5）突出人的积极因素。从某种意义上讲，在开展质量管理活动过程中，人的因素是最积极、最重要的因素。与质量检验阶段和统计质量控制阶段相比较，全面质量管理阶段格外强调调动人的积极因素的重要性。这是因为现代化生产多为大规模系统，环节众多，联系密切复杂，远非单纯靠质量检验或统计方法就能奏效的。必须调动人的积极因素，加强质量意识，发挥人的主观能动性，以确保产品和服务的质量。全面质量管理的特点之一就是全体人员参加的管理。"质量第一，人人有责"。

要增强质量意识，调动人的积极因素，一靠教育、二靠规范，需要通过教育培训和考核，同时还要依靠有关质量的立法以及必要的行政手段等各种激励及处罚措施。

4．全面质量管理的工作原则

（1）预防原则。在企业的质量管理工作中，要认真贯彻预防为主的原则，凡事要防患于未然。在产品制造阶段应该采用科学方法对生产过程进行控制，尽量把不合格品消灭在发生之前。在产品的检验阶段，不论是对最终产品或是在制品，都要把质量信息及时反馈并认真处理。

（2）经济原则。全面质量管理强调质量，但无论质量保证的水平或预防不合格的深度都是没有止境的，必须考虑经济性，建立合理的经济界限，这就是所谓经济原则。因此，在产品设计制定质量标准时，在生产过程进行质量控制时，在选择质量检验方式为抽样检验或全数检验时，都必须考虑其经济效益。

（3）协作原则。协作是大生产的必然要求。生产和管理分工越细，就越要求协作。一个具体单位的质量问题往往涉及许多部门，如无良好的协作是很难解决的。因此，强调协作是全面质量管理的一条重要原则，也反映了系统科学全局观点的要求。

（4）按照 PDCA 循环组织活动。PDCA 循环是质量体系活动所应遵循的科学工作程序，周而复始，内外嵌套，循环不已，以求质量不断提高。

三、工程质量事故的处理

工程建设项目不同于一般工业生产活动，其项目实施的一次性、生产组织特有的流动性和综合性、劳动的密集性、协作关系的复杂性和环境的影响，均导致建筑工程质量事故具有复杂性、严重性、可变性及多发性的特点，事故是很难完全避免的。因此，必须加强组织措施、经济措施和管理措施，严防事故发生，对发生的事故应调查清楚，按有关规定进行处理。

需要指出的是，不少事故开始时经常只被认为是一般的质量缺陷，容易被忽视。随着时间的推移，待认识到这些质量缺陷问题的严重性时，则往往处理困难，或难以补救，或导致建筑物失事。因此，除明显的不会有严重后果的缺陷外，对其他的质量问题均应分析，进行必要处理，并作出处理意见。

（一）工程事故与分类

凡水利水电工程在建设中或完工后，由于设计、施工、监理、材料、设备、工程管理和咨询等方面造成工程质量不符合规程、规范和合同要求的质量标准，影响工程的使用寿命或正常运行，一般需采取补救措施或返工处理的，统称为工程质量事故。日常所说的事故大多指施工质量事故。

在水利水电工程中，按对工程的耐久性和正常使用的影响程度，检查和处理质量事故对工期影响时间的长短以及直接经济损失的大小，将质量事故分为一般质量事故、较大质量事故、重大质量事故和特大质量事故。

一般质量事故是指对工程造成一定经济损失，经处理后不影响正常使用，不影响工程使用寿命的事故。小于一般质量事故的统称为质量缺陷。

较大质量事故是指对工程造成较大经济损失或延误较短工期，经处理后不影响正常使用，但对工程使用寿命有较大影响的事故。

重大质量事故是指对工程造成重大经济损失或延误较长工期，经处理后不影响正常使用，但对工程使用寿命有较大影响的事故。

特大质量事故是指对工程造成特大经济损失或长时间延误工期，经处理后仍对工程正常使用和使用寿命有较大影响的事故。

如《水利工程质量事故处理暂行规定》规定：一般质量事故，它的直接经济损失在20万~100万元，事故处理的工期在一个月内，且不影响工程的正常使用与寿命。一般建筑工程对事故的分类，主要根据经济损失大小确定见表4-2。

表4-2　水利工程质量事故分类标准

损失情况		特大质量事故	重大质量事故	较大质量事故	一般质量事故
事故处理所需的物资、器材和设备、人工等直接损失费/万元	大体积混凝土、金属制作和机电安装工程	>3 000	>50且≤3 000	>10且≤500	>20且≤100
	土石方工程、混凝土薄壁工程	>1 000	>100且≤1 000	>30且≤100	>10且≤30
事故处理所需合理工期/月		>6	>3且≤6	>1且≤3	≤1
事故处理后对工程功能和寿命的影响		影响工程正常使用，需限制条件使用	不影响工程正常使用，但对工程寿命有较大影响	不影响工程正常使用，但对工程寿命有一定影响	不影响工程正常使用和工程寿命

（二）工程事故的处理方法

1.事故发生的原因

工程质量事故发生的原因很多，最基本的还是人、机械、材料、工艺和环境几方面。一般可分直接原因和间接原因两类。

直接原因主要有人的行为不规范和材料、机械不符合规定状态。如设计人员不按规范设计、监理人员不按规范进行监理、施工人员违反规程操作等，属于人的行为不规范；又如水泥、钢材等某些指标不合格，属于材料不符合规定状态。

间接原因是指质量事故发生地的环境条件，如施工管理混乱、质量检查监督失职、质量保证体系不健全等。间接原因往往导致直接原因的发生。

事故原因也可从工程建设的参建各方来寻查，业主、监理、设计、施工和材料、机械、设备供应商的某些行为或各种方法也会造成质量事故。

2．事故处理的目的

工程质量事故分析与处理的目的主要是：正确分析事故原因，防止事故恶化；创造正常的施工条件；排除隐患，预防事故发生；总结经验教训，区分事故责任；采取有效的处理措施，尽量减少经济损失，保证工程质量。

3．事故处理的原则

质量事故发生后，应坚持"三不放过"的原则，即事故原因不查清不放过，事故主要责任人和职工未受到教育不放过，补救措施不落实不放过。

发生质量事故，应立即向有关部门（业主、监理单位、设计单位和质量监督机构等）汇报，并提交事故报告。

由质量事故而造成的损失费用，坚持事故责任是谁由谁承担的原则。若责任在施工承包商，则事故分析与处理的一切费用由承包商自己负责；若施工中事故责任不在承包商，则承包商可依据合同向业主提出索赔；若事故责任在设计或监理单位，应按照有关合同条款给予相关单位必要的经济处罚；构成犯罪的，移交司法机关处理。

4.事故处理的程序方法

事故处理的程序是：①下达工程施工暂停令；②组织调查事故；③事故原因分析；④事故处理与检查验收；⑤下达复工令。

事故处理的方法有两大类：

1）修补。这种方法适用于通过修补可以不影响工程的外观和正常使用的质量事故。此类事故是施工中多发的。

2）返工。这类事故是严重违反规范或标准，影响工程使用和安全，且无法修补，必须返工。

有些工程质量问题，虽严重超过了规程、规范的要求，已具有质量事故的性质，但可针对工程的具体情况，通过分析论证，不需作专门处理，但要记录在案。如混凝土蜂窝、麻面等缺陷，可通过涂抹、打磨等方式处理；由于欠挖或模板问题使结构断面被削弱，经设计复核验算，仍能满足承载要求的，也可不作处理，但必须记录在案，并有设计和监理单位的鉴定意见。

四、工程质量验收与评定

（一）工程质量评定

1. 质量评定的意义

工程质量评定是依据国家或部门统一制定的现行标准和方法，对照具体施工项目的质量结果，确定其质量等级的过程。水利水电工程按《水利水电工程施工质量评定规程》（SL176－1996）（简称《评定标准》）执行。其意义在于统一评定标准和方法，正确反映工程的质量，使之具有可比性，同时也考核企业等级和技术水平，促进施工企业提高质量。

工程质量评定以单元工程质量评定为基础，其评定的先后次序是单元工程、分部工程和单位工程。

工程质量的评定在施工单位（承包商）自评的基础上，由建设（监理）单位复核，报政府质量监督机构核定。

2. 评定依据

（1）国家与水利水电部门有关行业规程、规范和技术标准。

（2）经批准的设计文件、施工图纸、设计修改通知、厂家提供的设备安装说明书及有关技术文件。

（3）工程合同采用的技术标准。

（4）工程试运行期间的试验及观测分析成果。

3. 评定标准

（1）单元工程质量评定标准。

单元工程质量等级按《评定标准》进行。当单元工程质量达不到合格标准时，必须及时处理，其质量等级按如下确定：①全部返工重做的，可重新评定等级。②经加固补强并经过鉴定能达到设计要求的，其质量只能评定为合格。③经鉴定达不到设计要求，但建设（监理）单位认为能基本满足安全和使用功能要求的，可不补强加固；或经补强加固后，改变外形尺寸或造成永久缺陷的，经建设（监理）单位认为能基本满足设计要求，其质量可按合格处理。

（2）分部工程质量评定标准。分部工程质量合格的条件是：①单元工程质量全部合格；②中间产品质量及原材料质量全部合格，金属结构及启闭机制造质量合格，机电产品质量合格。

分部工程质量优良的条件是：①单元工程质量全部合格，其中有 50%以上达到优良，主要单元工程、重要隐蔽工程及关键部位的单位工程质量优良，且未发生过质量事故；②中间产品质量全部合格，其中混凝土拌和物质量达到优良，原材料质量、金属结构及启闭机制造质量合格，机电产品质量合格。

（3）单位工程质量评定标准。单位工程质量合格的条件是：①分部工程质量全部合格；②中间产品质量及原材料质量全部合格，金属结构及启闭机制造质量合格，机电产品质量合格；③外观质量得分率达 70%以上；④施工质量检验资料基本齐全。

单位工程质量优良的条件是：①分部工程质量全部合格，其中有80%以上达到优良，主要分部工程质量优良，且未发生过重大质量事故；②中间产品质量全部合格，其中混凝土拌和物质量达到优良，原材料质量、金属结构及启团机制造质量合格，机电产品质量合格；③外观质量得分率达85%以上；④施工质量检验资料齐全。

（4）工程质量评定标准。单位工程质量全部合格，工程质量可评为合格；如其中 50%以上的单位工程优良，且主要建筑物单位工程质量优良，则工程质量可评为优良。

（二）工程质量验收

1. 概述

工程验收是在工程质量评定的基础上，依据一个既定的验收标准，采取一定的手段来检验工程产品的特性是否满足验收标准的过程。水利水电工程验收分为分部工程验收、阶段验收、单位工程验收和竣工验收。按照验收的性质，可分为投入使用验收和完工验收。工程验收的目的是：检查工程是否按照批准的设计进行建设；检查已完工程在设计、施工、设备制造安装等方面的质量，并对验收遗留问题提出处理要求；检查工程是否具备运行或进行下一阶段建设的条件；总结工程建设中的经验教训，并对工程作出评价；及时移交工程，尽早发挥投资效益。

工程验收的依据是：有关法律、规章和技术标准，主管部门有关文件，批准的设计文件及相应设计变更、修设文件，施工合同，监理签发的施工图纸和说明，设备技术说明书等。当工程具备验收条件时，应及时组织验收。未经验收或验收不合格的工程不得交付使用或进行后续工程施工。验收工作应相互衔接，不应重复进行。

工程进行验收时必须要有质量评定意见。阶段验收和单位工程验收应有水利水电工程质量监督单位的工程质量评价意见；竣工验收必须有水利水电工程质量监督单位的工程质量评定报告，竣工验收委员会在其基础上鉴定工程质量等级。

2. 工程验收的主要工作

（1）分部工程验收。分部工程验收应具备的条件是：该分部工程的所有单元工程已经完建且质量全部合格。分部工程验收的主要工作是：鉴定工程是否达到设计标准；按现行国家或行业技术标准，评定工程质量等级；对验收遗留问题提出处理意见。分部工程验收的图纸、资料和成果是竣工验收资料的组成部分。

（2）阶段验收。根据工程建设需要，当工程建设达到一定关键阶段时（如基础处理完毕、截流、水库蓄水、机组启动、输水工程通水等），应进行阶段验收。阶段验收的主要工作是：检查已完工程的质量和形象面貌；检查在建工程建设情况；检查待建工程的计划安排和主要技术措施落实情况，以及是否具备施工条件；检查拟投入使用工程是否具备运用条件；对验收遗留问题提出处理要求。

（3）完工验收。完工验收应具备的条件是所有分部工程已经完建并验收合格。完工验收的主要工作是：检查工程是否按批准设计完成；检查工程质量，评定质量等级，对工程缺陷提出处理要求；对验收遗留问题提出处理要求；按照合同规定，施工单位向项目法人移交工程。

（4）竣工验收。工程在投入使用前必须通过竣工验收。竣工验收应在全部工程完建后 3 个月内进行。进行验收确有困难的，经工程验收主持单位同意，可以适当延长期限。竣工验收应具备以下条件：工程已按批准设计规定的内容全部建成；各单位工程能正常运行；历次验收所发现的问题已基本处理完毕；归档资料符合工程档案资料管理的有关规定；工程建设征地补偿及移民安置等问题已基本处理完毕，工程主要建筑物安全保护范围内的迁建和工程管理土地征用已经完成；工程投资已经全部到位；竣工决算已经完成并通过竣工审计。

竣工验收的主要工作：审查项目法人"工程建设管理工作报告"和初步验收工作组"初步验收工作报告"，检查工程建设和运行情况，协调处理有关问题，讨论并通过"竣工验收鉴定书"。

第二节　水利工程施工进度管理

一、水利工程施工进度管理概述

施工管理水平对于缩短建设工期、降低工程造价、提高施工质量、保证施工安全至关重要。施工管理工作涉及施工、技术、经济等活动。其管理活动从制订计划开始，通过计划的制订进行协调与优化，确定管理目标；然后在实施过程中按计划目标进行指挥、协调与控制；根据实施过程中反馈的信息调整原来的控制目标，通过施工项目的计划、组织、协调与控制，实现施工管理的目标。

（一）进度的概念

进度通常是指工程项目实施结果的进展情况，在工程项目实施过程中要消耗时间（工期）、劳动力、材料、成本等才能完成项目的任务。当然，项目实施结果应该以项目任务的完成情况，如工程的数量来表达。但由于工程项目对象系统（技术系统）的复杂性，常常很难选定一个恰当的、统一的指标来全面反映工程的进度。有时时间和费用与计划都吻合，但工程实物进度（工作量）未达到目标，则后期就必须投入更多的时间和费用。

在现代工程项目管理中，人们已赋予进度以综合的含义，它将工程项目任务、工期、成本有机地结合起来，形成一个综合的指标，能全面反映项目的实施状况。进度控制已不只是传统的工期控制，而且将工期与工程实物、成本、劳动消耗、资源等统一起来。

（二）进度指标

进度控制的基本对象是工程活动。它包括项目结构图上各个层次的单元，上至整个项目，下至各个工作包（有时直到最低层次网络上的工程活动）。项目进度状况通常是通过各工程活动完成程度（百分比）逐层统计汇总计算得到的。进度指标的确定对进度的表达、计算、控制有很大影响。由于一个工程有不同的子项目、工作包，它们工作内容和性质不同，必须挑选一个共同的、对所有工程活动都适用的计量单位。

1．持续时间

持续时间（工程活动的或整个项目的），是进度的重要指标。人们常用已经使用的工期与计划工期相比较以描述工程完成程度。例如，计划工期二年，现已经进行了一年，则工期已达 50%。一个工程活动，计划持续时间为 30 天，现已经进行了 15 天，则已完成 50%。但通常还不能说工程进度已达 50%，因为工期与人们通常概念上的进度是不一致的，工程的效率和速度不是一条直线，如通常工程项目开始时工作效率很低，进度慢；到工程中期投入最大，进度最快；而后期投入又较少，所以工期达到 50%，并不能表示进度达到了 50%，何况在已进行的工期中还存在各种停工、窝工、干扰作用，实际效率可能远低于计划的效率。

2．按工程活动的结果状态数量描述

按工程活动的结果状态数量描述主要针对专门的领域，其生产对象简单、工程活动简单。例如：设计工作按资料数量（图纸、规范等），混凝土工程按体积（墙、基础、柱），设备安装按吨位，管道、道路按长度，预制件按数量、重量、体积，运输量以吨、千米，土石方以体积或运载量等。特别是当项目的任务仅为完成这些分部工程时，以它们作指标比较能反映实际。

3．已完成工程的价值量

已完成工程的价值量是用已经完成的工作量与相应的合同价格（单价），或预算价格计算。它将不同种类的分项工程统一起来，能够较好地反映工程的进度状况，这是常用的进度指标。

4．资源消耗指标

最常用的资源消耗指标有劳动工时、机械台班、成本的消耗等。它们有统一性和较好的可比性，即各个工程活动直到整个项目部都可用它们作为指标，这样可以统一分析尺度，但在实际工程中要注意如下问题：

（1）投入资源数量和进度有时会有背离，会产生误导。例如，某活动计划需 100 工时，现已用了 60 工时，则进度已达 60%。这仅是偶然的，计划劳动效率和实际效率不会完全相等。

（2）由于实际工作量和计划经常有差别，例如，计划 100 工时，由于工程变更，工作难度增加，工作条件变化，应该需要 120 工时，现完成 60 工时，实质上仅完成 50%，而不是 60%，所以只有当计划正确（或反映最新情况）并按预定的效率施工时才得到正确的结果。

（3）用成本反映工程进度是经常的，但这里有如下因素要剔除：①不正常原因造成的成本损失，如返工、窝工、工程停工；②由于价格原因（如材料涨价、工资提高）造成的成本的增加；③考虑实际工程量，工程（工作）范围的变化造成的影响。

（三）工期控制和进度控制

工期和进度是两个既互相联系，又有区别的概念。

由于工期计划可以得到各项目单元的计划工期的各个时间参数，其分别表示各层次的项目单元（包括整个项目）的持续、开始和结束时间以及允许的变动余地（各种时差）等，因此将它们作为项目的目标之一。

工期控制的目的是使工程实施活动与上述工期计划在时间上吻合，即保证各工程活动按计划及时开工、按时完成，保证总工期不推迟。

进度控制的总目标与工期控制是一致的，但控制过程中它不仅追求时间上的吻合，而且追求在一定的时间内工作量的完成程度（劳动效率和劳动成果）或消耗的一致性。

进度控制和工期控制的关系表现为

（1）工期常常作为进度的一个指标，它在表示进度计划及其完成情况时有重要作用，所以进度控制首先表现为工期控制，有效的工期控制能达到有效的进度控制，但仅用工期表达进度会产生误导。

（2）进度的拖延最终会表现为工期拖延。

（3）进度的调整常常表现为对工期的调整，为加快进度，改变施工次序、增加资源投入，则意味着通过采取措施使总工期提前。

（四）进度控制的过程

（1）采用各种控制手段保证项目及各个工程活动按计划及时开始，在工程过程中记录各工程活动的开始时间和结束时间及完成程度。

（2）在各控制期末（如月末、季末，一个工程阶段结束）将各活动的完成程度与计划对比，确定整个项目的完成程度，并结合工期、生产成果、劳动效率、消耗等指标，评价项目进度状况，分析其中的问题。

（3）对下期工作作出安排，对一些已开始但尚未结束的项目单元的剩余时间作估算，提出调整进度的措施，根据工程已完成状况做出新的安排和计划，调整网络（如变更逻辑关系、延长或缩短持续时间、增加新的活动等），重新进行网络分析，预测新的工期状况。

（4）对调整措施和新计划做出评审，分析调整措施的效果，分析新的工期是否符合目标要求。

二、实际工期和进度的表达

（一）工作包的实际工期和进度的表达

进度控制的对象是各个层次的项目单元，而最低层次的工作包是主要对象，有时进度控制还要细到具体的网络计划中的工程活动。有效的进度控制必须能迅速且正确地在项目参加者（工程小组、分包商、供应商等）的工作岗位上反映如下进度信息：

（1）项目正式开始后，必须监控项目的进度以确保每项活动按计划进行，掌握各工作包（或工程活动）的实际工期信息，如实际开始时间，记录并报告工期受到的影响及原因，这些必须明确反映在工作包的信息卡（报告）上。

（2）工作包（或工程活动）所达到的实际状态，即完成程度和已消耗的资源。在项目控制期末（一般为月底）对各工作包的实施状况、完成程度、资源消耗量进行统计。这时，如果一个工程活动已完成或未开始，则已完成的进度为100%，未开始的为0，但这时必然有许多工程活动已开始但尚未完成。为了便于比较精确地进行进度控制和成本核算，必须定义它的完成程度。通常有如下几种定义模式：

1）0~100%，即开始后完成前一直为0，直到完成才为100%，这是一种比较悲观的反映。

2）50%~100%，一经开始直到完成前都认为已完成50%，完成后才为100%。

3）实物工作量或成本消耗、劳动消耗所占的比例，即按已完成的工作量占总计划工作量的比例计算。

4）按已消耗工期与计划工期（持续时间）的比例计算。这在横道图计划与实际工期对比和网络调整中得到应用。

5）按工序（工作步骤）分析定义。这里要分析该工作包的工作内容和步骤，并定义各个步骤的进度份额。例如，某基础混凝土工程，它的施工进度见表 4-3。

表 4-3　某基础混凝土工程施工程序

步骤	时间/d	工时投入/个	份额	累计进度
放样	0.5	24	3%	3%
支模	4	216	27%	30%
钢筋	6	240	30%	60%
隐蔽工程验收	0.5	0	0	60%
混凝土浇捣	4	280	35%	95%
养护拆模	5	40	5%	100%
合计	20	800	100%	100%

各步骤占总进度的份额由进度描述指标的比例来计算，例如，可以按工时投入比例，也可以按成本比例。如果到月底隐蔽工程验收刚完，则该分项工程完成 60%，而如果混凝土浇捣完成一半，则达 77%。

当工作包内容复杂，无法用统一的、均衡的指标衡量时，可以采用按工序（工作步骤）定义的方法，该方法的好处是可以排除工时投入浪费、初期的低效率等造成的影响；可以较好地反映工程进度。例如，上述某基础混凝土工程中，支模已经完成，绑扎钢筋工作量仅完成了 70%，则如果绑扎钢筋全完成进度为 60%，现绑扎钢筋仍有 30% 未完成，则该分项工程的进度为

$$60\%-30\%（1-70\%）=60\%-9\%=51\%$$

这比前面的各种方法都要精确。

工程活动完成程度的定义不仅对进度描述和控制有重要作用，有时它还是业主与承包商之间工程价款结算的重要参数。

（3）预算工作包到结束尚需要的时间或结束的日期，这常常需要考虑剩余工作量、已有的拖延、后期工作效率的提高等因素。

（二）进度计划实施中的调整方法

1. 分析偏差对后续工作及工期的影响

当进度计划出现偏差时，需要分析偏差对后续工作产生的影响。分析的方法主要是利用网络计划中工作的总时差和自由时差来判断。工作的总时差（TF）不影响项目工期，但影响后续工作的最早开始时间，是工作拥有的最大机动时间；而工作的自由时差是指在不影响后续工作的最早开始时间的条件下，工作拥有的最大机动时间。利用时差分析进度计划出现的

偏差，可以了解进度偏差对进度计划的局部影响（后续工作）和对进度计划的总体影响（工期）。具体分析步骤如下：

（1）判断进度计划偏差是否在关键线路上。如果出现工作的进度偏差，则 TF=0，说明该工作在关键线路上。无论其偏差有多大，都对其后续工作和工期产生影响，必须采取相应的调整措施；如果 TF≠0，则说明工作在非关键线路上。偏差的大小对后续工作和工期是否产生影响以及影响程度，还需要进一步分析判断。

（2）判断进度偏差是否大于总时差，如果工作的进度偏差大于工作的总时差，说明偏差必将影响后续工作和总工期。如果偏差小于或等于工作的总时差，说明偏差不会影响项目的总工期。但它是否对后续工作产生影响，还需进一步与自由时差进行比较判断来确定。

（3）判断进度偏差是否大于自由时差。如果工作的进度偏差大于工作的自由时差，说明偏差将对后续工作产生影响，但偏差不会影响项目的总工期；反之，如果偏差小于或等于工作的自由时差，说明偏差不会对后续工作产生影响，原进度计划可不作调整。

采用上述分析方法，进度控制人员可以根据工作的偏差对后续工作的不同影响采取相应的进度调整措施，以指导项目进度计划的实施。

2．进度计划实施中的调整方法

当进度控制人员发现问题后，对实施进度进行调整。为了实现进度计划的控制目标，究竟采取何种调整方法，要在分析的基础上确定。从实现进度计划的控制目标来看，可行的调整方案可能有多种，存在一个方案优选的问题。一般来说，进度调整的方法主要有以下两种。

（1）改变工作之间的逻辑关系。改变工作之间的逻辑关系主要是通过改变关键线路上工作之间的先后顺序、逻辑关系来实现缩短工期的目的。例如，若原进度计划比较保守，各项工作依次实施，即某项工作结束后，另一项工作才开始。通过改变工作之间的逻辑关系，变顺序关系为平行搭接关系，便可达到缩短工期的目的。这样进行调整，由于增加了工作之间的平行搭接时间，进度控制工作就显得更加重要，实施中必须做好协调工作。

（2）改变工作延续时间。改变工作延续时间主要是对关键线路上的工作进行调整，工作之间的逻辑关系并不发生变化。例如，某一项目的进度拖延后，为了加快进度，可采用压缩关键线路上工作的持续时间，增加相应的资源来达到加快进度的目的。这种调整通常在网络计划图上直接进行，其调整方法与限制条件及对后续工作的影响程度有关，一般可考虑以下三种情况。

第一，在网络图中，某项工作进度拖延，但拖延的时间在该工作的总时差范围以内、自由时差以外。若用△表示此项工作拖延的时间，即

$$FF<\triangle<TF$$

根据前面的分析，这种情况不会对工期产生影响，只对后续工作产生影响。因此，在进行调整前，要确定后续工作允许拖延的时间限制，并作为进度调整的限制条件。确定这个限制条件有时很复杂，特别是当后续工作由多个平行的分包单位负责实施时更是如此。

第二，在网络图中，某项工作进度的拖延时间大于项目工作的总时差，即

$$\triangle>TF$$

这时该项工作可能在关键线路上（TF=0），也可能在非关键线路上，但拖延的时间超过了总时差（△>TF）。调整的方法是以工期的限制时间作为规定工期，对未实施的网络计划进行工期－费用优化。通过压缩网络图中某些工作的持续时间，使总工期满足规定工期的要求。具体步骤如下：

①简化网络图，去掉已经执行的部分，以进度检查时间作为开始节点的起点时间，将实际数据代入简化网络图中。

②以简化的网络图和实际数据为基础，计算工作最早开始时间。

③以总工期允许拖延的极限时间作为计算工期，计算各工作最迟开始时间，形成调整后的计划。

第三，在网络计划中工作进度超前。在计划阶段所确定的工期目标，往往是综合考虑各方面因素优选的合理工期。正因为如此，网络计划中工作进度的任何变化，无论是拖延还是超前，都可能造成其他目标的失控（如造成费用增加等）。例如，在一个施工总进度计划中，由于某项工作的超前，致使资源的使用发生变化。这不仅影响原进度计划的继续执行，也影响各项资源的合理安排，特别是施工项目采用多个分包单位进行平行施工时，因进度安排发生了变化，导致协调工作的复杂化。在这种情况下，对进度超前的项目也需要加以控制。

三、进度拖延原因分析及解决措施

（一）进度拖延原因分析

项目管理者应按预定的项目计划定期评审实施进度情况，分析并确定

拖延的根本原因。进度拖延是工程项目过程中经常发生的现象，各层次的项目单元，各个阶段都可能出现延误，分析进度拖延的原因可以采用许多方法，例如：

（1）通过工程活动（工作包）的实际工期记录与计划对比确定被拖延的工程活动及拖延量。

（2）采用关键线路分析的方法确定各拖延对总工期的影响。由于各工程活动（工作包）在网络中所处的位置（关键线路或非关键线路）不同，其对整个工期拖延的影响不同。

（3）采用因果关系分析图（表），影响因素分析表，工程量、劳动效率对比分析等方法，详细分析各工程活动（工作包）对整个工期拖延的影响因素及各因素影响量的大小。

进度拖延的原因是多方面的，包括工期及计划的失误、边界条件变化、管理过程中的失误和其他原因。

1．工期及计划的失误

计划失误是常见的现象。人们在计划期将持续时间安排得过于乐观。包括：

（1）计划时忘记（遗漏）部分必需的功能或工作。

（2）计划值（如计划工作量、持续时间）不足，相关的实际工作量增加。

（3）资源或能力不足，例如，计划时没考虑到资源的限制或缺陷，没有考虑如何完成工作。

（4）出现了计划中未能考虑到的风险或状况，未能使工程实施达到预定的效率。

（5）在现代工程中，上级（业主、投资者、企业主管）常常在一开始就提出很紧迫的工期要求，使承包商或其他设计人、供应商的工期太紧，而且许多业主为了缩短工期，常常压缩承包商做标期、前期准备的时间。

2．边界条件变化

（1）工作量的变化可能是由于设计的修改、设计的错误、业主新的要求、修改项目的目标及系统范围的扩展造成的。

（2）外界（如政府、上层系统）对项目新的要求或限制，设计标准的提高可能造成项目资源的缺乏，使得工程无法及时完成。

（3）环境条件的变化，如不利的施工条件不仅造成对工程实施过程的干扰，有时直接要求调整原来已确定的计划。

（4）发生不可抗力事件，如地震、台风、动乱、战争等。

3．管理过程中的失误

（1）计划部门与实施者之间，总分包商之间，业主与承包商之间缺少沟通。

（2）工程实施者缺乏工期意识，例如，管理者拖延了图纸的供应和批准，任务下达时缺少必要的工期说明和责任落实，拖延了工程活动。

（3）项目参加单位对各个活动（各专业工程和供应）之间的逻辑关系（活动链）没有清楚的了解，下达任务时也没有作详细的解释，同时对活动的必要的前提条件准备不足，各单位之间缺少协调和信息沟通，许多工作脱节，资源供应出现问题。

（4）由于其他方面未完成项目计划规定的任务造成拖延。例如，设计单位拖延设计、运输不及时、上级机关拖延批准手续、质量检查拖延、业主不果断处理问题等。

（5）承包商没有集中力量施工、材料供应拖延、资金缺乏、工期控制不紧，这可能是由于承包商同期工程太多，力量不足造成的。

（6）业主没有集中资金的供应，拖欠工程款，或业主的材料、设备供应不及时。

4．其他原因

由于采取其他调整措施造成工期的拖延，如设计的变更，质量问题的返工，实施方案的修改。

（二）解决进度拖延的措施

1．基本策略

对已产生的进度拖延可以有如下的基本策略：

（1）采取积极的措施赶工，以弥补或部分地弥补已经产生的拖延。主要通过调整后期计划，采取措施赶工、修改网络等方法解决进度拖延问题。

（2）不采取特别的措施，在目前进度状态的基础上，仍按照原计划安排后期工作。但在通常情况下，拖延的影响会越来越大。有时刚开始仅一两周的拖延，到最后会导致一年拖延的结果。这是一种消极的办法，最终结果必然损害工期目标和经济效益。

2．可以采取的赶工措施

与在计划阶段压缩工期一样，解决进度拖延有许多方法，但每种方法都有它的适用条件、限制，必然会带来一些负面影响。在人们以往的讨论以及实际工作中，都将重点集中在时间问题上，这是不对的。许多措施常常没有效果，或引起其他更严重的问题，最典型的是增加成本开支、现场的混乱和引起质量问题。因此，应该将它作为一个新的计划过程来处理。

在实际工程中经常采取如下赶工措施：

（1）增加资源投入。例如，增加劳动力、材料、周转材料和设备的投入量。这是最常用的办法。它会带来如下问题：①造成费用增加，如增加人员的调遣费用、周转材料一次性费用、设备的进出场费用；②由于增加资源造成资源使用效率的降低；③加剧资源供应困难，如有些资源没有增加的可能性，加剧项目之间或工序之间对资源激烈的竞争。

（2）重新分配资源。例如，将服务部门的人员投入到生产中去，投入风险准备资源，采用加班或多班制工作。

（3）减少工作范围。包括减少工作量或删去一些工作包（或分项工程），但这可能产生如下影响：①损害工程的完整性、经济性、安全性、运行效率，或提高项目运行费用；②必须经过上层管理者，如投资者、业主的批准。

（4）改善工具、器具以提高劳动效率。

（5）提高劳动生产率。主要通过辅助措施和合理的工作过程，这里要注意以下几个问题：①加强培训，通常培训应尽可能地提前；②注意工人级别与工人技能的协调；③工作中的激励机制，例如奖金、小组精神发扬、个人负责制、目标明确；④改善工作环境及项目的公用设施（需要花费）；⑤项目小组时间上和空间上合理的组合和搭接；⑥避免项目组织中的矛盾，多沟通。

（6）将部分任务转移，如分包、委托给另外的单位，将原计划由自己生产的结构构件改为外购等。当然，这不仅有风险、产生新的费用，而且需要增加控制和协调工作。

（7）改变网络计划中工程活动的逻辑关系，如将前后顺序工作改为平行工作，或采用流水施工的方法。这又可能产生以下问题：①工程活动逻辑上的矛盾性；②资源的限制，平行施工要增加资源的投入强度，尽管投入总量不变；③工作面限制及由此产生的现场混乱和低效率问题。

（8）将一些工作包合并，特别是在关键线路上按先后顺序实施的工作包合并，与实施者一道研究，通过局部调整实施过程和人力、物力的分配达到缩短工期的目的。

3. 应注意的问题

在选择措施时，要考虑到以下几点：

（1）赶工应符合项目的总目标与总战略；

（2）措施应是有效的、可以实现的；

（3）花费比较省；

（4）对项目的实施及承包商、供应商的影响面较小。

在制订后续工作计划时，这些措施应与项目的其他过程协调。

在实际工作中，人们常常采用了许多事先认为有效的措施，但实际效力却很小，常常达不到预期的缩短工期的效果，主要原因有以下几种：

1）这些计划是无正常计划期状态下的计划，常常是不周全的。

2）缺少协调，没有将加速的要求、措施，新的计划，可能引起的问题通知相关各方，如其他分包商、供应商、运输单位、设计单位。

3）人们对以前造成拖延的问题的影响认识不清。例如，由于外界干扰到目前为止已造成拖延，而实质上，这些影响是有惯性的，还会继续扩大，所以即使现在采取措施，在一段时间内，拖延仍会继续扩大。

第五章 水利工程施工成本与合同管理

第一节 水利工程施工成本管理

一、水利工程施工项目成本的含义

施工项目成本是指施工企业以施工项目作为成本核算对象，在施工过程中所耗费的生产资料转移价值和劳动者的必要劳动所创造的价值的货币形式，即某施工项目在施工中所发生的全部生产费用总和。它包括完成该项目所发生的直接工程费、措施费、规费和管理费。

施工项目成本不包括劳动者为社会所创造的价值（如税金和计划利润），也不应包括不构成施工项目价值的一切非生产支出。

施工项目成本是企业的产品成本，亦称工程成本，一般以项目的单位工程作为成本核算对象，通过各单位工程成本核算的综合来反映施工项目成本。

二、水利工程施工项目成本的构成

施工项目成本包含直接成本和间接成本两大部分（见表 5-1）。直接成本是指施工过程中直接耗费的构成工程实体或有助于工程形成的各项支出；间接成本是指施工企业为施工准备、组织和管理施工生产所发生的全部施工间接费用支出。

（一）直接成本

直接成本由直接工程费和措施费组成。

1. 直接工程费

直接工程费指施工过程中耗费的构成工程实体的各项费用，包括人工费、材料费和施工机械使用费。

（1）人工费，是指直接从事建筑安装工程施工的生产工人开支的各项费用，内容包括：

1）基本工资，是指发放给生产工人的基本工资。

2）工资性补贴，是指按规定标准发放的物价补贴，煤、燃气补贴，交通补贴，住房补贴，流动施工津贴等。

表 5-1　施工项目成本的构成

直接成本	直接工程费	人工费
		材料费
		施工机械使用费
	措施费	环境保护费、文明施工费、安全施工费
		临时设施费、夜间施工费、二次搬运费
		大型机械设备进出场及安拆费
		混凝土、钢筋混凝土模板及支架费
		脚手架费、已完工程及设备保护费、施工排水费、降水费
间接成本	规费	工程排污费、工程定额测定费、住房公积金
		社会保障费，包括养老、失业、医疗保险费
		危险作业意外伤害保险
	企业管理费	管理人员工资、办公费、差旅交通费、工会经费
		固定资产使用费、工具用具使用费、劳动保险费
		职工教育经费、财产保险费、财务费
		税金及其他

3）生产工作辅助工资，是指生产工作年有效施工天数以外非作业天数的工资，包括：职工学习、培训期间的工资，调动工作、探亲、休假期间的工资，因气候影响的停工工资，女工哺乳时间的工资，病假在 6 个月以内的工资及产、婚、丧假期的工资。

4）职工福利费，是指按规定标准计提的职工福利费。

5）生产工人劳动保护费，是指按照规定标准发放的劳动保护用品的购置费及修理费、工人服装补贴、防暑降温费、在有碍身体健康环境中施工的保健费等。

（2）材料费，是指施工过程中耗费的构成工程实体的原材料、辅助材料、构配件、零件、半成品的费用。内容包括：

1）材料原价（或供应价格）。

2）材料运杂费，是指材料自来源地运至工地或指定堆放地点所发生的全部费用。

3）运输损耗费，是指材料在运输装卸过程中不可避免的损耗。

4）采购及保管费，是指组织采购、供应和保管材料过程中所需要的各项费用。它包括采购费、仓储费、工地保管费、仓储损耗。

5）检验试验费，是指建筑材料、构成和建筑安装物进行一般鉴定、检查所发生的费用，包括自设实验室进行试验耗用的材料和化学药品等费用，不包括新结构、新材料的试验费和建设单位对具有出厂合格证明的材料进行检验，对构件做破坏性试验及其他特殊要求检验试验的费用。

（3）施工机械使用费，是指施工机械作业所发生的机械使用费以及机械安拆费和场外运费。

施工机械台班单价应由下列七项费用组成：

1）折旧费，是指施工机械在规定的使用年限内，陆续收回其原值及购置资金的时间价值。

2）大修理费，是指施工机械按规定的大修间隔台班进行必要的大修理，以恢复其正常功能所需的费用。

3）经常修理费，是指施工机械除大修理以外的各级保养和临时故障排除所需的费用，包括为保障机械正常运转所需替换设备与随机配备工具附具的摊销和维护费用，机械运转中日常保养所需润滑与擦拭的材料费用及机械停滞期间的维护和保养费用等。

4）安拆费及场外运费，安拆费是指施工机械在现场进行安装与拆卸所需的人工、材料、机械和试运转费用，以及机械辅助设施的折旧、搭设、拆除等费用。场外运费是指施工机械整体或分体自停放地点运至施工现场或由一施工地点运至另一施工地点的运输、装卸、辅助材料及架线等的费用。

5）人工费，是指机上司机（司炉）和其他操作人员的工作日人工费及上述人员在施工机械规定的年工作台班以外的人工费。

6）燃料动力费，是指施工机械在运转作业中所消耗的固体燃料（煤、木柴）、液体燃料（汽油、柴油）及水、电等的费用。

7）养路费及车船使用税，是指施工机械按照国家规定和有关部门规定应缴纳的养路费、车船使用税、保险费及年检费等。

2．措施费

措施费是指为完成工程项目施工，发生于该工程施工前和施工过程中非工程实体项目的费用。它包括以下内容：

（1）环境保护费，是指施工现场为达到环保部门要求所需要的各项费用。

（2）文明施工费，是指施工现场文明施工所需要的各项费用。

（3）安全施工费，是指施工现场安全施工所需要的各项费用。

（4）临时设施费，是指施工企业为进行建筑工程施工所必须搭设的生活和生产用的临时建筑物、构筑物和其他临时设施费用等。临时设施包括临时宿舍、文化福利及公用事业房屋与构筑物，仓库、办公室、加工，以及规定范围内道路、水、电、管线等临时设施和小型临时设施。临时设施费包括临时设施的搭设、维修、拆除费或摊销费。

（5）夜间施工费，是指因夜间施工所发生的夜班补助费，夜间施工降效、夜间施工照明设备摊销及照明用电等费用。

（6）二次搬运费，是指因施工场地狭小等特殊情况而发生的二次搬运费用。

（7）大型机械设备进出场及安拆费，是指机械整体或分体自停放场地运至施工现场或由一个施工地点运至另一个施工地点，所发生的机械进出场运输和转移费用及机械在施工现场进行安装、拆卸所需的人工费、材料费、机械费、试运转费和安装所需的辅助设施的费用。

（8）混凝土、钢筋混凝土模板及支架费，是指混凝土施工过程中需要的各种钢模板、木模板、支架等的支、拆、运输费用，以及模板、支架的摊销（或租赁）费用。

（9）脚手架费，是指施工需要的各种脚手架搭、拆、运输费用及脚手架的摊销（或租赁）费用。

（10）已完工程及设备保护费，是指竣工验收前对已完工程及设备进行保护所需费用。

（11）施工排水、降水费，是指为确保工程在正常条件下施工，采取各种排水、降水措施所发生的各种费用。

（二）间接成本

间接成本由规费、企业管理费组成。

1．规费

规费指政府和有关权力部门规定必须缴纳的费用（简称规费），包括：

（1）工程排污费，是指施工现场按规定缴纳的工程排污费。

（2）工程定额测定费，是指按规定支付给工程造价（定额）管理部门的定额测定费。

（3）社会保障费，包括：

1）养老保险费，是指企业按规定标准为职工缴纳的基本养老保险费。

2）失业保险费，是指企业按照规定标准为职工缴纳的失业保险费。

3）医疗保险费，是指企业按照规定标准为职工缴纳的基本医疗保险费。

（4）住房公积金，是指企业按规定标准为职工缴纳的住房公积金。

（5）危险作业意外伤害保险，是指按照《建筑法》规定的，企业为从事危险作业的建筑安装施工人员支付的意外伤害保险费。

2．企业管理费

企业管理费是指建筑安装企业组织施工生产和经营管理所需费用。内容包括：

（1）管理人员工资，是指管理人员的基本工资、工资性补贴、职工福利等。

（2）办公费，是指企业管理办公用的文具、纸张、账表、印刷、邮电、书报、会议、水电、烧火集体取暖（包括现场临时宿舍取暖）用煤等的费用。

（3）差旅交通费，是指职工因公出差、调动工作的差旅费、住勤补助费，市内交通费和误餐补助费，职工探亲路费，劳动力招募费，职工离退休、退职一次性路费，工伤人员就医路费，工地转移费以及管理部门使用的交通工具的油料、燃料、养路费及牌照费。

（4）固定资产使用费，是指管理和试验部门及附属生产单位使用的属于固定资产的房屋、设备仪器等的折旧、大修、维修或租赁费。

（5）工具用具使用费，是指管理使用的不属于固定资产的生产工具、器具、家具、交通工具和检验、试验、测绘、消防用具等的购置、维修和摊销费。

（6）劳动保险费，是指由企业支付离退休职工的易地安家补助费、职工退职金、6个月以上的病假人员工资、职工死亡丧葬补助费、抚恤费、按规定支付给离休干部的各项经费。

（7）工会经费，是指企业按职工工资总额计提的工会经费。

（8）职工教育经费，是指企业为职工学习先进技术和提高文化水平，按职工工资总额计提的费用。

（9）财产保险费，是指施工管理用财产、车辆保险。

（10）财务费，是指企业为筹集资金而发生的各种费用。

（11）税金，是指企业按规定缴纳的房产税、车船使用税、土地使用税、印花税等。

（12）其他，包括技术转让费、技术开发费、业务招待费、绿化费、广告费、公证费、法律顾问费、审计费、咨询费等。

三、水利工程施工项目成本的主要形式

施工项目成本根据管理的需要，按照不同的划分标准有多种表现形式。

1. 按成本发生的时间

施工项目按成本发生的时间，可分为预算成本、承包成本、计划成本和实际成本。

（1）预算成本。工程预算成本是根据施工预算定额编制的，是施工企业投标报价的基础。预算定额是完成规定计算量单位分项工程计价的人工、材料和机械台班消耗的数量标准。

（2）承包成本。承包成本是指业主与承包商在合同文件中确定的工程价格，即合同价，是项目经理部确定计划成本和目标成本的主要依据。

（3）计划成本。计划成本是指在项目经理的领导下组织施工、充分挖掘潜力、采取有效的技术措施和加强管理与经济核算的基础上，预先确定的工程项目的成本目标。它是根据合同价以及企业下达的成本降低指标，在成本发生前预先计算的，反映了企业在计划期内应达到的成本水平，有助于加强企业和项目经理部的经济核算，建立和健全成本责任制，控制生产费用，降低施工项目成本，提高经济效益。

（4）实际成本。实际成本是施工项目在报告期内通过会计核算计算出的实际发生的各项生产费用总和。实际成本可以反映施工企业的成本管理水平，它受到企业本身的生产技术、施工条件、项目经理部组织管理水平以及生产经营管理水平的制约。

2. 按生产费用与工程量的关系

（1）固定成本。固定成本是指在一定的期间和一定的工程量范围内，其发生的成本额不受工程量增减变动的影响而相对固定的成本，如折旧费、大修理费、管理人员工资、办公费、照明费等。这一成本是为了保持企业一定的生产经营条件而发生的，一般来说每年基本相同；但是，当工程量超过一定范围而需要增添机械设备和管理人员时，固定成本将会发生变动。此外，所谓固定是就其总额而言的，至于分配到每个项目单位工程量的固定费用，则是变动的。

（2）变动成本。变动成本是指发生总额随着工程量的增减变动而成正比例变动的费用，如直接用于工程的材料费、实行计件工资制的人工费等。所谓变动也是就其总额而言的，至于单位分项工程上的变动费用，往往是不会变的。

3. 按施工项目成本费用目标

（1）生产成本。生产成本是指完成某项工程项目所必须消耗的费用。

（2）质量成本。质量成本是指项目经理部为保证和提高建筑产品质量而发生的一切必要的费用，以及因未达到质量标准而蒙受的经济损失。

（3）工期成本。工期成本是指项目部为实现工期目标或合同工期而采取相应措施所发生的一切必要费用以及工期索赔等费用的总和。

（4）不可预见成本。不可预见成本是指项目经理部在施工过程中所发生的除生产成本、质量成本、工期成本之外的成本，诸如扰民费、资金占用费、人员伤亡等安全事故损失费、政府部门罚款等不可预见的费用。此项成本可能发生，也可能不发生。

4. 按成本控制要求

（1）事前成本。事前成本是指实际发生成本和工程结算之前所计算和确定的成本，带有计划性和预测性。

（2）事后成本。事后成本是指施工项目在报告期内实际发生的各项生产费用的总和。

四、水利工程施工项目成本管理的内容

施工项目成本管理是施工项目管理系统中的一个子系统。施工项目成本管理包括成本预测、成本计划、成本控制、成本核算、成本分析和成本考核六项内容，其目的是促使施工项目系统内各种要素按照一定的目标运行，使实际成本能够控制在预定的计划成本范围内。

（1）成本预测。成本预测是通过项目成本信息和施工项目的具体情况，运用专门的方法，对未来的费用水平及其可能发展趋势作出科学的估计，其实质就是在施工以前对成本进行核算。通过成本预测，可以使项目经理部在满足建设单位和施工企业要求的前提下，选择成本低、效益好的最佳成本方案，并能够在施工项目成本形成过程中，针对薄弱环节加强成本控制，克服盲目性，提高预见性。由此可见，施工项目成本预测是施工项目成本决策与计划的依据。

（2）成本计划。成本计划是项目经理部对项目施工成本进行计划管理的工具。它是以货币形式编制施工项目在计划期内的生产成本、成本水平、成本降低率以及为降低成本所采取的主要措施和规划的书面方案，是建立项目成本管理责任制、开展费用控制和核算的基础。施工项目成本计划应包括从开工到竣工所必需的施工成本，它是该施工项目降低成本的指导文件，是设立目标成本的依据。

（3）成本控制。成本控制是指在施工过程中对影响施工项目成本的各种因素加强管理，并采取各种有效措施，将施工中实际发生的各种消耗和支出严格控制在成本计划范围内，同时，随时提示并及时反馈，严格审查各项费用是否符合标准，计算实际成本和计划成本之间的差异并进行分析，消除施工中的损失浪费现象，发现和总结先进经验，通过成本控制达到预期目的和效果。

（4）成本核算。成本核算是指对施工项目所发生的成本支出和工程成本形成的核算。项目经理部应认真组织成本核算工作，它所提供的成本核算资料是成本分析、成本考核和成本评价以及成本预测的重要依据。

（5）成本分析。成本分析是在成本形成过程中，根据成本核算资料和其他有关资料，对施工项目成本进行分析和评价，为以后的成本预测和降低成本指明方向。成本分析要贯穿于项目施工的全过程，要将实际成本与目标成本、预算成本以及类似施工项目的实际成本等进行比较，了解成本的变动情况，检查成本计划的合理性，并深入揭示成本变动的规律，寻找降低施工项目成本的途径和潜力。

（6）成本考核。成本考核是对成本计划执行情况的总结和评价。项目经理部应根据现代化管理的要求，建立健全成本考核制度，定期对各部门完成的计划指标进行考核、评比，并把成本管理经济责任制和经济利益结合起来，通过成本考核有效地调动职工的积极性，为降低施工项目成本、提高经济效益做出贡献。

五、成本计划

成本计划是以货币形式预先规定施工项目进行中的施工生产耗费的水平，确定对比项目总投资（或中标额）应实现的计划成本降低额与降低率，提出保证成本计划实施的主要措施方案。成本计划一经确定，就应按成本管理层次、有关成本项目以及项目成本仅占的各阶段对成本计划加以分解，层层落实到部门、班组，并制定各级成本实施方案。

成本计划是施工项目成本管理的一个重要环节，许多施工单位仅单纯重视项目成本管理的事中控制及事后考核，却忽视甚至省略了至关重要的事前计划，使得成本管理从一开始就缺乏目标。成本计划是对生产耗费进行事前预计、事中检查控制和事后考核评价的重要依据。经常将实际生产耗费与成本计划指标进行对比分析，发现执行过程中存在的问题，及时采取措施，可以改进和完善成本管理工作，保证施工项目成本计划各项指标得以实现。

1．成本计划编制的原则

（1）从实际出发的原则。编制成本计划必须从企业的实际情况出发，充分挖掘企业内部潜力．正确选择施工方案，合理组织施工，提高劳动生产率，改善材料供应，降低材料消耗，提高材料利用率，节约施工管理费用等，使降低成本指标既积极可靠，又切实可行。

（2）与其他计划结合的原则。一方面，成本计划要根据施工项目的生产、技术组织措施、劳动工资、材料供应等计划来编制；另一方面，编制其他各项计划时都应考虑需要降低成本的要求。因此，编制成本计划，必须与施工项目的其他各项计划，如施工方案、生产进度、财务计划、材料供应及耗费计划等密切结合，保持平衡。

（3）采用先进的技术经济定额的原则。编制成本计划，必须以各种先进的技术经济定额为依据，并针对工程的具体特点，采取切实可行的技术组织措施作保证。只有这样，才能编制出既有科学根据，又有实现的可能，并能起到促进和激励作用的成本计划。

（4）统一领导、分级管理的原则。编制成本计划，应实行统一领导、分级管理的原则，应在项目经理的领导下，以财务、计划部门为中心，发动全体职工共同参与，总结降低成本的经验，找出降低成本的正确途径，使成本计划的制订和执行具有广泛的群众基础。

（5）弹性原则。在项目施工过程中很可能发生一些在编制计划时所未预料的变化，尤其是材料供应、市场价格千变万化。因此，在编制计划时应充分考虑各种变化因素，留有余地，使计划保持一定的适应能力。

2．成本计划的内容

成本计划应在项目实施方案确定和不断优化的前提下编制，成本计划的编制是成本预控的重要手段。成本计划应在工程开工前编制完成，以便将计划成本目标分解落实，为各项成本的执行提供明确的目标、控制手段和管理措施。成本计划的具体内容包括：

（1）编制说明。编制说明是对工程的范围、合同条件、企业对施工项目经理提出的责任成本目标、成本计划编制的指导思想和依据等的具体说明。

（2）成本计划的指标。成本计划的指标应经过科学分析预测确定，可以采用对比法、因素分析法等进行测定。

（3）按工程量清单列出单位工程计划成本汇总表。按工程量清单列出的单位工程计划成本汇总表（见表 5-2）。

表 5-2　单位工程计划成本汇总表

序号	清单项目编码	清单项目名称	合同价格	计划成本
1				
2				

（4）按成本性质列出单位工程成本汇总表。根据清单项目的造价分析，分别对人工费、材料费、机械费、措施费、企业管理费和税费进行汇总，形成单位工程成本汇总表。

六、成本控制

在项目生产成本形成过程中，应采用各种行之有效的措施和方法，对生产经营的消耗和支出进行指导、监督、调节和限制，使项目的实际成本能控制在预定的计划目标范围内，及时纠正将要发生和已经发生的偏差，以保证计划成本控制得以实现。

（一）成本控制的原则

1. 开源与节流相结合的原则

在成本控制中，坚持开源与节流相结合的原则，要求做到：每发生一笔金额较大的成本费用，都要查一查有无与其相对应的预算收入，是否支大于收；在经常性的分部分项工程成本核算和月度成本核算中，也要进行实际成本与预算收入的对比分析，以便从中探索成本预算超出的原因，纠正项目成本的不利偏差，实现降低成本的目标。

2. 全面控制原则

（1）项目成本的全员控制。项目成本是一项综合性很强的工作，它涉及项目组织中各个部门、单位和班组的工作业绩，仅靠施工项目经理和专业成本管理人员及少数人的努力是无法收到预期效果的，应形成全员参与项目成本控制的成本责任体系，明确项目内部各职能部门班组和个人应承担的成本控制责任，其中包括各部门、各单位的责任网络和班组经济核算等。

（2）项目成本的全过程控制。项目成本的全过程控制是指在工程项目确定以后，从施工准备到竣工交付使用的施工全过程中，对每项经济业务，都要纳入成本控制的轨道，使成本控制工作随着项目施工进展的各个阶段连续进行，既不疏漏，又不能时紧时松，自始至终使施工项目成本置于有效的控制之下。

3. 中间控制原则

中间控制原则又称动态控制原则。由于施工项目具有一次性的特点，应特别强调项目成本的中间控制。计划阶段的成本控制，只是确定成本目标、编制成本计划、制定成本控制方案，为今后的成本控制做好准备，只有通过施工过程的实际成本控制，才能达到降低成本的目标。而竣工阶段的成本控制，由于成本盈亏基本已经成定局，即使发生了偏差，也来不及纠正了。因此，成本控制的重心应放在施工过程中，坚持中间控制的原则。

4. 节约原则

节约人力、物力、财力的消耗，是提高积极效益的核心，也是成本控制的一项最主要的基本原则。节约要从三方面入手：①严格执行成本开支范围、费用开支标准和有关财务制度，对各项成本费用的支出进行限制和监督；②提高施工项目的科学管理水平，优化设施方案，提高生产效率，节约人、财、物的消耗；③采取预防成本失控的技术组织措施，杜绝可能发生的浪费。

5. 例外管理原则

在工程项目管理过程中，一些不经意出现的问题，称为例外问题。这些例外问题往往是关键问题，对成本目标的顺利完成影响很大，必须予以高度重视，如在成本管理中常见的成本盈亏异常现象：盈余或亏损超过正常比例；本来是可以控制的成本，突然发生失控的现象；某些暂时看起来是在节约，但可能对今后带来隐患（如平时机械维修费的节约，可能会造成未来的停工修理和更大的经济损失）等。这都应视为例外的问题，要进行重点检查，深入分析，并采取相应的积极措施加以纠正。

6. 责、权、利相结合的原则

要使成本控制真正发挥及时有效的作用，必须严格按照经济责任制的要求，贯彻责、权、利相结合的原则。在项目施工过程中，施工项目经理、工程技术人员、业务管理人员以及各单位和生产班组都负有一定的成本控制责任，从而形成整个项目的成本控制责任网络。各部门、各单位、各班组在肩负成本控制责任的同时，还应享有成本控制的权力，即在规定的范围内可以决定某项费用能否开支，如何开支和开支多少，也行使对项目成本的实质性控制。另外，施工项目经理还要对各部门、各单位、各班组在成本控制中的业绩进行定期的检查和考评，并与工资分配紧密挂钩，实行有奖有罚。实践证明，只有贯彻责、权、利相结合的成本控制，才能收到预期的效果。

（二）成本控制的依据

（1）工程承包合同。成本控制要以工程承包合同为依据，从预算收入和实际成本两方面，努力挖掘增收节支潜力，降低成本，从而获得最佳的经济效益。

（2）成本计划。成本计划是成本控制的指导性文件，是设立目标成本的依据。

（3）施工进度报告。施工进度报告提供了施工中每一时刻实际完成的工程量、施工实际成本支出，找出实际成本与计划成本之间的偏差，通过分析偏差产生的原因，采取纠偏措施，达到有效控制成本的目的。

（4）工程变更。在施工过程中，由于各方面的原因，工程变更是难免的。一旦出现工程变更，工程量、工期、成本都将发生变化，成本管理人员应随时掌握工程变更情况，按合同或有关规定确定工程变更价款以及可能带来的施工索赔等。

（三）施工现场成本控制

工程实施过程中，各生产要素被逐渐消耗掉，工程成本逐渐发生。由于施工生产对要素的消耗巨大，对其消耗量进行控制，对降低工程成本具有明显的意义。

1. 定额管理

定额管理一方面可以为项目核算、签订分包合同、统计实物工程量提供依据；另一方面它也是签发任务单、限额领料的依据。定额管理是消耗控制的基础，要求准确及时、真实可靠。

（1）施工中出现设计修改、施工方案改变、施工返工等情况是不可避免的，由此会引起原预算费用的增减，项目预算员应根据设计变更单或新的施工方案、返工记录及时编制增减账，并在相应的台账中进行登记。

（2）为控制分包费用，避免效益流失，项目预算员要协助施工项目经理审核和控制分包单位预（决）算，避免"低进高出"，保证项目获得预期的效益。

（3）竣工决算的编制质量直接影响企业的收入和项目的经济效益，必须准确编制竣工决算书，按时决算的费用要凭证齐全，对实际成本差异较大的，要进行分析、核实，避免遗漏。

（4）随着大量新材料、新工艺问世，简单地套用现有定额编制工程预算显然不行。预算员要及时了解新材料的市场价格，熟悉新工艺、新的施工方法，测算单位消耗，自编估价表或补充定额。

（5）项目预算人员应该经常深入现场了解施工情况，熟悉施工过程，不断提高业务素质。对设计考虑不周导致的施工现场的技术问题，可随时发现，随时处理、返工等，并督促有关人员及时办妥签证，作为追加预算的依据。

2. 材料费的控制

在建筑安装工程成本中，材料费约占 70%左右，因此，材料成本是成本控制的重点。控制材料消耗费主要包括材料消耗数量的控制和材料价格的控制两个方面。为此要做好以下几个方面的工作：

（1）主要材料的消耗定额的控制。材料消耗数量主要是按照材料消耗定额来控制的。为此，制定合理的材料消耗定额是控制原材料消耗的关键。所谓消耗定额，是指在一定的生产、技术、组织条件下，企业生产单位产品或完成单位工作量所必须消耗的物资数量的标准，它是合理使用和节约物资的重要手段。材料消耗定额也是企业编制施工预算、施工组织设计和作业计划的依据，是限额领料和工程用料的标准。严格按定额控制领发和使用材料，是施工过程中成本控制的重要内容，也是保证降低工程成本的重要手段。

（2）材料供应计划管理。及时控制材料供应计划是在施工过程中做好材料管理的首要环节。项目的材料计划主要有单位工程材料总计划、材料季度计划、材料月度计划、材料周计划等。

（3）材料领发的控制。材料领发制度是控制材料成本的关键。控制材料领发的办法主要是，实行限额领料制度，用限额领料来控制工程用料。

限额领料一般由项目分管人员签发。签发时，必须按照限额领料单上的规定栏目要求填写，不可缺项；同时分清分部分项工程的施工部位，实行一个分项一个领料单制度，不能多项一单。

项目材料员收到限额领料单后，应根据预算人员提供的实物工程量与项目施工员提供的实物工程量进行对照复核，主要复核限额领料单上的工程量、套用定额、计算单位是否正确，并与单位工程的材料施工预算进行核对，如有差异，应分析原因，及时反馈。签发限额领料单的项目分管人员应根据进度要求，下达施工任务，签发任务单，组织施工。

3. 分包控制

在总分包制组织模式下，总承包公司必须善于组织和管理分包商。要选择企业信誉好、质量管理能力强、施工技术有保证、复核技术有保证、符合资质条件的分包商，如选择不利，则意味着它将被分包商拖进困境。如果其中一家分包商拖延工期或者因质量低劣而返工，则可能引起连锁反应，影响与之相关的其他分包商的工作进程。特别是因分包商违约而中途解除分包合同，承包商将会碰到难以预料的困难。

应善于用合同条款和经济手段防止分包商违约，还要懂得做好各项协调和管理工作，使多家公司紧密配合，协同完成全部工程任务。在签订合同的有关条款中，要特别避免主从合同的矛盾，即总承包商和业主签订的合同与总承包商和分包商签订的合同之间产生矛盾，专项工程分包单位的施工进度受总承包单位的管理，总承包单位亦应在材料供应、进度、工期、安全等方面对所有分包单位进行协调。

4. 间接费控制

间接费包括规费和企业管理费，是按一定费率提取的，在工程成本中占的比例比较大。在成本预控中，间接费应依据费用项目及其分配率按部门进行拆分，项目实施后，将计划值与实际发生的费用进行对比，对差异较大者给予重点分析。

应采取以下措施控制间接费的支出：

（1）提高生产率，采取各种技术组织措施以缩短工期，减少间接费的支出。

（2）编制间接费支出预算，严格控制其支出。按计划控制资金支出的用量和投入的时间，使每一笔开支在金额上最合理，在时间上最恰当，并控制在计划之内。

（3）项目经理在组建项目经理班子时，要本着"精简、高效"的原则，防止人浮于事。

（4）对于计划外的一切开支必须严格审查，除应由成本控制工程师签署意见外，还应由相应的领导人员进行审批。

（5）对于虽有计划但超出计划数额的开支，也应由相应的领导人员审查和核定。

总之，精简管理机构，减少层次，提高工作质量和效率，实行费用定额管理，才能把施工管理费用支出真正降低下来。

5．制度控制

成本控制是企业的一项重要的管理工作，因此，必须建立和健全成本管理制度，作为成本控制的一种手段。

成本管理制度、财务管理制度、费用开支标准等规定了成本开支的标准和范围，规定了费用开支的审批手续，它们对成本能起到直接控制作用。有的制度对劳动管理、定额管理、仓库管理进行了系统的规定，这些规定对成本控制也能起到控制作用；有的制度对生产技术操作进行了具体规定，生产工作人员按照这些技术规范进行操作，就能保证正常生产，顺利完成生产任务，同时也能保证工时定额和材料定额的完成，从而起到控制成本的作用；另外，还有一些制度，如责任制度和奖惩制度，也有利于促使职工努力增产节约，更好地控制成本。总之，通过各项制度，都能对成本起到控制作用。

第二节　水利工程施工合同管理

一、水利工程施工合同管理概述

水利工程施工合同是指水利工程的项目法人（发包方）和工程承包商（施工单位或承包方）为完成商定的水利工程而明确相互权利、义务关系的协议，即承包方进行工程建设施工，发包方支付工程价款的合同。

水利工程施工合同管理是指水利建设主管机关、相应的金融机构，以及建设单位、监理单位、承包企业依照法律和行政法规、规章制度，采取法律的、行政的手段，对施工合同关系进行组织、指导协调和监督，保护施工合同当事人的合法权益，处理施工合同纠纷，防止和制裁违法行为，保证施工合同法规的贯彻实施等一系列活动。

施工合同明确了在施工阶段承包人和发包人的权利和义务。施工合同正确的签订是履行合同的基础，合同的最终实现需要发包人和承包人双方严格按照合同的各项条款和条件，全面履行各自的义务，才能享受其权利，最终完成工程任务。

依法成立的施工合同，在实施过程中承包人和发包人的权益都受到法律保护。当一方不履行合同，使对方的权益受到侵害时，就可以以施工合同为依据，根据有关法律，追究违约一方的法律责任。

（一）合同谈判与签订

合同是影响利润最主要的因素，而合同谈判和合同签订是获得尽可能多利润的最好机会。如何利用这个机会，签订一份有利的合同，是每个承包商都十分关心的问题。

1. 合同谈判的主要内容

（1）关于工程范围。承包商所承担的工作范围，包括施工、设备采购、安装和调试等。在签订合同时要做到明确具体、范围清楚、责任明确，否则将导致报价漏项。

（2）关于技术要求、技术规范和施工技术方案。

（3）关于合同价格条款。合同依据计价方式的不同主要有总价合同、单价合同和成本加酬金合同，在谈判中根据工程项目的特点加以确定。

（4）关于付款。付款问题可归纳为三个方面，即价格问题、货币问题、支付方式问题。承包人应对合同的价格调整条款、合同规定货币价值浮动的影响、支付时间、支付方式和支付保证金等条款予以充分的重视。

（5）关于工期和维修期的条款。

1）被授标的承包人首先应根据投标文件中自己填报的工期及考虑工程量的变动而产生的影响，与发包人最后确定工期。若可能应根据承包人的项目准备情况、季节和施工环境因素等洽商一个适当的开工日期。

2）单项工程较多的项目，应争取分批竣工，提交发包人验收，并从该批验收起计算该部分的维修期，应规定在发包人验收并接收前，承包人有权不让发包人随意使用等条款，以缩短自己的责任期限。

3）在合同中应明确承包人保留由于工程变更、恶劣的气候影响等原因对工期产生不利影响时要求合理地延长工期的权利。

4）合同文本中应当对保修工程的范围、保修责任及保修期的开始和结束时间有明确的说明，承包人应该只承担由于材料和施工方法及操作工艺等不符合规定而产生的缺陷。

5）承包人应力争用维修保函来代替发包人扣留的保证金，它对发包人并无风险，是一种比较公平的做法。

（6）关于完善合同条件的问题。内容包括关于合同图纸，关于合同的某些措辞，关于违约罚金和工期提前奖金，工程量验收以及衔接工序和隐蔽工程施工的验收程序，关于施工占地，关于开工和工期，关于向承包人移交施工现场和基础资料，关于工程交付，预付款保函的自动减款条款。

2．合同最后文本的确定和合同的签订

（1）合同文件内容。

1）建设工程合同文件构成：合同协议书，工程量及价格单，合同条件，投标人须知，合同技术条件（附投标图纸），发包人授标通知，双方共同签署的合同补遗（有时也以合同谈判会议纪要形式表示），中标人投标时所递交的主要技术和商务文件，其他双方认为应作为合同的一部分文件。

2）对所有在招标投标及谈判前后各方发出的文件、文字说明、解释性资料进行清理，对凡是与上述合同构成相矛盾的文件，应宣布作废。可以在双方签署的合同补遗中，对此作出排除性质的说明。

（2）关于合同协议的补遗。在合同谈判阶段，双方谈判的结果一般以合同补遗的形式表示，有时也可以以合同谈判纪要形式形成书面文件。这一文件将成为合同文件中极为重要的组成部分，因为它最终确认了合同签订人之间的意志，所以在合同解释中优先于其他文件。

（3）合同的签订。发包人或监理工程师在合同谈判结束后，应按上述内容和形式完成一个完整的合同文件草案，并经承包人授权代表认可后正式形成文件，承包人代表应认真审核合同草案的全部内容。当双方认为满意并核对无误后由双方代表草签，至此，合同谈判阶段即告结束。此时，承包人应及时准备和递交履约保函，准备正式签署承包合同。

（二）工程合同的类型

1．按合同签约的对象内容划分

（1）建设工程勘察、设计合同。建设工程勘察、设计合同是指业主（发包人）与勘察人、设计人为完成一定的勘察、设计任务，明确双方权利、义务的协议。

（2）建设工程施工合同。建设工程施工合同通常也称为建筑安装工程承包合同，是指建设单位（发包方）和施工单位（承包方）为了完成商定的或通过招标投标确定的建筑工程安装任务，明确相互权利、义务关系的书面协议。

2．按合同签约各方的承发包关系划分

（1）总包合同。建设单位（发包方）将工程项目建设全过程或其中某个阶段的全部工作发包给一个承包单位总包，发包方与总包方签订的合同称为总包合同。总包合同签订后，总承包单位可以将若干专业性工作交给

不同的专业承包单位去完成，并统一协调和监督它们的工作。在一般情况下，建设单位仅同总承包单位发生法律关系，而不同各专业承包单位发生法律关系。

（2）分包合同。总承包方与发包方签订了总包合同之后，将若干专业性工作分包给不同的专业承包单位去完成，总包方分别与几个分包方签订分包合同。对于大型工程项目，有时也可由发包方直接与每个承包方签订合同，而不采取总包形式。这时，每个承包方都处于同样地位，各自独立完成本单位所承包的任务，并直接向发包方负责。

3. 按承包合同的不同计价方法划分

（1）固定总价合同。采用这类合同的工程，其总价是以施工图纸和工程说明书为计算依据，在招标时将造价一次包死。在合同执行过程中，不能因为工程量、设备、材料价格、工资等变动而调整合同总价。但人力不可抗拒的各种自然灾害、国家统一调整价格、设计有重大修改等情况除外。

（2）单价合同。该类合同分为以下几种形式。

1）工程量清单合同。工程量清单合同通常由建设单位委托设计、咨询单位计算出工程量清单，分别列出分部分项工程量。承包人在投标时填报单价，并计算出总造价。在工程施工过程中，各分部分项的实际工程量应按实际完成量计算，并按投标时承包人所填报的单价计算实际工程总造价。这种合同的特点是在整个施工过程中单价不变，工程承包金额将有变化。

2）单价-览表合同。单价-览表合同包括一个单价-览表，发包单位只在表中列出各分部分项工程，但不列出工程量。承包单位投标时只填各分部分项工程的单价；工程施工过程中按实际完成的工程量和原填单价计价。

3）成本加酬金合同。成本加酬金合同中的合同总价由两部分组成：一部分是工程直接成本，是按工程施工过程中实际发生的直接成本实报实销；另一部分是事先商定好的一笔支付给承包人的酬金。

（三）《建设工程施工合同（示范文本）》简介

建设部和国家工商行政管理总局于1999年发布了《建设工程施工合同（示范文本）》（GF－1999－0201）（简称《示范文本》），这是一种主要适用于施工总承包的合同。该《示范文本》由协议书、通用条款和专用条款三部分组成，并附有承包人承揽工程项目一览表、发包人供应材料设备一览表、工程质量保修书三个附件。

1．协议书内容

（1）工程概况：工程名称、工程地点、工程内容、工程立项批准文号和资金来源。

（2）工程承包范围：承包人承包工程的工作范围和内容。

（3）合同工期：开工、竣工日期、合同工期应填写的总日历天数。

（4）质量标准：工程质量必须达到国家标准规定的合格标准，双方也可以约定达到国家标准规定的优良标准。

（5）合同价款：应填写双方确定的合同金额（分别用大、小写表示）。

（6）组成合同的文件：合同文件应能相互解释，互为说明。除专用条款另有约定外，组成合同的文件及优先解释顺序如下：①合同协议书；②中标通知书；③投标书及其附件；④本合同专用条款；⑤本合同通用条款；⑥标准规范及有关技术文件；⑦图纸；⑧工程量清单；⑨工程报价单或预算书。

（7）本协议书中有关词语含义与本合同第二部分"通用条款"中分别赋予它们的定义相同。

（8）承包人向发包人承诺按照合同约定进行施工、竣工并在质量保修期内承担工程质量保修责任。

（9）发包人向承包人承诺按照合同约定的期限和方式支付合同价款及其他应当支付的款项。

（10）合同的生效。

2．"通用条款"内容

（1）词语定义及合同文件。

（2）双方一般权利和义务。

（3）施工组织设计和工期。

（4）质量与检验。

（5）安全施工。

（6）合同价款与支付。

（7）材料设备供应。

（8）工程变更。

（9）竣工验收与结算。

（10）违约、索赔和争议。

（11）其他。

3．"专用条款"内容

（1）"专用条款"谈判依据及注意事项。

（2）"专用条款"与"通用条款"是相对应的。

（3）"专用条款"具体内容是发包人与承包人协商将工程具体要求填写在合同文本中。

（4）建设工程合同"专用条款"的解释优于"通用条款"。

二、施工合同的实施与管理

（一）合同分析

合同分析是将合同目标和合同条款规定落实到合同实施的具体问题和具体事件上，用以指导具体工作，使合同能顺利地履行，最终实现合同目标。合同分析应作为工程施工合同管理的起点。

1．施工合同分析的必要性

（1）一个工程中，合同往往几份、十几份甚至几十份，合同之间关系复杂。

（2）合同文件和工程活动的具体要求（如工期、质量、费用等），合同各方的责任关系、事件和活动之间的逻辑关系极为复杂。

（3）许多参与工程的人员所涉及的活动和问题不是合同文件的全部，而仅为合同的部分内容，因此合同管理人员对合同进行全面分析，再向各职能人员进行合同交底以提高工作效率。

（4）合同条款的语言有时不够明了，只有在合同实施前进行合同分析以方便日常合同管理工作。

（5）在合同中存在的问题和风险，包括合同审查时已发现的风险和还可能隐藏着的风险，在合同实施前有必要作进一步的全面分析。

（6）合同实施过程中，双方会产生许多争执，解决这些争执也必须作合同分析。

2．合同分析的内容

（1）合同的法律基础。分析合同签订和实施所依据的法律、法规，通过分析，承包人了解适用于合同的法律的基本情况（范围、特点等），用以指导整个合同实施和索赔工作。对合同中明示的法律要重点分析。

（2）合同类型。不同类型的合同，其性质、特点、履行方式不一样，双方的责权利关系和风险分担不一样，这直接影响合同双方的责任和权利的划分，影响工程施工中的合同管理和索赔。

（3）承包人的主要任务。①承包人的总任务，即合同标的。承包人在设计、采购、生产、试验、运输、土建、安装、验收、试生产、缺陷责任期维修等方面的主要责任，施工现场的管理责任，给发包人的管理人员提供生活和工作条件的责任等。②工作范围。它通常由合同中的工程量清单、图纸、工程说明、技术规范定义。工程范围的界限应很清楚，否则会影响工程变更和索赔，特别是固定总价合同。③工程变更的规定。重点分析工程变更程序和工程变更的补偿范围。

（4）发包人的责任。主要分析发包人的权利和合作责任。发包人的权利是承包人的合作责任，是承包人容易产生违约行为的地方；发包人的合作责任是承包人顺利完成合同规定任务的前提，同时又是承包人进行索赔的理由。

（5）合同价格。应重点分析合同采用的计价方法、计价依据、价格调整方法、合同价格所包括的范围及工程款结算方法和程序。

（6）施工工期。在实际工程中，工期拖延极为常见和频繁，而且对合同实施和索赔的影响很大，要特别重视。

（7）违约责任。如果合同的一方未遵守合同规定，造成对方损失，应受到相应的合同处罚。①承包人不能按合同规定的工期、工程的违约金或承担发包人损失的条款；②由于管理上的疏忽造成对方人员和财产损失的赔偿条款；③由于预谋和故意行为造成对方损失的处罚和赔偿条款；④由于承包人不履行或不能正确履行合同责任，或出现严重违约时的处理规定；⑤由于发包人不履行或不能正确履行合同责任，或出现严重违约时的处理规定，特别是对发包人不及时支付工程款的处理规定。

（8）验收、移交和保修。①验收。包括许多内容，如材料和机械设备的进场验收、隐蔽工程验收、单项工程验收、全部工程竣工验收等。在合同分析中，应对重要的验收要求、时间、程序以及验收所带来的法律后果作说明。②移交。竣工验收合格即办理移交。应详细分析工程移交的程序，对工程尚存的缺陷、不足之处以及应由承包人完成的剩余工作，发包人可保留其权利，并指令承包人限期完成，承包人应在移交证书上注明的日期内尽快地完成这些剩余工程或工作。③保修。分析保修期限和保修责任的划分。

（9）索赔程序和争执的解决。重点分析索赔的程序、争执的解决方式和程序及仲裁条款，包括仲裁所依据的法律，仲裁地点、方式和程序，仲裁结果的约束力等。

（二）合同交底

合同交底是以合同分析为基础、以合同内容为核心的交底工作，涉及合同的全部内容，特别是关系到合同能否顺利实施的核心条款。合同交底的目的是将合同目标和责任具体落实到各级人员的工程活动中，并指导管理及技术人员以合同为行为准则。合同交底一般包括以下主要内容：

（1）工程概况及合同工作范围；

（2）合同关系及合同涉及各方之间的权利、义务与责任；

（3）合同工期控制总目标及阶段控制目标，目标控制的网络表示及关键线路说明；

（4）合同质量控制目标及合同规定执行的规范、标准和验收程序；

（5）合同对本工程的材料、设备采购、验收的规定；

（6）投资及成本控制目标，特别是合同价款的支付及调整的条件、方式和程序；

（7）合同双方争议问题的处理方式、程序和要求；

（8）合同双方的违约责任；

（9）索赔的机会和处理策略；

（10）合同风险的内容及防范措施；

（11）合同进展文档管理的要求。

（三）合同实施控制

1. 合同控制的作用

（1）进行合同跟踪，分析合同实施情况，找出合同跟踪偏离及其原因，以便及时采取措施，调整合同实施过程，达到合同总目标。

（2）在整个工程过程中，能使项目管理人员一直清楚地了解合同实施情况，对合同实施现状、趋向和结果有一个清醒的认识。

2. 合同控制的依据

（1）合同和合同分析结果，如各种计划、方案、洽商变更文件等，是比较的基础，是合同实施的目标和依据。

（2）各种实际的工程文件，如原始记录，各种工程报表、报告、验收结果、计量结果等。

（3）工程管理人员每天对现场的书面记录。

3．合同控制措施

（1）合同问题处理措施。分析合同执行差异的原因及差异责任，进行问题处理。

（2）工程问题处理措施。工程问题处理措施包括技术措施、组织和管理措施、经济措施和合同措施。

（四）工程合同档案管理

合同的档案管理是对合同资料的收集、整理、归档和使用，合同资料的种类如下：

（1）合同资料，如各种合同文本、招标文件、投标文件、图纸、技术规范等。

（2）合同分析资料，如合同总体分析、网络图、横道图等。

（3）工程实施中产生的各种资料，如发包人的各种工作指令、签证、信函、会议纪要和其他协议，各种变更指令、申请、变更记录，各种检查验收报告、鉴定报告。

（4）工程实施中各种记录、施工日记等，官方的各种文件、批件，反映工程实施情况的各种报表、报告、图片等。

三、施工合同索赔管理

（一）索赔的概念与分类

1．索赔的概念

索赔是指在合同实施过程中，合同当事人一方因对方违约或其他过错，或虽无过错但无法防止的外因致使受到损失时，要求对方给予赔偿或补偿的法律行为。索赔是双向的，承包人可以向发包人索赔，发包人也可以向承包人索赔。一般称后者为反索赔。

2．索赔的分类

（1）按索赔发生的原因分类。如施工准备、进度控制、质量控制、费用控制和管理等原因引起的索赔，这种分类能明确指出每一索赔的根源所在，使发包人和工程师便于审核分析。

（2）按索赔的目的分类。①工期索赔。工期索赔就是要求发包人延长施工时间，使原规定的工程竣工日期顺延，从而避免违约罚金的发生。②费用索赔。费用索赔就是要求发包人补偿费用损失，进而调整合同价款。

（3）按索赔的依据分类。①合同内索赔。合同内索赔是指索赔涉及的内容在合同文件中能够找到依据，或可以根据该合同某些条款的含义，推论出一定的索赔权。②合同外索赔。合同外索赔是指索赔内容虽在合同条款中找不到依据，但索赔权利可以从有关法律法规中找到依据。③道义索赔。道义索赔是指由于承包人失误，或发生承包人应负责任的风险而造成承包人重大的损失所产生的索赔。

（4）按索赔的有关当事人分类。①承包人和发包人之间的索赔。②总承包人与分承包人之间的索赔。③承包人与供货人之间的索赔。④承包人向保险公司、运输公司索赔等。

（5）按索赔的处理方式分类。①单项索赔。单项索赔就是采取一事一索赔的方式，每一件索赔事件发生后，即报送索赔通知书，编报索赔报告，要求单项解决支付。②总索赔。总索赔又称综合索赔或一揽子索赔，一般是在工程竣工或移交前，承包人将施工中未解决的单项索赔集中考虑，提出综合索赔报告，由合同双方当事人在工程移交前进行最终谈判，以一揽子方案解决索赔问题。

（二）索赔的起因

1. 发包人违约

发包人违约主要表现为未按施工合同规定的时间和要求提供施工条件、任意拖延支付工程款、无理阻挠和干扰工程施工造成承包人经济损失或工期拖延、发包人所指定分包商违约等。

2. 合同调整

合同调整主要表现为设计变更、施工组织设计变更、加速施工、代换某些材料、有意提高设备或原材料的质量标准引起的合同差价、图纸设计有误或由于工程师指令错误等，造成工程返工、窝工、待工甚至停工。

3. 合同缺陷

合同缺陷主要有如下问题：

（1）合同条款规定用语含糊，不够准确，难以分清双方的责任和权益。

（2）合同条款中存在着漏洞，对实际各种可能发生的情况未作预测和规定，缺少某些必不可少的条款。

（3）合同条款之间互为矛盾，即在不同的条款和条文中，对同一问题的规定和解释要求不一致；

（4）合同的某些条款中隐含着较大的风险，即对承包人方面要求过于苛刻，约束条款不对等，不平衡。

4．不可预见因素

（1）不可预见障碍，如古井、墓坑、断层、溶洞及其他人工构筑障碍物等。

（2）不可抗力因素，如异常的气候条件、高温、台风、地震、洪水、战争等。

（3）其他第三方原因，与工程相关的其他第三方所发生的问题对本工程项目的影响。如银行付款延误、邮路延误、车站压货等。

5．国家政策、法规的变化

（1）建筑工程材料价格上涨，人工工资标准的提高。

（2）银行贷款利率调整，以及货币贬值给承包商带来的汇率损失。

（3）国家有关部门在工程中推广、使用某些新设备、施工新技术的特殊规定。

（4）国家对某种设备建筑材料限制进口、提高关税的规定等。

6．发包人或监理工程师管理不善

（1）工程未完成或尚未验收，发包人提前进入使用，并造成了工程损坏；

（2）工程在保修期内，由于发包人工作人员使用不当，造成工程损坏。

7．合同中断及解除

（1）国家政策的变化、不可抗力和双方之外的原因导致工程停建或缓建造成合同中断。

（2）合同履行中，双方在组织管理中不协调，不配合以至于矛盾激化，使合同不能再继续履行下去，或发包人严重违约，承包人行使合同解除权，或承包人严重违约，发包人行使驱除权解除合同等。

（三）索赔的程序

1．索赔意向通知

当索赔事项出现时，承包人将他的索赔意向，在事项发生28天内，以书面形式通知工程师。

2. 索赔报告提交

承包人在合同规定的时限内递送正式的索赔报告。内容主要包括索赔的合同依据、索赔理由、索赔事件发生经过、索赔要求（费用补偿或工期延长）及计算方法，并附相应证明材料。

3. 工程师对索赔的处理

工程师在收到承包人索赔报告后，应及时审核索赔资料，并在合同规定时限内给予答复或要求承包人进一步补充索赔理由和证据，逾期可视为该项索赔已经认可。

4. 索赔谈判

工程师提出索赔处理决定的初步意见后，发包人和承包人就此进行索赔谈判，作出索赔的最后决定。若谈判失败，即进入仲裁与诉讼程序。

（四）索赔证据的要求

（1）事实性，索赔证据必须是在实施合同过程中确实存在和发生的，必须完全反映实际情况，能经得住推敲；

（2）全面性，所提供的证据应能说明事件的全过程，不能零乱和支离破碎；

（3）关联性，索赔证据应能互相说明，相互具有关联性，不能互相矛盾；

（4）及时性，索赔证据的取得及提出应当及时；

（5）具有法律效力，一般要求证据必须是书面文件，有关记录、协议、纪要必须是双方签署的，工程中的重大事件、特殊情况的记录、统计必须由监理工程师签证认可。

（五）反索赔

索赔管理的任务不仅在于对己方产生的损失的追索，而且在于对将产生或可能产生的损失的防止。追索损失主要通过索赔手段进行，而防止损失主要通过反索赔手段进行。

索赔和反索赔是进攻和防守的关系。在合同实施过程中，合同双方都在进行合同管理，都在寻找索赔机会，一旦干扰事件发生，一方进行索赔，不能进行有效的反索赔，同样要蒙受损失，所以反索赔与索赔有同等重要的地位。

反索赔的目的是防止损失的发生，它包括两方面的内容：

（1）防止对方提出索赔。在合同实施中进行积极防御，使自己处于不能被索赔的地位，如防止自己违约，完全按合同办事。

（2）反击对方的索赔要求。如对对方的索赔报告进行反驳，找出理由和证据，证明对方的索赔报告不符合事实情况，不符合合同规定，没有根据，计算不准确，以避免或减轻自己的赔偿责任，使自己不受或少受损失。

第六章 水利工程施工招标与投标管理

工程招标、投标是我国社会主义市场经济发展的必然趋势，也是提高国内工程管理工作的一种必要手段。同时，通过招标、投标可以鼓励竞争、防止垄断。水利工程是一种特殊商品，对水利工程建设项目施工实行招标、投标，可以达到控制建设工期、确保工程质量、降低工程造价和提高投资效益的目的。1995年水利部发布的《水利建设项目施工招标投标管理规定》，用以规范我国水利工程建设项目的招标、投标工作。

第一节 水利工程施工招标与投标概述

招标、投标是市场经济条件下的一种商品交易竞争方式，通常用于大型交易。工程招标、投标是国际上广泛采用的分派建设任务的交易方式，在进行工程项目施工以及设备、材料采购和服务时，业主可以通过招标方式从投标人中选定适合的承包方。我国水利工程自1982年鲁布革水电站引水隧洞工程采用国际招标以来，逐步采用招标、投标制度并且得到了广泛的应用。

一、水利工程施工招标

（一）招标方式

招标主要是指招标人对货物、工程和服务，事先公布采购的
条件和要求，邀请投标人参加投标，招标人按照规定的程序进行，最后确定中标人的一系列活动。

一般来说，招标方式主要有两种，公开招标和邀请招标。

1. 公开招标

公开招标主要是指招标人以招标公告的方式，邀请不特定的法人或者组织参与投标。其特点是保证竞争的公平性。

2. 邀请招标

邀请招标主要是指招标人以投标邀请书的形式，邀请三个以上的特定

的法人或者组织参与投标。对这种形式的采用相关法律作出了一定的限制条件。

（二）招标条件

（1）初步设计及概算已经批准。

（2）建设项目已列入国家、地方的年度投资计划；招标项目的相应资金或者资金来源得到保障。

（3）已经与设计单位签定了适应施工进度要求的图纸交付合同或者协议。

（4）项目的材料来源已经落实，并且能够满足合同工期的进度要求。

（5）有关建设项目永久征地、临时征地和移民搬迁的实施、安置工作已经落实或者已经有明确的安排。

（6）施工准备工作基本完成，具备施工单位进入现场的施工条件。

（7）施工招标申请书已经上报招标投标管理机构得到批准，或者已经向有关行政管理部门备案。

（8）已经在相应的水利质量监督机构办理好监督手续。

（三）招标程序

招标程序，就是招标工作中应该遵循的先后次序。它反映了招标投标的基本规律。

1．准备阶段

（1）申报招标。招标前的各项工作准备就绪后，应向代表政府行使工程招标管理权力的部门提出申请书，经过审批和核准后方可招标。招标单位在提出申请报告后，应接受主管部门对其是否具有招标资格进行全面审查。主要是审查建设单位及所委托的招标单位是否具有法人资格；投资项目是否进行了可行性研究与论证；是否具备编制招标文件和标底的能力；是否具备进行投标单位资格审查和组织评标、决标的能力。

（2）编制招标文件。编制招标文件是招标工作中的一项重要内容，其实质性的部分需字字斟酌，反复推敲，应避免含混不清的词句和自相矛盾的条款，数字要反复校对，防止差错，特别是涉及报价的规定不应出现遗漏，甚至需要聘请咨询单位和法律顾问提供咨询意见。

招标文件主要由文字说明和图纸两部分组成。

（3）确定标底。编制招标文件时，一般以拟建工程项目的施工图和有关定额为依据，编制施工图预算。通常把这一预算造价作为"标底"。

2. 招标阶段

（1）发出招标信息。工程招标经有关部门审批即可对外发出招标信息。通常有两种方式：一是发布招标广告（适用于公开招标），利用报刊、杂志、广播、电视等宣传手段，在社会上广为传播。二是寄发招标通知（适用于邀请招标），书面邀请有关施工企业前来参加投标。

招标信息内容主要有以下几个方面。

①招标项目名称。

②工程建设地点、现场条件。

③工程内容：包括工程规模和招标项目。

④招标程序和投标手续、建设工期、质量要求。

⑤参加投标者的资历和对投标者的要求。

⑥招标单位名称及联系人。

⑦招标文件的供应办法。

⑧申报投标的手续和报名截止日期，投标与开标的时间。

（2）资格预审。在公开招标时，通常在发售招标文件之前，要对参加投标的单位进行资格审查。凡持有《水利水电施工企业资格等级证书》的水利水电施工企业，均可参加与其资质相适应的水利水电工程施工投标。非水利水电行业的施工企业参加投标，其资质应符合水利水电施工企业资格等级标准，对参加有特殊水工技术要求的工程项目投标，还应取得水利水电部门招标、投标管理单位核发的针对该工程项目的投标许可证。

资格预审的目的，在于了解投标单位的资格、实力、信誉，限制不符合条件的企业（包括越级承包）盲目参加投标，但不得借故拒绝合格者参加投标。主要审查内容包括：法人资格、施工经验、技术力量、企业信誉、财务状况。

经审查后，可分为完全合格、基本合格或不合格三种情况。对不符合条件的投标单位，招投单位要及时通知不再参加下一步投标。

（3）发售招标文件。对预审后合格的投标单位，应及时发出同意其参加投标的邀请书，并通知其前来购买投标文件。对不合格的投标者，也要去信婉言谢绝。

招标文件（包括图纸）是投标单位了解招标工程详细情况，决定是否参加投标和编写投标文件的主要依据。招标文件可在规定时间、地点发售，或者通过函购,由招标单位及时邮寄出。

招标文件一旦发出,不得擅自更改,如确需补充和修改,则应在招标截止日期前15天内,以正式文件通知到各投标单位(外地以收到通知的邮戳日期为准),否则投标截止日期应后延。

(4)质疑与勘察。招标单位要按规定时间组织投标单位到现场勘察,了解拟建工程的自然环境、施工条件、市场情况,为投标单位到现场收集有关资料提供方便。

招标单位还要组织一次会议,介绍工程情况和有关招标事宜。投标单位如果对招标文件有不理解或含混不清之处,以及在勘察现场中所希望进一步了解的问题,可提出来要求招标单位解释清楚。招标单位有新的补充和修订,也可在会上详加说明。招标单位在会上会下解答投标单位的问题,应以书面为准,而口头解答,并不具有约束力。并应进行汇总,归类作为补充通知的形式,告知所有参加投标者。这些补充通知与招标文件具有同等效力。在投标截止日期前15日内,招标单位不再解答问题。

(5)接受投标文件。从发售招标文件之日起,至投标截止之日止,根据工程规模和难易程度,至少应有1~3个月的编制投标文件时间,特大型工程为3~6个月,保证投标单位有较充裕的时间进行分析认证,编好投标文件。

接收投标文件,可在截止日期内直接投入密封箱内,也可用密封邮寄(外地)方式,但应以邮戳日期为准。招标单位在收到投标书时,要检查邮件密封情况,合格者寄回回执,投入标箱,原封保存,不合格者的标书退回。在招标截止日期后送来或邮寄来的投标文件,概不受理,原封退回。若是受到不可抗拒的原因而误期的,可酌情处理。投标书发出后,在投标截止日期前,允许投标单位以正式函件(密封)调整报价,或作附加说明。原投标文件中被修改或被说明的部分,以后者为准。这类函件与投标文件具有同等效力。

对大中型工程的招标,招标单位还要求投标单位将保函与投标文件一起投送。保函是由投标单位主管部门签署同意投标的保证书,以及有关银行出具的投标保证金(在招标文件中规定数额),未中标者保证金如数退回。

(6)开标。招标单位应按招标文件所规定的时间、地点开标,开标应在各投标单位的代表及评标机构成员在场的情况下公开进行。

招标单位应按规定日期开标,不得随意变动开标日期。万一遇有特殊情况不能按期开标，需经上级主管部门批准，并要事先通知到各投标单位和有关各方，并告知延期举行时间。

开标程序一般如下。

①宣布评标原则与方法。

②请公证部门和招标办代表检查各投标单位投标文件的密封情况、收到时间及各投标单位代表的法人证书或授权书。

③按投标文件收到顺序或倒序由公证部门和招标单位当众启封投标文件及补充函件，公布各投标单位的报价、工期、质量等级、提供材料数量、投标保函金额及招标文件规定需当众公布的其他内容。

④请投标单位的法人代表或法人代表所委托的代理人核实公布的要素，并签字确认。

⑤当众宣布标底。

自发出招标文件到开标时间，由招标单位根据工程项目的大小和招标内容确定。一般定在投标截止日期后 5～15d 内进行，务须公开，并应有记录或录音。

开标前，招标单位必须把密封好的标底送交评委。是否在开标时公布标底，是否当场决定中标单位要根据招标、决标方式而定。

如果发生下述情况之一，即宣布为废标。

①投标文件（标函）密封不严，或密封有启动迹象。

②未加盖投标单位公章和负责人（法人）印章或法人代表委托的代理人的印章（或签名）。

③投标文件送达时间（或邮戳日期）超过规定投标截止日期。

④投标文件的格式、内容填写不符合规定要求，或者字迹有涂改或辨认不清。

⑤投标单位递交两份或两份以上内容不同的投标文件，未书面声明哪一份为有效。

⑥投标单位无故不参加开标会议。

⑦发现投标单位之间有串通作弊现象。

开标后，对投标书中有不清的问题，招标单位有权向投标者询问清楚。为保密起见，这种澄清也可个别地同投标者开澄清会。对所澄清和确认的问题，应记录在案，并采取书面方式经双方签字后，可作为投标文件的组成部分。但在澄清会谈中，投标单位提出的任何修正声明，更改报价、工期或附加什么优惠条件，一律不作为评标依据。

（7）评标。评标委员会投标文件逐一认真审查的评比的过程称为评标。

评标委员会由招标单位负责组织，邀请上级主管部门、建设银行、设计咨询单位的经验丰富的技术、经济、法律、管理等方面的专家，由总经济师负责评标过程的组织，本着公正原则，提出评标报告，推荐中标单位，供招标单位择优抉择，对评标过程和评标结果不得外泄。

评标、决标大体可分为初评、终评两个阶段。

①初评。初评阶段的主要任务是对各投标单位所提供的投标文件进行符合性审查，审查文件的内容是否与招标文件要求相符合，是否与招标文件的要求一致，以确定投标文件的合格性，选出符合基本要求标准的合格投标文件。初评包括商务符合性审查和技术符合性审查两阶段。

商务符合性审查内容包括：投标单位是否按招标文件要求递交投标文件及按招标文件要求的格式填写；投标文件正、副文本是否完全按要求签署；有无授权文件；有无投标保函；有无投标人合法地位的证明文件；如为联营投标，有无符合招标文件的联营协议书或授权书；有无完整的已标价的工程量清单；对招标文件有无重大或实质性的修改及应在投标文件中写明的其他项目。

技术符合性审查包括：投标文件是否按要求提交各种技术文件和图纸、资料、施工规划或施工方案等，是否齐全；有无组织机构及人员配备资料；与招标文件中的图纸和技术要求说明是否一致。对于设备采购招标，投标文件的设备性能、参数是否符合文件要求；投标人提供的材料和设备能否满足招标文件要求。

在两项评审基础上，淘汰不合格的投标单位，挑选出合格者，进入终评。

②终评。对于初评合格的投标文件，可转入实质性的评审。实质性评审同样包括商务性评审和技术性评审两个阶段。

技术性评审主要对投标文件中的组织管理体系、施工组织方案、采取的主要措施、主要施工机械设备、现场的主要管理人员等进行具体、详细的审查与分析，是否合理、先进、科学、可靠等。

商务性评审是从成本、财务和经济分析等方面评定投标人报价的合理性及可靠性，它在评选中占有重要地位，在技术评审合格的投标人中评选出最终的中标者，商务评审常起决定作用。

招标单位应将评标结构的评标报告及推荐意见，于10日内报招标办审核。邀请公证部门参加的投标项目，在决标后，由公证人员对整个开标、评标、决标过程作出公证意见。

二、水利工程施工投标

（一）投标的概述

投标是指投标人按照招标人提出的要求和条件回应合同的主要条款，参加投标竞争的行为。

1．投标人

投标人是指响应招标、参加投标竞争的法人或其他组织，依法招标的科研项目允许个人参加投标。投标人应当具备承担招标项目的能力，有特殊规定的，投标人应当具备规定的资格。

2．投标文件的编制

投标人应当按照招标文件的要求编制投标文件，且投标文件应当对招标文件提出的实质性要求和条件做出响应。涉及中标项目分包的，投标人应当在投标文件中载明，以便在评审时了解分包情况，决定是否选中该投标人。

3．联合体投标

联合体投标是指两个以上的法人或其他组织共同组成一个非法人的联合体，以该联合体名义作为一个投标人，参加投标竞争。联合体各方均应当具备承担招标项目的相应能力，由同一专业的单位组成的联合体，按照资质等级较低的单位确定资质等级。

在联合体内部，各方应当签订共同投标协议，并将共同投标协议连同投标文件一并提交招标人。联合体中标后，应当由各方共同与招标人签订合同，就中标项目向招标人承担连带责任。招标人不得强制投标人联合共同投标，投标人之间的联合投标应出于自愿。

4．禁止行为

投标人不得相互串通投标或与招标人串通投标；不得以行贿的手段谋取中标；不得以低于成本的报价竞标；不得以他人名义投标或其他方式弄虚作假，骗取中标。

（二）投标过程

施工项目投标与招标一样，有其自身的运行规律与工作程序。参加投标的施工企业，在认真掌握招标信息、研究招标文件的基础上，根据招标文件的要求，在规定的期限内向招标单位递交投标文件，提出合理报价，以争取获胜中标，最终实现获取工程施工任务的目的。

1．投标报价程序

水利工程项目的投标工作施工投标工程程序主要有以下步骤。

（1）根据招标公告或招标人的邀请，筛选投标的有关项目，选择适合本企业承包的工程参加投标。

（2）向招标人提交资格预审申请书，并附上本企业营业执照及承包工程资格证明文件、企业简介、技术人员状况、历年施工业绩、施工机械装备等情况。

（3）经招标人投标资格审查合格后，向招标人购买招标文件及资料，并交付一定的投标保证金。

（4）研究招标文件合同要求、技术规范和图纸，了解合同特点和设计要点，制字出初步施工方案，提出考察现场提纲和准备向招标人提出的疑问。

（5）参加招标人召开的标前会议，认真考察现场、提出问题、倾听招标人解答各单位的疑问。

（6）在认真考察现场及调查研究的基础上，修改原有施工方案，落实和制定出切实可行的施工组织设计方案。在工程所在

地材料单价、运输条件、运距长短的基础上编制出确切的材料单价，然后计算和确定标价，填好合同文件所规定的各种表函，盖好印鉴密封，在规定的时间内送达招标人。

（7）参加招标人召开的开标会议，提供招标人要求补充的资料或回答须进一步澄清的问题。

（8）如果中标，与招标人一起依据招标文件规定的时间签定承包合同，并送上银行履约保函；如果不中标，及时总结经验和教训，按时撤回投标保证金。

2．投标资格

根据《中华人民共和国招标投标法》第二十六条的规定，投标人应当具备承担招标项目的能力，企业资质必须符合国家或招标文件对投标人资格方面的要求，当企业资格不符合要求时，不得允许参加施工项目投标活动，如果采用联合体的投标人，其资质按联合体中资质最低的一个企业的

资质，作为联合体的资质进行审核。

根据建筑市场准入制度的有关规定，在异地参加投标活动的施工企业，除需要满足上述条件外，投标前还需要到工程所在地政府建设行政主管部门，进行市场准入注册，获得行政许可，未能获准建设行政主管部门注册的施工企业，仍然不能够参加工程施工投标活动。特别是国际工程，注册是投标必不可缺的手续。

资格预审是承包商投标活动的前奏，与投标一样存在着竞争。除认真按照业主要求，编送有关文件外，还要开展必要的宣传活动，争取资格审查获得通过。

在已有获得项目的地域，业主更多地注重承包商在建工程的进展和质量。为此，要获得业主信任，应当很好地完成在建工程。一旦在建工程搞好了，通过投标的资格审查就没多大问题。在新进入的地域，为了争取通过资格审查，应派人专程报送资格审查文件，并开展宣传、联络活动。主持资格审查的可能是业主指定的业务部门，也可能是委托咨询公司。如果主持资格审查的部门对新承包商缺乏了解，或抱有某种成见，资格审查人员可能对承包商提问得很挑剔，有些竞争对手也可能通过关系施加影响，散布谣言，破坏新来的承包商的名誉。所以，承包商的代表要主动了解资格审查进展情况，向有关部门、人员说明情况，并提供进一步资料，以便取得主持资格审查人员的信任。必要时还要通过驻外人员或别的渠道介绍本公司的实力和信誉。在竞争激烈的地域，只靠寄送资料，不开展必要活动，就可能受到挫折。有的公司为了在一个新开拓地区获得承建一项大型工程，不惜出资邀请有关当局前来我国参观本公司已建项目，了解公司情况，取得了良好效果。有的国家主管建设的当局，得知我国在其邻国成功地完成援建或承包工程，常主动邀请我国参加他们的工程项目投标。这都说明扩大宣传的必要性。

3. 投标机构

进行施工项目投标，需要成立专门的投标机构，设置固定的人员，对投标活动的全部过程进行组织与管理。实践证明，建立强有力的、管理、金融与技术经验丰富的，专家组成的投标组织是投标获取成功的有力保证。

为了掌握市场和竞争对手的基本情况，以便在投标中取胜，中标获得项目施工任务，平时要注意了解市场的信息和动态，收集竞争企业与有关投标的信息，积累相关资料。遇有招标项目时，对招标项目进行分析，研究有无参加价值；对于确定参加投标的项目，则应研究投标和报价编制策略，在认真分析历次投标中失败的教训和经验的基础上，编制标书，争取中标。

投标机构主要由以下人员组成。

（1）经理或业务副经理作为投标负责人和决策人，其职责是决定最终是否参加投标及参加投标项目的报价金额。

（2）建造工程师的职责是编制施工组织设计方案、技术措施及技术问题。

（3）造价工程师负责编制施工预算及投标报价工作。

（4）机械管理工程师要根据本投标项目工程特点，选型配套组织本项目施工设备。

（5）材料供应人员要了解、提供当地材料供应及运输能力情况。

（6）财务部门人员提供企业工资、管理费、利润等有关成本资料。

（7）生产技术部门人员负责安排施工作业计划等。

建设市场竞争越来越激烈，为了最大限度地争取投标的成功，对于参与投标的人员也提出了更高的要求。要求有丰富经验的建造师和设计师，还要求有精通业务的经济师和熟悉物资供应的人员。这些人员应熟悉各类招标文件和合同条件；如果是国际投标，则这些人员最好具有较高的外语水平。

4．投标报价

投标报价是潜在承包商投标时报出的工程承包价格。招标人常常将投标人的报价作为选择中标者的主要依据，同时报价也是投标文件中最重要的内容，是影响投标人中标与否的关键所在和中标后承包商利润大小的主要指标。报价过低虽然容易中标，但中标后容易给承包商造成亏损的风险；报价过高对于投标人又存在失标的危险。因此，报价过高与过低都不可取，如何做出合适的投标报价，是投标人能否中标的关键。

（1）现场考察。从购买招标文件到完成标书这一期间，投标人为投标而做的工作可统称为编标报价。在这个过程中，投标工作组首先应当充分、仔细地研究招标文件。招标文件规定了承包人的职责和权利及对工程的各项要求，投标人必须高度重视。积极参加招标人组织的现场考察活动，是投标过程中一个非常重要的环节，其作用有两大方面：一是如果投标人不参加由招标人安排的正式现场考察，可能会被拒绝投标；二是通过参加现场考察活动的机会，可以了解工程所在地的政治局势（对国际工程而言）与社会治安状态，工程地质地貌和气象条件，工程施工条件（交通、供电供水、通信、劳动力供应、施工用地等），经济环境以及其他方面同施工相关的问题。当现场考察结束后，应当抓紧时间整理在现场考察中收集到的材料，把现场考察和研究招标文件中存在的疑问整理成书面文件，以便在标前会议上，请招标人给予解释和明释。

按照国际、国内规定，投标人提出的报价，一般被认为是在现场考察的基础上编制的：一旦标书交出，若在投标日期截止后发现问题，投标人就无法因现场考察不周，情况不了解而提出修改标书，或调整标价给予补偿的要求。另外，编制标书需的许多数据和情况，也要从现场调查中得出。因此，投标人在报价以前，必须认真地进行工程现场考察，全面、细致地了解工地及其周围的政治、经济、地理、法律等情况。若考察时间不够，参加编标人员在标前会结束后，一定要再留下几天，再到现场查看一遍，或重点补充考察，并在当地作材料、物资等调查研究，仔细收集编标的资料。

（2）标前会议。标前会议也称投标预备会，是招标人给所有投标人提供的一次答疑的机会，有利于投标人加深对招标文件的理解、了解施工现场和准确认识工程项目施工任务。凡是想参加投标并希望获得成功的投标人，都应认真准备和积极参加标前会议。投标人参加标前会议时应注意以下几点。

①对工程内容、范围不清的问题，应提请解释、说明，但不要提出任何修改设计方案的要求。

②若招标文件中的图纸、技术规范存在相互矛盾之处，可请求说明以何者为准，但不要轻易提出修改的要求。

③对含糊不清、容易产生理解上歧义的合同条款，可以请求给予澄清、解释，但不要提出任何改变合同条件的要求。

④应注意提问的技巧，注意不使竞争对手从自己的提问中，获悉本公司的投标设想和施工方案。

⑤招标人或咨询工程师在标前会议上，对所有问题的答复均应发出书面文件，并作为招标文件的组成部分。投标人不能仅凭口头答复来编制自己的投标文件。

（3）投标报价的组成及计算。投标总报价的费用组成由招标文件规定，通常由以下几部分组成。

①主体工程费用。主体工程费用包括由承包人承担的直接工程费、间接费、其他费用、税金等全部费用和要求获得的利润，可采用定额法或实

物量法进行分析计算。

主体工程费用中的其他费用，主要指不单独列项的临时工程费用、承包人应承担的各种风险费用等。直接工程费、间接费、税金和利润的内容，与概预算编制的费用组成相同。

在计算主体工程费用时，若采用定额法计算单价，人、材、机的消耗量，可在行业有关定额基础上结合企业情况进行调整，以使投标价具有竞争力，或直接采用本企业自己的定额。人工单价可参照现行概预算编制办法规定的人工费组成，结合本企业的具体情况和建设市场竞争情况进行确定。计算材料、设备价格时，如果属于业主供应部分，则按业主提供的价格计算，其余材料应按市场调查的实际价格计算。其他直接费、间接费、施工利润等，要根据投标工程的类别和地区及合同要求，结合本单位的实际情况，参考现行有关概（估）算费用构成及计算办法的有关规定计算。

②临时工程费用。临时工程费用计算一般有三种情况：

第一种情况，工程量清单中列出了临时工程量。此时，临时工程费用的计算方法同主体工程费用的计算方法。

第二种情况，工程量清单中列出了临时工程项目，但未列具体工程量，要求总价承包。此时，投标人应根据施工组织设计估算工程量，计算该费用。

第三种情况，分项工程量清单中未列临时工程项目。此时，投标人应将临时工程费用摊入主体工程费用中，其分摊方法与标底编制中分摊临时工程费用的方法相同。

③保险种类及金额。招标文件中的《合同条款》和《技术条款》，一般都对项目保险种类及金额作出了具体规定。

a.工程险和第三者责任险。若合同规定由承包人负责投保工程险和第三者责任险，承包人应按《合同条款》的规定和《工程量清单》所列项目专项列报。若合同规定由发包人负责投保工程险和第三者责任险，则承包人不需列报。

b.施工设备险和人身意外伤害险。通常都由承包人负责投保，发包人不另行支付。前者保险费用计入施工设备运行费用内，后者保险费用摊入各项目的人工费内。

投标人投标时，工程险的保险金额可暂按工程量清单中各项目的合计金额（不包括备用金以及工程险和第三者责任险的保险费）加上附加费计算，其保险费按保险公司的保险费率进行计算。第三者责任险的保险金额，则按招标文件的工程量清单中规定的投保金额（或投标人自己确定的金额）计算，其保险费按保险公司的保险费率进行计算。上述两项保险费分别填写在工程量清单中该两项各自的合价栏内。

④中标服务费。当采用代理招标时，招标人支付给招标代理机构的费用，可以采用中标服务费名义列在投标报价汇总表中。中标服务费按招标项目的报价总金额乘以规定的费率进行计算。

⑤备用金。备用金指用于签订协议书时，尚未确定或不可预见项目的备用金额。备用金额由发包人在招标文件《工程量清单》中列出，投标人在计算投标总报价时不得调整。

第二节 水利工程施工投标决策与技巧管理

投标方要想在投标过程中顺利成为中标方，就必须在投标过程中体现投标方的优势。把握好投标过程中的技巧和决策是关系到一项水利工程项目投标的成败，对投标决策与技巧的研究不仅可以提高投标方的成功概率，而且在不断总结经验的基础上为以后的水利工程项目的投标做好更多的准备。

一、投标方的工程估价

投标报价是投标单位根据招标文件及有关的计算工程造价的依据，计算出投标价格，并在此基础上采取一定的投标策略，为争取到投标项目提出的有竞争力的投标报价。

（一）投标方工程估价的基本原理

投标方工程估价的基本原理与工程预算大体相同，不同之处在于投标人是以投标价格参与竞争的，应贯穿企业自主报价的原则。

1. 计价方法

可以采用定额计价方法或者工程量清单计价方法。

2. 编制方法

投标方工程估价的编制方法取决于招标文件的规定。

3．合同形式

常见的合同形式有总价合同、单价合同、成本加酬金合同。

当拟建工程采用总价合同形式的时候，投标人应该按照规定对整个工程涉及的工作内容做出总报价；当拟建工程采用单价合同形式的时候，投标人应该按照规定对每个分项工程报出综合单价。投标人首先计算出每个分项工程的直接工程费，随后再分摊一定比例的间接费、利润，形成综合单价。工程的措施费单列，作为竞争的条件之一，规费和税金不参与竞争'

（二）投标价格的编制方法

投标价格的编制要满足招标文件的要求：

1．人工费的估算

分项工程的人工费由完成该分项工程所需要的人工消耗量标准及相应的人工工日单价两个因素决定。

分项工程人工费=（分项工程的工程量×人工消耗量标准）×人工工日单价

2．材料费的估算

分项工程的材料费由完成该分项工程所需要的各种材料消耗量标准及相应的材料价格两个因素决定。

分项工程材料费=（分项工程的工程量×材料消耗量标准）×材料价格

3．机械费的估算

分项工程的机械费由完成该分项工程所需要的各种机械台班消耗量标准及相应的机械台班使用费决定。

分项工程机械费=（分项工程的工程量×机械台班消耗量标准）×机械台班使用费

在实物法中，分项工程直接工程费由以下公式表示：

分项工程人工费+分项工程材料费+分项工程机械费=分项工程直接工程费

4．分包费用的估算

投标人可能会将工程量清单中的某些分项工程分包给其他施工企业，其分包费用可通过向分包商询价，或者根据过去分包的经验数据来确定分包直接费。

在报价的时候，投标人还应该在分包直接费的基础上考虑加上一定比例的总包管理费用。

5．其他费用的估算

（1）措施费的估算。

措施费属于竞争性费用，投标人可根据本企业的技术水平和管理水平，进行合理估算与报价。

（2）企业管理费的估算。

企业管理费=每个分项工程的直接费×分摊系数

分摊系数=Σ管理费/Σ每个分项工程的直接费

（3）风险费的估算。

风险费一般是根据公司的经验数据，确定一个适当的百分比，随后以每个分项工程的直接费加间接费作为基础计算确定每个分项工程的分摊额；也可以按费用项目的具体内容，逐项估算所需发生的费用，最后合计出公司风险费。后者费用也要分摊到每个分项工程费用中去。

风险费分摊额=分项工程的（直接费+间接费）×分摊系数

分摊系数=Σ风险费（直接费+间接费）

（4）利润的估算。

利润率由企业根据经验和对项目利润的期望值估计。

利润=分项工程的（直接费+间接费）×利润率

6．税金的估算

以上所述的费用之和为基础，按照税法的有关规定进行计算。以不含税的工程造价为计算基础乘综合税率计算。

税金=不含税工程造价×综合税率

计算出各分项工程的直接费及其他各项费用之后，将该分项工程的总报价除以该分项工程的工程量即可得到该分项工程的综合单价。

因此，是先有合价，再计算出综合单价。

二、投标决策

在激烈竞争的环境下，投标人为了企业的生存与发展，采用的投标决策被称为报价策略。能否恰当地运用报价策略，对投标人能否中标或中标后完成该项目能否获得较高利润，影响极大。在工程施工投标中，常用的报价策略大致有如下几种。

（一）以获得较大利润为投标策略

施工企业的经营业务近期比较饱和，该企业施工设备和施工水平又较高，而投标的项目施工难度较大、工期短、竞争对手少，非我莫属。在这种情况下所投标的报价，可以比一般市场价格高一些并获得较大利润。

（二）以保本或微利为投标策略

施工企业的经营业务近期不饱满，或预测市场将要开工的工程项目较少，为防止窝工，投标策略往往是多抓几个项目，标价以微利、保本为主。

要确定一个低而适度的报价，首先要编制出先进合理的施工方案。在此基础上计算出能够确保合同工期要求和质量标准的最低预算成本。降低项目预算成本要从降低直接费、现场经费和间接费着手，其具体做法和技巧如下。

1. 发挥本施工企业优势，降低成本

每个施工企业都有自身的长处和优势。如果发挥这些优势来降低成本，从而降低报价，这种优势才会在投标竞争中起到实质作用，即把企业优势转化为价值形态。

一个施工企业的优势，一般可以从下列几个方面来表示。

（1）职工素质高：技术人员云集，施工经验丰富，工人技术水平高、劳动态度好，工作效率高。

（2）技术装备强：本企业设备新，性能先进，成套齐全，使用效率高，运转劳务费低，耗油低。

（3）材料供应：有一定的周转材料，有稳定的来源渠道，价格合理，运输方便，运距短，费用低。

（4）施工技术设计:施工人员经验丰富，提出了先进的施工

组织设计，方案切实可行，组织合理，经济效益好。

（5）管理体制：劳动组合精干，管理机构精练，管理费开支低。

当投标人具有某些优势时，在计算报价的过程中，就不必照搬统一的工程预算定额和费率，而是结合本企业实际情况将优势转化为较低的报价。另外，投标人可以利用优势降低成本，进而降低报价，发挥优势报价。

2. 运用其他方法降低预算成本

有些投标人采用预算定额不变，而利用适当降低现场经费、间接费和

利润的策略，降低标价，争取中标。

（三）以最大限度的低报价为投标策略

有些施工企业为了参加市场竞争，打入其他新的地区、开辟新的业务，并想在这个地区占据一定的位置，往往在第一次参加投标时，用最大限度的低报价、保本价、无利润价甚至亏 5%的报价，进行投标。中标后在施工中充分发挥本企业专长，在质量上、工期上（出乎业主估计的短工期）取胜，创优质工程、创立新的信誉，缩短工期，使业主早得益。自己取得立足，同时取得业主的信任和同情，以提前奖的形式给予补助，使总价不亏本。

三、投标技巧

（一）不平衡报价法

不平衡报价法是拟建工程采用单价合同形式时经常使用的投标报价策略。

不平衡报价法是指一个工程项目的投标报价，在总价基本确定后，通过调整内部各个项目的报价，达到既不提高总价，又不影响中标，而能在结算的时候得到最理想的经济效益的一种报价方法。

此法一定要建立在工程量表中工程量仔细核对的基础上，特别是对报低单价的项目，如工程量一旦增多将造成承包商重大损失。同时对报高单价的项目，一定要控制在合理幅度内（一般在 10%左右），以免引起业主反感，导致废标。

不平衡报价法的报价技巧（见表 6-1）。

表 6-1　不平衡报价法

序号	信息类型	变动趋势	不平衡结果
1	资金收入的时间	早	单价高
		晚	单价低
2	工程量估算不准确	增加	单价高
		减少	单价低
3	报价图纸不明确	增加工程量	单价高
		减少工程量或者说不清楚	单价低
4	暂定工程	自己承包的可能性高	单价高
		自己承包的可能性低	单价低
5	单价和包干混合制的项目	固定包干价格项目	单价高
		单价项目	单价低

续 表

序号	信息类型	变动趋势	不平衡结果
6	单价组成分析表（其他项目费）	人工费和机械费	单价高
		材料费	单价低
7	议标时业主要求压低单价	工程量大的项目	单价小幅度降低
		工程量小的项目	单价大幅度降低
8	报单价的项目	没有工程量	单价高
		有假定的工程量	单价适中
9	设备安装	特殊设备、材料	主材单价高
		常见设备、基础	主材单价低
10	分包项目	自己发包	单价高
		业主指定分包	单价低
11	另行发包项目	配合人工、机械费	单价高、工程量放大
		配合用材料	有意漏报

（二）先亏后盈法

对于大型分期建设的工程，在第一期工程投标时，可以将部分间接费分摊到第二期工程中去，少计算利润以争取中标。这样在第二期工程投标时，凭借第一期工程的经验、临时设施以及创立的信誉，比较容易拿到第二期工程。

但第二期工程遥遥无期时，则不可以这样考虑。

（三）突然降价法

报价是一件保密的工作，但是对手往往会通过各种渠道、手段来刺探情报，因此用突然降价法可以在报价时迷惑竞争对手。即先按一般情况报价或表现出自己对该工程兴趣不大，到快要投标截止时，才突然降价，为最后中标打下基础。

注意：一定要在准备投标报价的过程中考虑好降价的幅度、临近截止日期，再根据信息情报作最后决策。若中标，因开标只降总价，签定合同后可采用不平衡报价思路调整单价，以取得更高收益。

（四）多方案报价法

当工程范围不很明确、条款不清楚或很不公正，或技术规范要求过于苛刻时，要在充分估计投标风险的基础上，先按原招标文件报一个价，再提出若某条款作某些变动，报价可适当降低，以吸引招标人。

（五）许诺优惠条件

投标报价附带优惠条件是行之有效的一种手段。招标人评标时，除主要考虑报价和技术方案外，还要分析别的条件，如工期、支付条件等。所以，在投标时主动提出提前竣工、低息贷款、赠给施工设备、免费转让新技术或某种技术专利、免费技术协作、代为培训人员等，均是吸引招标人、利于中标的辅助手段。

（六）分包商报价的采用

总承包商在投标前先取得分包商的报价，并增加总承包商摊入的一定管理费作为投标总价的一部分。故可在投标前找 2～3 家分包商分别报价，而后选择其中一家信誉较好、实力较强和报价合理的分包商签订协议，同意其为唯一分包商，并将其列入投标文件，但要求分包商提交投标保函。

（七）增加建议方案法

有些招标文件允许提一个建议方案，即可修改原设计方案，降低总造价或是缩短工期，或是工程运用更为合理，提出投标者的方案，投标人应组织有关人员仔细研究原招标文件的设计和施工方案，提出更为合理的方案以吸引业主。但要注意对原招标方案一定要报价。

第七章　水利工程施工安全生产标准化建设

第一节　水利工程施工标准化概论

一、实施标准化的重大意义

作为施工企业的管理者、现场组织者，必须充分认识深入开展企业安全生产标准化建设的重要意义。

（1）安全生产标准化建设是落实企业安全生产主体责任的必要途径。国家有关安全生产法律法规和规定明确要求，要严格企业安全管理，全面开展安全达标。企业是安全生产的责任主体，也是安全生产标准化建设的主体，要通过加强企业每个岗位和环节的安全生产标准化建设，不断提高安全管理水平，促进企业安全生产主体责任落实到位。

（2）安全生产标准化建设是强化企业安全生产基础工作的长效制度。安全生产标准化建设涵盖了增强人员安全素质、提高装备设施水平、改善作业环境、强化岗位责任落实等各个方面，是一项长期的、基础性的系统工程，有利于全面促进企业提高安全生产保障水平。

（3）安全生产标准化建设是政府实施安全生产分类指导、分级监管的重要依据。实施安全生产标准化建设考评，将企业划分为不同等级，能够客观真实地反映出各地区企业安全生产状况和不同安全生产水平的企业数量，为加强安全监管提供有效的基础数据。

（4）安全生产标准化建设是有效防范事故发生的重要手段。深入开展安全生产标准化建设，能够进一步规范从业人员的安全行为，提高机械化和信息化水平，促进现场各类隐患的排查治理，推进安全生产长效机制建设，有效防范和坚决遏制事故发生，促进全国安全生产状况持续稳定好转。

二、水利工程标准化的推广

"十三五"期间，全国水利投资超过"十二五"投资，浙江省确保完成水利投资 3 000 亿元。由于水利建设项目点多、线长、面广，任务十分繁重，在建水利工程安全生产工作任务十分艰巨、形势严峻，同时新《中华人民共和国安全生产法》的实施，也对施工企业的安全生产及政府监督管理提出了更高的要求。目前浙江省全面推行的水利工程标准化管理，是落实"标准强省"战略、巩固"五水共治"成果的一项重要举措，也是对政府公共管理和服务标准化的具体实践。通过抓水利工程标准化管理规范各个管理环节，将水利工程运行事故发生率降到最低，让水利工程运行更加安全可靠，真正发挥效益，最大程度保障人民群众生命财产安全。水利工程安全文明标准化工地创建工作，为水利工程标准化管理中的重要组成部分，可以有效配合水利工程标准化管理的实施，不断提高在建水利工程安全生产管理水平，保证水利事业本身的健康持续发展。

第二节　水利工程施工相关法规、政策

一、国务院关于印发《深化标准化工作改革方案》的通知

为落实《中共中央关于全面深化改革若干重大问题的决定》《国务院机构改革和职能转变方案》和《国务院关于促进市场公平竞争维护市场正常秩序的若干意见》（国发〔2014〕20号）关于深化标准化工作改革、加强技术标准体系建设的有关要求，制定本改革方案。

（一）改革的必要性和紧迫性

党中央、国务院高度重视标准化工作，2001年成立国家标准化管理委员会，强化标准化工作的统一管理。在各部门、各地方共同努力下，我国标准化事业得到快速发展。截至目前，国家标准、行业标准和地方标准总数达到10万项，覆盖第一产业、第二产业、第三产业和社会事业各领域的标准体系基本形成。我国相继成为国际标准化组织（ISO）、国际电工委员会（IEC）常任理事国及国际电信联盟（ITU）理事国，我国专家担任ISO主席、IEC副主席、ITU秘书长等一系列重要职务，主导制定国际标准的数量逐年增加。标准化在保障产品质量安全、促进产业转型升级和经济提质增效、服务外交外贸等方面起着越来越重要的作用。但是，从我国经济社会发展日益增长的需求来看，现行标准体系和标准化管理体制已不能适应社会主义市场经济发展的需要，甚至在一定程度上影响了经济社会发展。

一是标准缺失老化滞后，难以满足经济提质增效升级的需求。现代农业和服务业标准仍然很少，社会管理和公共服务标准刚刚起步，即使在标准相对完备的工业领域，标准缺失现象也不同程度存在。特别是当前节能降耗、新型城镇化、信息化和工业化融合、电子商务、商贸物流等领域对标准的需求十分旺盛，但标准供给仍有较大缺口。我国国家标准制定周期平均为 3 年，远远落后于产业快速发展的需要。标准更新速度缓慢，"标龄"高出德、美、英、日等发达国家 1 倍以上。标准整体水平不高，难以支撑经济转型升级。我国主导制定的国际标准仅占国际标准总数的 0.5%，"中国标准"在国际上认可度不高。

二是标准交叉重复矛盾，不利于统一市场体系的建立。标准是生产经营活动的依据，是重要的市场规则，必须增强统一性和权威性。目前，现行国家标准、行业标准、地方标准中仅名称相同的就有近 2 000 项，有些标准技术指标不一致甚至冲突，既造成企业执行标准困难，也造成政府部门制定标准的资源浪费和执法尺度不一。特别是强制性标准涉及健康安全环保，但是制定主体多，28 个部门和 31 个省（区、市）制定发布强制性行业标准和地方标准；数量庞大，强制性国家、行业、地方三级标准万余项，缺乏强有力的组织协调，交叉重复矛盾难以避免。

三是标准体系不够合理，不适应社会主义市场经济发展的要求。国家标准、行业标准、地方标准均由政府主导制定，且 70%为一般性产品和服务标准，这些标准中许多应由市场主体遵循市场规律制定。而国际上通行的团体标准在我国没有法律地位，市场自主制定、快速反映需求的标准不能有效供给。即使是企业自己制定、内部使用的企业标准，也要到政府部门履行备案甚至审查性备案，企业能动性受到抑制，缺乏创新和竞争力。

四是标准化协调推进机制不完善，制约了标准化管理效能提升。标准反映各方共同利益，各类标准之间需要衔接配套。很多标准技术面广、产业链长，特别是一些标准涉及部门多、相关方立场不一致，协调难度大，由于缺乏权威、高效的标准化协调推进机制，越重要的标准越难产。有的标准实施效果不明显，相关配套政策措施不到位，尚未形成多部门协同推动标准实施的工作格局。

造成这些问题的根本原因是现行标准体系和标准化管理体制是 20 世纪 80 年代确立的，政府与市场的角色错位，市场主体活力未能充分发挥，既阻碍了标准化工作的有效开展，又影响了标准化作用的发挥，必须切实转变政府标准化管理职能，深化标准化工作改革。

（二）改革的总体要求

标准化工作改革，要紧紧围绕使市场在资源配置中起决定性作用和更好发挥政府作用，着力解决标准体系不完善、管理体制不顺畅、与社会主义市场经济发展不适应问题，改革标准体系和标准化管理体制，改进标准制定工作机制，强化标准的实施与监督，更好发挥标准化在推进国家治理体系和治理能力现代化中的基础性、战略性作用，促进经济健康发展和社会全面进步。

1. 改革的基本原则

（1）坚持简政放权、放管结合。把该放的放开放到位，培育发展团体标准，放开搞活企业标准，激发市场主体活力；把该管的管住管好，强化强制性标准管理，保证公益类推荐性标准的基本供给。

（2）坚持国际接轨、适合国情。借鉴发达国家标准化管理的先进经验和做法，结合我国发展实际，建立完善具有中国特色的标准体系和标准化管理体制。

（3）坚持统一管理、分工负责。既发挥好国务院标准化主管部门的综合协调职责，又充分发挥国务院各部门在相关领域内标准制定、实施及监督的作用。

（4）坚持依法行政、统筹推进。加快标准化法治建设，做好标准化重大改革与标准化法律法规修改完善的有机衔接；合理统筹改革优先领域、关键环节和实施步骤，通过市场自主制定标准的增量带动现行标准的存量改革。

2. 改革的总体目标

建立政府主导制定的标准与市场自主制定的标准协同发展、协调配套的新型标准体系，健全统一协调、运行高效、政府与市场共治的标准化管理体制，形成政府引导、市场驱动、社会参与、协同推进的标准化工作格局，有效支撑统一市场体系建设，让标准成为对质量的"硬约束"，推动中国经济迈向中高端水平。

（三）改革措施

通过改革，把政府单一供给的现行标准体系，转变为由政府主导制定的标准和市场自主制定的标准共同构成的新型标准体系。政府主导制定的标准由 6 类整合精简为 4 类，分别是强制性国家标准和推荐性国家标准、推荐性行业标准、推荐性地方标准；市场自主制定的标准分为团体标准和企业标准。政府主导制定的标准侧重于保基本，市场自主制定的标准侧重于提高竞争力。同时建立完善与新型标准体系配套的标准化管理体制。

1．建立高效权威的标准化统筹协调机制

建立由国务院领导同志为召集人、各有关部门负责同志组成的国务院标准化协调推进机制，统筹标准化重大改革，研究标准化重大政策，对跨部门跨领域、存在重大争议标准的制定和实施进行协调。国务院标准化协调推进机制日常工作由国务院标准化主管部门承担。

2．整合精简强制性标准

在标准体系上，逐步将现行强制性国家标准、行业标准和地方标准整合为强制性国家标准。在标准范围上，将强制性国家标准严格限定在保障人身健康和生命财产安全、国家安全、生态环境安全和满足社会经济管理基本要求的范围之内。在标准管理上，国务院各有关部门负责强制性国家标准项目提出、组织起草、征求意见、技术审查、组织实施和监督；国务院标准化主管部门负责强制性国家标准的统一立项和编号，并按照世界贸易组织规则开展对外通报；强制性国家标准由国务院批准发布或授权批准发布；强化依据强制性国家标准开展监督检查和行政执法；免费向社会公开强制性国家标准文本；建立强制性国家标准实施情况统计分析报告制度。

法律法规对标准制定另有规定的，按现行法律法规执行。环境保护、工程建设、医药卫生强制性国家标准、强制性行业标准和强制性地方标准，按现有模式管理。安全生产、公安、税务标准暂按现有模式管理。核、航天等涉及国家安全和秘密的军工领域行业标准，由国务院国防科技工业主管部门负责管理。

3．优化完善推荐性标准

在标准体系上，进一步优化推荐性国家标准、行业标准、地方标准体系结构，推动向政府职责范围内的公益类标准过渡，逐步缩减现有推荐性标准的数量和规模。在标准范围上，合理界定各层级、各领域推荐性标准的制定范围，推荐性国家标准重点制定基础通用、与强制性国家标准配套的标准；推荐性行业标准重点制定本行业领域的重要产品、工程技术、服务和行业管理标准；推荐性地方标准可制定满足地方自然条件、民族风俗习惯的特殊技术要求。在标准管理上，国务院标准化主管部门、国务院各有关部门和地方政府标准化主管部门分别负责统筹管理推荐性国家标准、行业标准和地方标准制修订工作。充分运用信息化手段，建立制修订全过程信息公开和共享平台，强化制修订流程中的信息共享、社会监督和自查自纠，有效避免推荐性国家标准、行业标准、地方标准在立项、制定过程中的交叉重复矛盾。简化制修订程序，提高审批效率，缩短制修订周期。推动免费向社会公开公益类推荐性标准文本。建立标准实施信息反馈和评估机制，及时开展标准复审和维护更新，有效解决标准缺失滞后老化问题。加强标准化技术委员会管理，提高广泛性、代表性，保证标准制定的科学性、公正性。

4. 培育发展团体标准

在标准制定主体上，鼓励具备相应能力的学会、协会、商会、联合会等社会组织和产业技术联盟协调相关市场主体共同制定满足市场和创新需要的标准，供市场自愿选用，增加标准的有效供给。在标准管理上，对团体标准不设行政许可，由社会组织和产业技术联盟自主制定发布，通过市场竞争优胜劣汰。国务院标准化主管部门会同国务院有关部门制定团体标准发展指导意见和标准化良好行为规范，对团体标准进行必要的规范、引导和监督。在工作推进上，选择市场化程度高、技术创新活跃、产品类标准较多的领域，先行开展团体标准试点工作。支持专利融入团体标准，推动技术进步。

5. 放开搞活企业标准

企业根据需要自主制定、实施企业标准。鼓励企业制定高于国家标准、行业标准、地方标准，具有竞争力的企业标准。建立企业产品和服务标准自我声明公开和监督制度，逐步取消政府对企业产品标准的备案管理，落实企业标准化主体责任。鼓励标准化专业机构对企业公开的标准开展比对和评价，强化社会监督。

6. 提高标准国际化水平

鼓励社会组织和产业技术联盟、企业积极参与国际标准化活动，争取承担更多国际标准组织技术机构和领导职务，增强话语权。加大国际标准跟踪、评估和转化力度，加强中国标准外文版翻译出版工作，推动与主要贸易国之间的标准互认，推进优势、特色领域标准国际化，创建中国标准品牌。结合海外工程承包、重大装备设备出口和对外援建，推广中国标准，以中国标准"走出去"带动我国产品、技术、装备、服务"走出去"进一步放宽外资企业参与中国标准的制定。

（四）组织实施

坚持整体推进与分步实施相结合，按照逐步调整、不断完善的方法，协同有序推进各项改革任务。标准化工作改革分 3 个阶段实施。

1．第一阶段（2015－2016 年），积极推进改革试点工作

——加快推进《中华人民共和国标准化法》修订工作，提出法律修正案，确保改革于法有据。修订完善相关规章制度。

——国务院标准化主管部门会同国务院各有关部门及地方政府标准化主管部门，对现行国家标准、行业标准、地方标准进行全面清理，集中开展滞后老化标准的复审和修订，解决标准缺失、矛盾交叉等问题。

——优化标准立项和审批程序，缩短标准制定周期。改进推荐性行业和地方标准备案制度，加强标准制定和实施后评估。

——按照强制性标准制定原则和范围，对不再适用的强制性标准予以废止，对不宜强制的转化为推荐性标准。

——开展标准实施效果评价，建立强制性标准实施情况统计分析报告制度。强化监督检查和行政执法，严肃查处违法违规行为。

——选择具备标准化能力的社会组织和产业技术联盟，在市场化程度高、技术创新活跃、产品类标准较多的领域开展团体标准试点工作，制定团体标准发展指导意见和标准化良好行为规范。

——开展企业产品和服务标准自我声明公开和监督制度改革试点。企业自我声明公开标准的，视同完成备案。

——建立国务院标准化协调推进机制，制定相关制度文件。建立标准制修订全过程信息公开和共享平台。

——主导和参与制定国际标准数量达到年度国际标准制定总数的 50%。

2．第二阶段（2017－2018 年），稳妥推进向新型标准体系过渡

——确有必要强制的现行强制性行业标准、地方标准，逐步整合上升为强制性国家标准。

——进一步明晰推荐性标准制定范围，厘清各类标准间的关系，逐步向政府职责范围内的公益类标准过渡。

——培育若干具有一定知名度和影响力的团体标准制定机构，制定一批满足市场和创新需要的团体标准。建立团体标准的评价和监督机制。

——企业产品和服务标准自我声明公开和监督制度基本完善并全面实施。

——国际国内标准水平一致性程度显著提高,主要消费品领域与国际标准一致性程度达到 95% 以上。

3. 第三阶段（2019－2020 年），基本建成结构合理、衔接配套、覆盖全面、适应经济社会发展需求的新型标准体系

——理顺并建立协同、权威的强制性国家标准管理体制。

——政府主导制定的推荐性标准限定在公益类范围,形成协调配套、简化高效的推荐性标准管理体制。

——市场自主制定的团体标准、企业标准发展较为成熟,更好满足市场竞争、创新发展的需求。

——参与国际标准化治理能力进一步增强,承担国际标准组织技术机构和领导职务数量显著增多,与主要贸易伙伴国家标准互认数量大幅增加,我国标准国际影响力不断提升,迈入世界标准强国行列。

二、《水利行业深入开展安全生产标准化建设实施方案》

为深入贯彻落实《中共中央国务院关于加快水利改革发展的决定》(中发〔2011〕1 号,简称中央一号文件)和《国务院关于进一步加强企业安全生产工作的通知》(国发〔2010〕23 号),根据《国务院安委会关于深入开展企业安全生产标准化建设的指导意见》(安委〔2011〕4 号,简称《指导意见》)精神,结合水利实际,制定水利行业深入开展安全生产标准化建设实施方案。

（一）总体要求

以科学发展观为统领,牢固树立以人为本、安全发展的理念,坚持"安全第一、预防为主、综合治理"的方针,大力推进水利安全生产法规规章和技术标准的贯彻实施,进一步规范水利生产经营单位安全生产行为,落实安全生产主体责任,强化安全基础管理,促进水利施工企业市场行为的标准化、施工现场安全防护的标准化、工程建设和运行管理单位安全生产工作的规范化,推动全员、全方位、全过程安全管理。通过统筹规划、分类指导、分步实施、稳步推进,逐步实现水利工程建设和运行管理安全生产工作的标准化,促进水利安全生产形势持续稳定向好,确保国家和人民群众生命财产安全,为实现水利跨越式发展提供坚实的安全生产保障。

（二）目标任务

在水利生产经营单位推行标准化管理，实现岗位达标、专业达标和单位达标，进一步提高水利生产经营单位的安全生产管理水平和事故防范能力。水利工程项目法人、水利系统施工企业、大中型水利工程管理单位要在 2013 年年底前实现达标；小型水利工程管理单位、农村水电企业要在 2015 年年底前实现达标。通过开展达标考评验收，不断完善工作机制，将安全生产标准化建设纳入水利工程建设和运行管理全过程，有效提高水利生产经营单位本质安全水平。

（三）实施方法

1．制定标准，建立机制

按照水利行业安全生产标准化建设要求，水利部要在 2011 年年底前完成水利施工企业和水利工程管理单位安全生产标准化评定标准、水利施工现场安全生产标准化评定标准、水利行业安全生产标准化建设考评办法的制定工作，完成农村水电站安全管理分类及年检办法的修订工作。省级水行政主管部门根据国务院安委会《指导意见》和本实施方案，制定本地区水利安全生产标准化建设工作方案和考评细则，并将工作方案于 2011 年 7 月 31 日前报水利部备案。通过建立和完善水利生产经营单位安全生产标准化建设考评机制，实现安全生产标准化建设的动态化、规范化和制度化管理。

2．对照检查，整改提高

各水利生产经营单位制定安全生产标准化建设实施计划，落实各项工作措施，从安全生产组织机构、安全投入、规章制度、教育培训、装备设施、现场管理、隐患排查治理、重大危险源监控、职业健康、应急管理以及事故报告、绩效评定等方面，严格对应评定标准要求，深入开展自检自查，规范安全生产行为，建立安全生产标准建设基础档案，加强动态管理，通过加强本单位各个岗位和环节的安全生产标准化建设，不断提高安全管理水平，促进安全生产主体责任落实到位。

各级水行政部门要加强对安全生产标准化建设工作的指导和督促检查，对评为安全生产标准化一级单位的重点抓巩固、二级单位着力抓提升、三级单位督促抓改进，对不达标的限期抓整改。对问题集中、整改难度大的单位，组织专业技术人员进行"会诊"，提出具体办法和措施，集中力量，重点解决；对存在重大隐患的单位，责令限期整改，并跟踪督办，做到隐患排查治理的措施、责任、资金、时限和预案"五到位"。对发生较大以上生产安全事故、存在非法违法生产建设经营行为、重大隐患限期整改仍达不到安全要求，以及未按规定要求开展安全生产标准化建设且在规定限期内未及时整改的，取消其安全生产标准化达标参评资格。

3．严格考评，促进达标

按照分级管理和"谁主管、谁负责"的原则，水利部负责直属单位和直属工程项目以及水利行业安全生产标准化一级单位的评审、公告、授牌等工作；地方水利生产经营单位的安全生产标准化二级、三级达标考评的具体办法，由省级水行政主管部门制定并组织实施，考评结果报送水利部备案。有关水行政主管部门在水利生产经营单位的安全生产标准化创建中不得收取费用并严格达标等级考评，明确专业达标最低等级为单位达标等级，有一个专业不达标则该单位不达标。

地方水行政主管部门结合自身实际，对本地区水利安全生产标准化建设工作作出具体安排，积极推进，成熟一批、考评一批、公告一批、授牌一批。对在规定时间内经整改仍不具备最低安全生产标准化等级的单位，要督促整顿达标。水利部将适时组织对各地水利行业安全生产标准化建设工作的检查。

（四）工作要求

1．高度重视，加强领导

开展水利安全生产标准化建设工作是加强水利安全生产工作的一项基础性、长期性的工作，是新形势下安全生产工作方式方法的创新和发展。各级水行政主管部门充分认识开展水利安全生产标准化建设的重要意义，切实增强推动水利安全生产标准化建设的自觉性和主动性，确保标准化建设工作取得实效。进一步落实农村水电安全监管主体责任，实现安全监管全覆盖。水利生产经营单位是安全生产标准化建设工作的责任主体，要坚持高标准、严要求，全面落实安全生产法规规章和标准规范，加大投入，规范管理，加快实现安全管理和施工生产现场达标。各地各单位认真做好水利安全生产标准化工作的舆论宣传及先进经验的总结和推广等工作，积极推动安全生产标准化工作的开展。

2．分类指导，重点推进

要针对水利行业的特点，加强工作指导，把水利工程建设、水库工程管理特别是病险水库和施工现场作为重点，着力解决影响安全生产的重大隐患、突出问题和管理漏洞，通达标建设进一步增强人员安全素质、提高装备设施水平、改善作业环境、强化岗位责任落实，全面促进企业提高安全生产保障水平。要做到安全生产标准化建设与打击各类非法违法生产经营建设、安全生产专项整治和安全隐患排查治理相结合；与落实安全生产主体责任、安全生产基层和基础建设、提高安全生产保障能力相结合，推进安全生产长效机制建设，有效防范生产安全事故发生。

3. 严抓整改，规范管理

严格安全生产市场准入制度，促进隐患整改。对达标单位，要深入分析二级与一级、三级与二级之间的差距，找准薄弱点，完善工作措施，推进达标升级；对未达标的单位，要盯住抓紧，督促加强整改，限期达标。通过水利行业安全生产标准化建设，促进相关单位不断查找管理缺陷，堵塞工作漏洞，建立水利生产经营单位、施工生产现场安全生产标准化体系，形成制度不断完善、工作不断细化、程序不断优化的持续改进机制，提高水利行业安全生产规范化、标准化水平。

4. 严格监督，加强宣传

各级水行政主管部门要加强对水利安全生产标准化建设工作的督促检查和规范管理，深入基层对重点地区和重点单位加强服务指导，及时发现解决标准化创建过程中出现的突出问题和薄弱环节，切实把安全生产标准化建设工作作为落实安全生产主体责任、健全安全生产规章制度、推广应用先进技术装备、强化安全生产监管、提高安全管理水平的重要途径和方式。要积极研究采取相关激励政策措施，促进提高达标建设的质量和水平。充分利用各类舆论媒体，积极宣传安全生产标准化建设的重要意义和具体标准要求，营造安全生产标准化建设的浓厚氛围。有关水行政部门要建立公告制度，定期发布安全生产标准化建设进展情况和达标单位，及时总结推广先进经验，积极培育典型，示范引导，推进水利安全生产标准化建设工作广泛深入、扎实有效开展。

三、《中华人民共和国标准化法实施条例》

第一章 总 则

第一条 根据《中华人民共和国标准化法》(以下简称《标准化法》)的规定，制定本条例。

第二条　对下列需要统一的技术要求，应当制定标准：

（一）工业产品的品种、规格、质量、等级或者安全、卫生要求；

（二）工业产品的设计、生产、试验、检验、包装、储存、运输、使用的方法或者生产、储存、运输过程中的安全、卫生要求；

（三）有关环境保护的各项技术要求和检验方法；

（四）建设工程的勘察、设计、施工、验收的技术要求和方法；

（五）有关工业生产、工程建设和环境保护的技术术语、符号、代号、制图方法、互换配合要求；

（六）农业（含林业、牧业、渔业，下同）产品（含种子、种苗、种畜、种禽，下同）的品种、规格、质量、等级、检验、包装、储存、运输以及生产技术、管理技术的要求；

（七）信息、能源、资源、交通运输的技术要求。

第三条　国家有计划地发展标准化事业。标准化工作应当纳入各级国民经济和社会发展计划。

第四条　国家鼓励采用国际标准和国外先进标准，积极参与制定国际标准。

第二章　标准化工作的管理

第五条　标准化工作的任务是制定标准、组织实施标准和对标准的实施进行监督。

第六条　国务院标准化行政主管部门统一管理全国标准化工作，履行下列职责：

（一）组织贯彻国家有关标准化工作的法律、法规、方针、政策；

（二）组织制定全国标准化工作规划、计划；

（三）组织制定国家标准；

（四）指导国务院有关行政主管部门和省、自治区、直辖市人民政府标准化行政主管部门的标准化工作，协调和处理有关标准化工作问题；

（五）组织实施标准；

（六）对标准的实施情况进行监督检查；

（七）统一管理全国的产品质量认证工作；

（八）统一负责对有关国际标准化组织的业务联系。

第七条　国务院有关行政主管部门分工管理本部门、本行业的标准化工作，履行下列职责：

（一）贯彻国家标准化工作的法律、法规、方针、政策并制定在本部门、本行业实施的具体办法；

（二）制定本部门、本行业的标准化工作规划、计划；

（三）承担国家下达的草拟国家标准的任务，组织制定行业标准；

（四）指导省、自治区、直辖市有关行政主管部门的标准化工作；

（五）组织本部门、本行业实施标准；

（六）对标准实施情况进行监督检查；

（七）经国务院标准化行政主管部门授权，分工管理本行业的产品质量认证工作。

第八条　省、自治区、直辖市人民政府标准化行政主管部门统一管理本行政区域的标准化工作，履行下列职责：

（一）贯彻国家标准化工作的法律、法规、方针、政策，并制定在本行政区域实施的具体办法；

（二）制定地方标准化工作规划、计划；

（三）组织制定地方标准；

（四）指导本行政区域有关行政主管部门的标准化工作，协调和处理有关标准化工作问题；

（五）在本行政区域组织实施标准；

（六）对标准实施情况进行监督检查。

第九条　省、自治区、直辖市有关行政主管部门分工管理本行政区域内本部门、本行业的标准化工作，履行下列职责：

（一）贯彻国家和本部门、本行业、本行政区域标准化工作的法律、法规、方针、政策，并制定实施的具体办法；

（二）制定本行政区域内本部门、本行业的标准化工作规划、计划；

（三）承担省、自治区、直辖市人民政府下达的草拟地方标准的任务；

（四）在本行政区域内组织本部门、本行业实施标准；

（五）对标准实施情况进行监督检查。

第十条　市、县标准化行政主管部门和有关行政主管部门的职责分工，由省、自治区、直辖市人民政府规定。

第三章　标准的制定

第十一条　对需要在全国范围内统一的下列技术要求，应当制定国家标准（含标准样品的制作）：

（一）互换配合、通用技术语言要求；

（二）保障人体健康和人身、财产安全的技术要求；

（三）基本原料、燃料、材料的技术要求；

（四）通用基础件的技术要求；

（五）通用的试验、检验方法；

（六）通用的管理技术要求；

（七）工程建设的重要技术要求；

（八）国家需要控制的其他重要产品的技术要求。

第十二条　国家标准由国务院标准化行政主管部门编制计划，组织草拟，统一审批、编号、发布。

工程建设、药品、食品卫生、兽药、环境保护的国家标准，分别由国务院工程建设主管部门、卫生主管部门、农业主管部门、环境保护主管部门组织草拟、审批；其编号、发布办法由国务院标准化行政主管部门会同国务院有关行政主管部门制定。

法律对国家标准的制定另有规定的，依照法律的规定执行。

第十三条　对没有国家标准而又需要在全国某个行业范围内统一的技术要求，可以制定行业标准（含标准样品的制作）。制定行业标准的项目由国务院有关行政主管部门确定。

第十四条　行业标准由国务院有关行政主管部门编制计划，组织草拟，统一审批、编号、发布，并报国务院标准化行政主管部门备案。

行业标准在相应的国家标准实施后，自行废止。

第十五条　对没有国家标准和行业标准而又需要在省、自治区、直辖市范围内统一的工业产品的安全、卫生要求，可以制定地方标准。制定地方标准的项目，由省、自治区、直辖市人民政府标准化行政主管部门确定。

第十六条　地方标准由省、自治区、直辖市人民政府标准化行政主管部门编制计划，组织草拟，统一审批、编号、发布，并报国务院标准化行政主管部门和国务院有关行政主管部门备案。

法律对地方标准的制定另有规定的，依照法律的规定执行。

地方标准在相应的国家标准或行业标准实施后，自行废止。

第十七条　企业生产的产品没有国家标准、行业标准和地方标准的，应当制定相应的企业标准，作为组织生产的依据。企业标准由企业组织制定（农业企业标准制定办法另定），并按省、自治区、直辖市人民政府的规定备案。

对已有国家标准、行业标准或者地方标准的，鼓励企业制定严于国家标准、行业标准或者地方标准要求的企业标准，在企业内部适用。

第十八条　国家标准、行业标准分为强制性标准和推荐性标准。

下列标准属于强制性标准：

（一）药品标准，食品卫生标准，兽药标准；

（二）产品及产品生产、储运和使用中的安全、卫生标准，劳动安全、卫生标准，运输安全标准；

（三）工程建设的质量、安全、卫生标准及国家需要控制的其他工程建设标准；

（四）环境保护的污染物排放标准和环境质量标准；

（五）重要的通用技术术语、符号、代号和制图方法；

（六）通用的试验、检验方法标准；

（七）互换配合标准；

（八）国家需要控制的重要产品质量标准。

国家需要控制的重要产品目录由国务院标准化行政主管部门会同国务院有关行政主管部门确定。

强制性标准以外的标准是推荐性标准。

省、自治区、直辖市人民政府标准化行政主管部门制定的工业产品的安全、卫生要求的地方标准，在本行政区域内是强制性标准。

第十九条　制定标准应当发挥行业协会、科学技术研究机构和学术团体的作用。

制定国家标准、行业标准和地方标准的部门应当组织由用户、生产单位、行业协会、科学技术研究机构、学术团体及有关部门的专家组成标准化技术委员会，负责标准草拟和参加标准草案的技术审查工作。未组成标准化技术委员会的，可以由标准化技术归口单位负责标准草拟和参加标准草案的技术审查工作。

制定企业标准应当充分听取使用单位、科学技术研究机构的意见。

第二十条　标准实施后，制定标准的部门应当根据科学技术的发展和经济建设的需要适时进行复审。标准复审周期一般不超过五年。

第二十一条　国家标准、行业标准和地方标准的代号、编号办法，由国务院标准化行政主管部门统一规定。

企业标准的代号、编号办法，由国务院标准化行政主管部门会同国务院有关行政主管部门规定。

第二十二条　标准的出版、发行办法，由制定标准的部门规定。

第四章　标准的实施与监督

第二十三条　从事科研、生产、经营的单位和个人，必须严格执行强制性标准。不符合强制性标准的产品，禁止生产、销售和进口。

第二十四条　企业生产执行国家标准、行业标准、地方标准或企业标准，应当在产品或其说明书、包装物上标注所执行标准的代号、编号、名称。

第二十五条　出口产品的技术要求由合同双方约定。

出口产品在国内销售时，属于我国强制性标准管理范围的，应当符合强制性标准的要求。

第二十六条　企业研制新产品、改进产品、进行技术改造，应当符合标准化要求。

第二十七条　国务院标准化行政主管部门组织或授权国务院有关行政主管部门建立行业认证机构，进行产品质量认证工作。

第二十八条　国务院标准化行政主管部门统一负责全国标准实施的监督。国务院有关行政主管部门分工负责本部门、本行业的标准实施的监督。

省、自治区、直辖市标准化行政主管部门统一负责本行政区域内的标准实施的监督。

省、自治区、直辖市人民政府有关行政主管部门分工负责本行政区域内本部门、本行业的标准实施的监督。

市、县标准化行政主管部门和有关行政主管部门，按照省、自治区、直辖市人民政府规定的各自的职责，负责本行政区域内的标准实施的监督。

第二十九条　县级以上人民政府标准化行政主管部门，可以根据需要设置检验机构，或者授权其他单位的检验机构，对产品是否符合标准进行检验和承担其他标准实施的监督检验任务。检验机构的设置应当合理布局，充分利用现有力量。

国家检验机构由国务院标准化行政主管部门会同国务院有关行政主管部门规划、审查。

地方检验机构由省、自治区、直辖市人民政府标准化行政主管部门会同省级有关行政主管部门规划、审查。

处理有关产品是否符合标准的争议，以本条规定的检验机构的检验数据为准。

第三十条　国务院有关行政主管部门可以根据需要和国家有关规定设立检验机构，负责本行业、本部门的检验工作。

第三十一条　国家机关、社会团体、企业事业单位及全体公民均有权检举、揭发违反强制性标准的行为。

第五章　法律责任

第三十二条　违反《标准化法》和本条例有关规定，有下列情形之一的，由标准化行政主管部门或有关行政主管部门在各自的职权范围内责令限期改进，并可通报批评或给予责任者行政处分：

（一）企业未按规定制定标准作为组织生产依据的；

（二）企业未按规定要求将产品标准上报备案的；

（三）企业的产品未按规定附有标识或与其标识不符的；

（四）企业研制新产品、改进产品、进行技术改造，不符合标准化要求的；

（五）科研、设计、生产中违反有关强制性标准规定的。

第三十三条　生产不符合强制性标准的产品的，应当责令其停止生产，并没收产品，监督销毁或作必要技术处理；处以该批产品货值金额20%～50%的罚款；对有关责任者处以5 000元以下罚款。

销售不符合强制性标准的商品的，应当责令其停止销售，并限期追回已售出的商品，监督销毁或作必要技术处理；没收违法所得；处以该批商品货值金额10%～20%的罚款；对有关责任者处以5 000元以下罚款。

进口不符合强制性标准的产品的，应当封存并没收该产品，监督销毁或作必要技术处理；处以进口产品货值金额 20%至～50%的罚款；对有关责任者给予行政处分，并可处以5 000元以下罚款。

本条规定的责令停止生产、行政处分，由有关行政主管部门决定；其他行政处罚由标准化行政主管部门和工商行政管理部门依据职权决定。

第三十四条　生产、销售、进口不符合强制性标准的产品，造成严重后果，构成犯罪的，由司法机关依法追究直接责任人员的刑事责任。

第三十五条　获得认证证书的产品不符合认证标准而使用认证标志出厂销售的，由标准化行政主管部门责令其停止销售，并处以违法所得二倍以下的罚款；情节严重的，由认证部门撤销其认证证书。

第三十六条　产品未经认证或者认证不合格而擅自使用认证标志出厂销售的，由标准化行政主管部门责令其停止销售，处以违法所得三倍以下的罚款，并对单位负责人处以5 000元以下罚款。

第三十七条　当事人对没收产品、没收违法所得和罚款的处罚不服的，可以在接到处罚通知之日起 15 日内，向作出处罚决定的机关的上一级机关申请复议；对复议决定不服的，可以在接到复议决定之日起 15 日内，向人民法院起诉。当事人也可以在接到处罚通知之日起 15 日内，直接向人民法院起诉。当事人逾期不申请复议或者不向人民法院起诉又不履行处罚决定的，由作出处罚决定的机关申请人民法院强制执行。

第三十八条　本条例第三十二条至第三十六条规定的处罚不免除由此产生的对他人的损害赔偿责任。受到损害的有权要求责任人赔偿损失。赔偿责任和赔偿金额纠纷可以由有关行政主管部门处理，当事人也可以直接向人民法院起诉。

第三十九条　标准化工作的监督、检验、管理人员有下列行为之一的，由有关主管部门给予行政处分，构成犯罪的，由司法机关依法追究刑事责任：

（一）违反本条例规定，工作失误，造成损失的；

（二）伪造、篡改检验数据的；

（三）徇私舞弊、滥用职权、索贿受贿的。

第四十条　罚没收入全部上缴财政。对单位的罚款，一律从其自有资金中支付，不得列入成本。对责任人的罚款，不得从公款中核销。

第六章　附　则

第四十一条　军用标准化管理条例，由国务院、中央军委另行制定。

第四十二条　工程建设标准化管理规定，由国务院工程建设主管部门依据《标准化法》和本条例的有关规定另行制定，报国务院批准后实施。

第四十三条　本条例由国家技术监督局负责解释。

第四十四条　本条例自发布之日起施行。

第三节　水利工程施工现场安全生产标准化建设

一、工程建设管理

（一）工程建设实施符合基本建设程序

（1）工程建设过程严格按基建程序执行，工程建设各方主体市场行为规范。

（2）工程建设必须实行项目法人责任制、招标投标制、建设监理制和合同管理制等"四制"并严格规范执行。

（3）工程实施过程中，落实工程建设计划和资金，能严格按合同管理，合理控制投资、工期、质量，建设单位与监理、施工、设计单位关系融洽、协调，各阶段验收程序符合要求。

（二）标化工地创建管理工作

（1）项目法人及各参建单位建立创标化工地组织机构，落实责任，建立健全标化工地创建计划和相关制度，落实创建经费。

（2）项目法人与施工单位签订施工合同时约定标化工地创建的目标要求，明确安全文明施工措施费以及创建达标的奖惩条款。

（3）项目法人按规定计取和支付安全文明施工措施费，施工单位按规定使用安全文明施工措施费。

（4）监理单位将标化工地创建纳入监理范围，与工程质量、安全、进度和投资控制同步组织实施，并监督检查安全文明施工措施费的使用管理。

（三）工程建设质量管理有序，制度健全，执行严格

（1）工程质量管理体系及质量保证体系健全，制定和完善岗位质量规范、质量责任及考核办法，落实质量责任制。

（2）在施工过程中加强质量检验工作，施工工地必须配备必要的检测设备和有资格证书的检测人员，认真执行"三检制"。

（3）各种工程资料真实可靠，填写规范、完整，并收集齐全，及时归档。

（4）工程内在和外观质量优良，单元工程优良率达到70%以上，且从未发生过重大质量事故。

（5）积极推行全面质量管理，采用先进的质量管理模式和管理手段，推广新技术、新工艺、新设备、新材料，促进科技进步。

（四）建设资金使用合法合规，财务管理制度健全

（1）财务机构设置合理，人员配备符合有关规定。

（2）内控制度健全有效，无挤占、挪用、截留建设资金等违纪、违规现象。

（3）工程建设资金筹措及时，价款结算程序规范，手续齐全，无拖欠

工程款和农民工工资现象。

二、安全防护

（一）基本规定

（1）工程施工生产安全防护设施应符合《水电水利工程施工安全防护设施技术规范（DL5162－2013）的有关规定。

（2）道路、通道、洞、孔、井口、高出平台边缘等设置的安全防护栏杆应由上、中、下三道横杆和栏杆柱组成，高度不低于 1.2m，柱间距应不大于 2.0m。栏杆柱应固定牢固、可靠，栏杆底部应设置高度不低于 0.2m 的挡脚板。

（3）高处临边、临空作业应设置安全网，安全网距工作面的最大高度不应超过 3.0m，水平投影宽度应不小于 2.0m。安全网应挂设牢固，随工作面升高而升高。

（4）禁止非作业人员进出的场所（变电站、变压器、油库、炸药库等）应设置高度不低于 2.0m 的围栏或围墙，并设安全保卫值班人员。

（5）高边坡、基坑边坡应根据具体情况设置高度不低于 1.0m 的安全挡墙，阻挡边坡落物滚石，挡墙应牢固。

（6）悬崖陡坡处的机动车道路、平台作业面等临空边缘应设置安全墩（墙），墩（墙）高度不低于 0.6m，宽度不小于 0.3m，宜采用混凝土或浆砌石修建。

（7）弃渣场、出料口的临空边缘应设置防护墩，其高度应不小于车辆轮胎直径的 1/3，且不低于 0.3m，宜用土石堆体、砌石或混凝土浇筑。

（8）高处作业、多层作业、隧道、隧洞出口、运行设备等可能造成落物的部位，应设置防护棚，所用材料和厚度应符合安全要求。

（9）隧洞作业，不良地质部位应采取钢、木、混凝土预制件支撑，或喷锚支护等措施。

（10）施工生产区域内使用的各种安全标志的图形、颜色应符合国家有关规定。

（11）夜间和隧洞内使用的标志，应配有灯光信号。

（12）危险作业场所、机动车道交叉路口、易燃易爆有毒危险物品存放场所、库房配电场所以及禁止烟火场所等应设置相应的禁止、指示、警示标志和危险源辨识牌。

（二）施工脚手架

（1）脚手架应根据施工荷载经设计确定，施工常规负荷量不得超过3.0kPa。编制脚手架专项施工方案，脚手架搭成后，须经施工及使用单位技术、质检、安全部门按设计和规范检查验收合格，方准投入使用。

（2）脚手片须用不细于 18# 铅丝双股并联绑扎不少于 4 点，要求绑扎牢固，交接处平整，无探头板。脚手片完好无损，破损的要及时更换。

（3）脚手架外侧必须用合格的密目式安全网封闭，且应将安全网固定在脚手架外立杆里侧，不宜将网围在各杆件的外侧。安全网应用不小于 18# 铅丝张挂严密。

（4）脚手架外侧自第二步起必须设 1.2m 高同材质的防护栏杆和 30cm 高踢脚杆，顶排防护栏杆不少于 2 道，高度分别为 0.9m 和 1.3m。脚手架内侧形成临边的（如遇大开间门窗洞等），在脚手架内侧设 1.2m 高的防护栏杆和 30cm 高踢脚杆。

（5）脚手架搭设前应对架子工进行安全技术交底，交底内容要有针对性，交底双方履行签字手续。

（6）脚手架应进行定期和不定期检查，并按要求填写检查表，检查内容量化，履行检查签字手续。对检查出的问题应及时整改，项目部每半月至少检查 1 次。

（7）钢管脚手架应选用外径 48mm，壁厚 3.5mm 的 A3 钢管，表面平整光滑，无锈蚀、裂纹、分层、压痕、划道和硬弯，新用钢管有出厂合格证。搭设架子前应进行保养、除锈并统一涂色，颜色应力求环境美观。

（8）外脚手架吊物卸料平台和井架卸料平台应有单独的设计计算书和搭设方案。

（9）吊物卸料平台、井架卸料平台应按照设计方案搭设，应与脚手架、井架断开，有单独的支撑系统。

（10）从事脚手架工作的人员，必须熟悉各种架子的基本技术知识和技能，并持有国家特种作业主管部门考核的合格证。

（三）施工通道、栈桥

（1）施工场内人行及人力货运走道（通道）基础应牢固，走道表面保持平整、整洁、畅通，无障碍堆积物，无积水。

（2）施工走道的临空（2m 高度以上）、临水边缘应设有高度不低于

1m 的安全防护栏杆，临空下方有人施工作业或人员通行时，沿栏杆下侧应设有高度不低于 0.2m 的挡板。

（3）施工走道宽度一般不得小于 1m。

（4）施工栈桥和栈道的搭设应根据施工荷载设计施工。

（5）跨度小于 2.5m 的悬空走道（通跳）可用厚 7.5cm、宽 15cm 的方木搭设，超过 2.5m 的悬空走道搭设应经设计计算后施工。

（6）施工走道上方和下方有施工设施或作业人员通行时应设置大于通道宽度的隔离防护棚。

（四）基坑支护

（1）基础施工前必须进行地质勘探和了解地下管线情况，根据土质情况和基础深度编制专项施工方案。施工方案应与施工现场实际相符，能指导实际施工。其内容包括放坡要求或支护结构设计、机械类型选择、开挖顺序和分层开挖深度、坡道位置、坑边荷载、车辆进出道路、降水排水措施及监测要求等。对重要的地下管线应采取相应措施。

（2）坑槽开挖时设置的边坡符合安全要求。坑壁支护的做法以及对重要地下管线的加固措施必须符合专项施工方案和基坑支护结构设计方案的要求。

（3）基坑施工必须进行临边防护。深度不超过 2m 的临边可采用 1.2m 高栏杆式防护，深度超过 2m 的基坑施工还必须采用密目式安全网做封闭式防护。

（4）基坑支护结构应按照方案进行变形监测，并有监测记录。对毗邻建筑物和重要管线、道路应进行沉降观测，并有观测记录。

（五）施工围堰

（1）设计应在施工图与度汛设计报告中明确度汛标准、相应的围堰高程、是否过水、使用年限、结构设计等。

（2）施工单位应上报围堰的施工设计、施工方案，监理审核。对地基差、技术复杂、涉及面广的水闸围堰，根据需要编制围堰专项施工措施设计，必要时还应组织有关专家审查。

（3）施工单位、监理要加强围堰的日常维护和监测。

（六）安全防护用具

（1）安全帽、安全带、安全网等施工生产使用的安全防护用具，必须符合国家规定的质量标准，具有厂家安全生产许可证、产品合格证和安全鉴定合格证书，否则不准采购、发放和使用。

（2）安全防护用具应按规定要求正确使用，不得使用超过使用期限的安全防护用具。

（3）常用安全防护用具应经常检查和定期试验。

（4）高处临空作业应按规定架设安全网，作业人员使用安全带，应挂在牢固的物体上或可靠的安全绳上。拴安全带用的安全绳，不得过长，一般不应超过 3m。

（5）安全防护用具，严禁作其他工具使用，并注意保管，安全带、安全帽应放在空气流通、干燥处，以免受潮。

（6）在有毒有害气体可能泄漏的作业场所，应配置必要的防毒护具，以备急用，并及时检查维修更换，保证其处在良好待用状态。

（7）电气操作人员必须根据工作条件选用适当的安全电工用具和防护用品，电工用具必须符合安全技术标准并定期检查，凡不符合技术标准要求的绝缘安全用具、登高作业安全工具、携带式电压和电流指示器以及检修中的临时接地线等，均不得使用。

三、文明施工

（一）场区管理

（1）施工生产区域原则上实行封闭管理，设置围挡，要求坚固、稳定、统一、整洁、美观，并设置进出口大门，制定门卫制度。

（2）主要进出口处应设有企业的"形象标志"，以及明显的施工警示标志和安全文明规定、禁令，与施工无关的人员、设施不应进入封闭区。在危险作业场所应设有事故报警及紧急疏散通道设施。

（3）进入施工生产区域的人员应遵守施工现场安全文明生产管理规定，正确穿戴、使用防护用品和佩戴标志；监理、施工单位现场所有管理人员必须佩戴身份牌子，包括姓名、单位名称以及岗位。

（4）施工现场应积极推行硬地坪施工，作业区、生活区主干道地面必须用一定厚度的混凝土硬化，场内其他次道路地面也应硬化处理。积极美化施工现场环境，根据季节变化，适当进行绿化布置。

（5）施工现场道路畅通、平坦、整洁，无散落物。施工现场设置排水系统，排水畅通，不积水。

（6）施工现场必须设有"五牌一图"，即工程概况牌、管理人员名单及监督电话牌、防汛消防保卫（防火责任）牌、安全生产牌、文明施工牌和施工现场平面图。标牌规格统一、位置合理、字迹端正、线条清晰、表示明确，并固定在现场内主要进出口处。

（7）施工现场应合理地设置宣传栏、读报栏、黑板报，营造安全氛围。

（8）施工现场的井、洞、坑、沟、升降口、漏斗口等危险处应加盖板或设置围栏，必要时设有明显警示标志，夜间有灯光警示标志。

（9）施工生产现场应设有专（兼）职安全人员进行值班安全检查，及时督促整改隐患，纠正违章行为。交通频繁的施工道路、交叉路口、开挖、倒渣场地应设专人指挥，并有警示标志或信号指示灯。

（10）爆破、高边坡与隧洞开挖、水上（下）、高处、多层交叉、大件起重运输、大型施工设备安装及拆除等危险作业应有专项安全防护措施，并有专人进行安全监护。

（11）施工设施、临时建筑、管道线路等设施的设置，均应符合防汛、防火、防砸、防风、防雷以及职业卫生等安全要求。

（二）生活（办公）设施

（1）施工现场作业区与办公（生活）区必须明显划分，确因场地狭窄不能划分的，要有可靠的隔离栏护措施。

（2）搭建办公（生活）区临时用房的，应使用砖墙房或定型轻钢材质活动房。临时用房应满足牢固、美观、保温、防火、通风、疏散等要求。

（3）办公（生活）区应设置办公室、会议室、医务室、食堂（饭厅）、淋浴间、厕所等房室，并应设置饮水点、盥洗池、密闭式垃圾容器等生活用设施，办公（生活）区应建立卫生责任制，设卫生保洁员，及时清理垃圾，保持清洁卫生。

（4）施工现场应设置食堂和茶水棚（亭）。食堂应有良好的通风和卫生保洁措施，保持卫生整洁。炊事员持健康证上岗。食堂内应功能分隔，特别是厨房和餐厅应分开。

（5）施工现场因地制宜，积极设置学习和文化娱乐场所，丰富职工业余生活，布置图书室、乒乓球、篮球场等文化活动场所，注重精神文明建设。

（6）医务室应配备药箱等急救器材，配备止血药、绷带、防感冒药等常用药品。落实具有一定医疗和急救经验的人员，负责医疗服务和经常性开展卫生防疫、健康宣传教育。

（三）现场住宿

（1）施工现场根据作业需要设置职工宿舍。宿舍应集中统一布置，严禁在厨房、作业区内住人。宿舍人均使用面积不小于 $2.5m^2$，每间居住人数不得超过 12 人。

（2）宿舍应确保主体结构安全，设施完好，禁止用钢管、毛竹及竹片等搭设的简易工棚作宿舍。

（3）宿舍建立室长卫生管理制度，且和宿舍人员名单一起上墙。宿舍内宜设置统一床铺和储物柜，室内保持通风、整洁，生活用品整齐堆放，禁止摆放作业工器具。

（4）宿舍内（包括值班室）严禁使用煤气灶、煤油炉、电饭煲、热得快、电炒锅、电炉等器具。

（5）生活区及宿舍周围环境应保持整洁、卫生、安全。

（四）建筑材料堆放

（1）建筑材料、构件、料具必须按施工现场总平面布置图堆放，布置合理。

（2）现场存放的设备、材料、半成品、成品应分类存放、标明名称、品种、规格数量等；标志清晰统一、稳固整齐、通道畅通，不准乱堆乱放。

（3）建立材料收发管理制度，仓库、工具间材料堆放整齐，易燃易爆物品分类存放，专人负责，确保安全。

（4）施工现场建立清理制度，落实到人，做到工完料尽、场地清，建筑垃圾及时清运，施工车辆进出场应有防污等清理措施。拌合站、钢筋加工厂和预制场按照"工厂化、集约化、专业化"要求进行建设。

四、施工用电

（1）施工单位应编制专项施工用电方案，明确安全技术措施。

（2）安装、维修或拆除临时用电工程，必须由主管部门专业培训考核持证的电工实施完成；非电工及无证人员禁止从事电气安装、维修工作。

（3）从事电气安装、维修作业的人员应掌握安全用电基本知识和所用设备的性能，按规定穿戴和配备好相应的劳动防护用品，定期进行体检。

（4）在建工程（含脚手架）、机动车道、旋转臂架式起重机等机械设备操作应与外电架空线路保持规定的安全操作距离。

（5）施工现场专用的中性点直接接地的电力线路中必须采用 TN-S 接零保护系统，并遵守有关规定。

（6）施工用的 10kV 及以下变压器装于地面时，一般应有 0.5m 的高台，高台的周围应装设栅栏，其高度不低于 1.7m，栅栏与变压器外廓的距离不得小于 1m，杆上变压器安装的高度应不低于 2.5m，并挂"止步、高压危险"的警示标志。变压器的引线应采用绝缘导线。

（7）架空线必须设在专用电杆上，严禁架设在树木、脚手架上。宜采用混凝土杆或木杆、混凝土杆不得有露筋、环向裂纹和扭曲；木杆不得腐朽，其梢径应不小于 130mm。

（8）架空线导线必须采用绝缘铜线或绝缘铝线，截面的选择应满足用电负荷和机械强度要求。

（9）动力配电箱与照明配电箱宜分别设置，如合置在同一配电箱内，动力和照明线路应分别设置。

（10）配电箱、开关箱及漏电保护开关的配置应实行"三级配电，两级保护"，配电箱内电器设置应按"一机一闸一漏"原则设置。

（11）配电箱、开工箱应采用铁板或优质绝缘材料制作，安装于坚固的支架上，固定式配电箱、开关箱的下底与地面的垂直距离应大于 1.3m、小于 1.5m，移动式分配电箱、开关箱的下底与地面的垂直距离宜大于 0.5m、小于 1.5m。

（12）选购的电动施工机械、手持电动工具和用电安全装置，符合相应的国家标准、专业标准和安全技术规程，并且有产品合格证和使用说明书。

（13）现场照明应采用高光效、长寿命的照明光源。对需要大面积照明的场所，应采用高压汞灯、高压钠灯或混光用的卤钨灯。

（14）施工照明及线路应符合下列要求：

1）露天施工现场应尽量采用高效能的照明设备。

2）施工现场及作业地点，应有足够的照明，主要通道应装设路灯。

3）照明灯具的悬挂高度应在 2.5m 以上，有车辆通过的，线路架设高度应不得小于 4.3m。

4）地下室，有高温、导电灰尘，且灯具离地面高度低于 2.5m 等场所的照明，电源电压应不大于 36V；在潮湿和易触及带电体场所的照明电源电压不得大于 24V；在特别潮湿的场所、导电良好的地面、锅炉或金属容器内工作的照明电源电压不宜大于 12V。

5）在存放易燃易爆物品场所或有瓦斯的巷道内，照明设备必须符合防爆要求。

6）临时照明线路应固定在绝缘子上，且距工作面高度不得小于 2.5m；穿过墙壁应套绝缘管。

五、爆破作业

（1）爆破作业和爆破器材的采购、运输、储存、加工和销毁，应按照《爆破安全规程》（GB6722－2014）和《中华人民共和国民用爆炸物品管理条例》执行。

（2）未经专门培训并考试合格取得相应资质的人员，不得从事相应的爆破作业。

（3）从事爆破工作的单位，应建立爆破器材领发、清退制度，工作人员的岗位责任制，培训制度以及重大爆破技术措施的审批制度。

（4）爆破器材应储存于专用仓库内。除特殊情况下，经当地公安机关批准，派出所备案，宜在专业仓库以外的地点少量存放爆破器材。

（5）设置爆破器材库或露天堆放爆破材料时，仓库或药堆至外部各种保护对象的安全距离，应按有关规定严格执行。

（6）爆破器材库房的管理，应建立健全安全管理制度，岗位安全责任制，安全操作规程，爆破器材发放、领取、退库、治安保卫、防火、保密等制度。

（7）露天深孔爆破装药前，爆破工程技术人员应对第一排孔的最小抵抗线进行测定。洞室爆破前应进行安全评估。

（8）爆破前，应明确规定安全警戒线，制定统一的爆破时间和信号，并在指定地点设安全哨，执勤人员应有红袖章、红旗和口笛。

（9）装药前，非爆破作业人员和机械设备均应撤离至指定的安全地点或采取防护措施。撤离之前不得将爆破器材运到工作面。

（10）利用电雷管起爆的作业区，加工房以及接近起爆电源线路的任何人，不得携带不绝缘的手电筒和手机。

（11）爆破后炮工应检查所有装药孔是否全部起爆，如发现盲炮，应及时按照盲炮处理的规定妥善处理，未处理前，应在其附近设警戒人员看守，并设明显标志。

（12）暗挖放炮，自爆破器材进洞开始，即通知有关单位施工人员撤离，并在安全地点设警戒员。非爆破工作人员不得进入。

（13）爆破作业设计时，爆炸源与人员和其他保护对象之间的安全允许距离应按爆破各种有害效应（地震波、冲击波、个别飞石等）分别核定，并取最大值。

（14）拆除爆破作业前，应编制专门的施工方案和专项安全技术措施，经上级工程技术部门和地方相关部门批准后实施。拆除爆破工作应由具有资质的专业队伍承担作业，并有技术和安全人员在现场监护。

（15）拆除爆破应进行封闭施工，对爆破作业地段进行围挡，设置明显的警戒标志，并安排人员警戒。在作业地段张贴施工公告及发布爆破公告，接近交通要道和人行通道的部位，应设置防护屏障。规定封锁道路的地段和时间。

（16）在通航水域进行水下爆破时，应在 3 天前由港航监管部门会同公安部门发布爆破施工通告。

（17）爆破工作船及其辅助船舶，应按规定悬挂信号（灯号）；在危险水域边界上应设置警告标志、禁航信号、警戒船舶和岗哨等。

六、模板工程

（1）模板应根据混凝土结构物的特点及施工单位的材料、设备、工艺等条件，尽可能采用技术先进、经济合理的模板型式；大面积的平面支模宜选用大模板。

（2）模板及支架材料的种类、等级，应根据其结构特点、质量要求及周转次数确定；应选用钢材、胶合板等材料。

（3）模板及支架必须保证混凝土浇筑后结构物的形状、尺寸与相互位置符合设计规定；具有足够的稳定性、刚度和强度，尽量做到标准化、系列化，装拆方便，周转次数高，有利于混凝土工程的机械化施工。

（4）模板设计应提出对材料、制作、安装、使用及拆除工艺的具体要求。设计图纸应标明设计荷载和变形控制要求。模板设计应满足混凝土施工措施中确定的控制条件，如混凝土的浇筑顺序、浇筑速度、浇筑方式、施工荷载等。

（5）支、拆模板时，不应在同一垂直面内立体作业。无法避免立体作业时，应设置专项安全防护设施。

（6）高处、复杂结构模板的安装与拆除，应按施工组织设计要求进行，应有专人指挥，并标出危险区；应实行安全警戒，暂停交通等安全措施。

（7）上下传送模板，应采用运输工具或绳子系牢后升降，不得随意抛掷，散放的钢模，应用箱架集装吊运，不得任意堆捆起吊。

（8）拆模时混凝土强度应达到相关规范要求，且能保证其表面及棱角不因拆模而损坏时，才能拆除。

（9）拆下的模板、支架及配件应及时清理、维修，并分类堆存，妥善保管。钢模应设仓库存放。大型模板堆放时，应垫平放稳，并适当加固，以免翘曲变形。

（10）安装和拆除大模板时，吊车司机、指挥、挂钩和装拆人员应在每次作业前检查索具、吊环。吊运过程中，严禁操作人员随大模板起落。

（11）大模板安装就位后，应焊牢拉杆、固定支撑。未就位固定前，不得摘钩，摘钩后不得再行撬动；如需调整撬动时，应重新固定。

（12）在大模板吊运过程中，起重设备操作人员不得离岗。模板吊运过程应平稳流畅，不得将模板长时间悬置空中。

（13）滑升机具和操作平台应按照施工设计的要求进行安装。平台四周应有防护栏杆和安全网。

（14）滑升过程中，应每班检查并调整水平、垂直偏差，防止平台扭转和水平位移。应遵守设计规定的滑升速度与脱模时间。

（15）钢模台车的各层工作平台应设防护栏杆及安全网，平台四周应设挡脚板，上下爬梯应有扶手，垂直爬梯应加护圈。

（16）在有坡度的轨道上及其周围有障碍物时，台车行走时应有监护。

第八章　水利工程施工职业健康与环境保护

第一节　水利工程施工职业健康

一、职业健康基础知识

（一）职业健康的概念

职业健康,国外有些国家称之为工业卫生、劳动卫生或职业卫生等。2001年12月,原国家经贸委、国家安全生产局修订《职业安全卫生管理体系试行标准》时,将"职业卫生"一词修订为"职业健康",并正式发布《职业安全健康管理指导意见》和《职业安全管理体系审核规范》。目前,我国劳动卫生、职业卫生、职业健康三种说法并存,内涵相同。国家安监总局统一采用职业安全健康一词,简称职业健康。

卫生部公布的《职业卫生名词术语》(GBZ/T224-2010)将职业健康的概念定义为对工作场所内产生存在的职业性有害因素及其健康损害进行识别、评估、预测和控制的一门科学,其目的是减少职业危害、改善作用环境、遏制特重大职业危害事故、保障劳动者健康。

在水利工程建设过程中,存在着粉尘、毒物、辐射线、噪声、振动及高温等职业危害因素,这些职业危害因素对劳动者的健康损害极大,极易引发各类疾病,产生安全事故,造成环境问题。

（二）职业危害因素的影响及作用条件

1. 职业危害因素的影响

（1）身体外表的改变,称为职业特征,如野外作业人员的皮肤色素沉着等。

（2）对人生理、心理的影响,如噪声引起头晕、失眠、烦躁、焦虑,有害气体引起咳嗽等。降低身体对一般疾病的抵抗力,表现为患病率增高或病情加重等,称为职业性多发病（或工作有关疾病）,如粉尘暴露场所工作人员易患尘肺病等。职业多发病具有三层含义、职业因素是该病发生和发展的因素之一,但不是唯一的直接病因;职业因素影响了健康,从而促使潜在的疾病显露或加重已有疾病的病程;通过改善工作条件,可以使所患疾病得到控制和缓解。

(3)造成特定的功能或器质性改变,进而引起职业病,如尘肺病、工业噪声引起的职业性耳聋等。

有害物质除对人体产生危害外,还对生产和环境造成影响,如粉尘会降低仪器设备的精度、加大零件的磨损和老化、降低光照度和能见度、造成空气污染,甚至有些粉尘在一定浓度、温度条件下会发生爆炸,造成人员伤亡和财产损失。

2. 职业危害的作用条件

职业危害是否能对人体造成职业性伤害,作用条件是非常重要的,造成职业危害的主要条件如下:

(1)接触时间。偶然地、短期地或长期地接触有害物质,可导致不同的后果。

(2)作用强度。作用强度主要指接触量,有害物质的浓度或强度越高,接触时间越长,则造成职业性损伤的可能性越大、后果越严重。

(3)接触方式。经呼吸道、皮肤和其他途径进入人体,或由于意外事故造成疾病。

(4)人的个体因素。人的个体因素如遗传因素、年龄、性别、对某些职业危害的敏感性、其他疾病和精神因素的影响、生活卫生习惯等。

(三)职业危害分类

1. 按来源分类

(1)生产工艺过程中的危害因素,主要包括原料、中间产品、产品、机器设备的工业毒物、粉尘、噪声、振动、高温、电离辐射及非电离辐射、污染性因素等职业性危害因素。

(2)劳动过程中的职业有害因素,主要包括劳动组织和劳动制度不合理、劳动强度过大、过度精神或心理紧张、劳动时个别器官或系统过度紧张、长时间不良体位、劳动工具不合理等。

(3)生产环境中的有害因素,主要包括自然环境因素、厂房建筑或布局不合理、来自其他生产过程散发的有害因素造成的生产环境污染。

2. 按性质分类

职业危害因素按其性质可进行如下分类：

（1）化学性有害因素。各种有害物质可以多种形态（固体、液体、气体、蒸汽、粉尘、烟或雾）及各种形式（物料、中间产品、辅助材料、成品、副产品及废弃物等）出现，主要包括生产性毒物和生产性粉尘两类。生产性毒物种类繁多（如金属及类金属、有机溶剂、苯的氨基和硝基化合物、刺激性与窒息性气体、农药、高分子化合物等），在防护不良的情况下可引起各种职业中毒。生产性粉尘（如石棉尘、硅尘、有机尘等）都可危害人体健康，引起尘肺。

（2）物理性有害因素。物理性有害因素包括不良气候条件（如高低温、高湿、高低气压等）、噪声、振动、非电离辐射（如紫外线、红外线、激光等）等。

（3）生物性有害因素。生物性有害因素主要指某些微生物或寄生虫，如咽喉、口腔疾病等。

（4）与劳动过程有关的劳动生理、劳动心理方面的因素，以及与环境有关的环境因素。

3. 按有关规定分类

国家卫生计生委、国家安全监管总局、人力资源社会保障部和全国总工会关于印发《职业病分类和目录》的通知（国卫疾控发〔2013〕48号），将职业危害因素分为十大类，包括引起职业性尘肺病及其他呼吸系统疾病类因素、职业性皮肤病因素、职业性眼病因素、职业性耳鼻喉口腔疾病因素、职业性化学中毒因素、物理因素所致职业病因素、职业性放射性疾病因素、职业性传染病因素、职业性肿瘤因素以及引起其他职业病因素等。

（四）水利工程施工常见职业危害

水利工程职业病危害因素繁多、复杂，既有粉尘、噪声、反射性物质和其他有毒有害物质等施工工艺过程的危害因素，又有高空作业、密闭空间作业、不良气候作业（高、低温，高、低压）等施工环境产生的有害因素，还存在作业时间长、强度大等施工劳动过程中的职业有害因素。水利工程的职业危害因素可能多种并存，比如：水利工程施工中的振动和噪声的共同作用，可加重听力损伤；粉尘在高温环境下可增加肺通气量，增加粉尘吸入等，加重危害程度。

水利工程施工受粉尘危害的工种主要有掘进工、风钻工、炮工、混凝土搅拌机司机、水泥上料工、钢模板校平工、河砂运料上料工等；受有毒物质影响的工种主要有驾驶员、汽修工、焊工、放炮工等；受辐射、噪声、振动危害的工种主要有电焊工、风钻工、模板校平工、推土机驾驶员、混凝土平板振动器操作工等。

二、水利工程施工职业危害分析

（一）粉尘

能较长时间悬浮于空气中的固体物质微粒称为粉尘。生产性粉尘是指在生产过程中形成的、能较长时间悬浮于工作场所空气中的固体物质微粒，它是污染环境、影响劳动者身心健康的职业病危害因素之一，长期吸入生产性粉尘可引起包括尘肺在内的多种职业性肺部疾患。同时由于粉尘的荷电性，在一定条件下可引起爆炸，因此其还是安全生产的重要隐患。

生产性粉尘的来源很广，可归纳为如下方面：

（1）固体物质的机械性粉碎和研磨，如砂石料粉碎等。

（2）爆破或物质的不完全燃烧，如开凿隧道时的爆破等。

（3）物质加热，如各种电焊作业形成的电焊烟尘。

（4）粉末物质的包装、搬运、混合、搅拌、过筛及运输，如水泥包装及搬运，混凝土混合和搅拌等。

生产性粉尘引起的疾病主要包括尘肺、有机粉尘引起的肺部病变、呼吸系统肿瘤等。

（二）毒物

生产性毒物是指在生产过程中产生的，存在于工作环境空气中的毒物。劳动者在生产过程中由于接触毒物所产生的中毒称为职业中毒，通常包括急性中毒、慢性中毒和亚急性中毒。

职业中毒的临床表现主要如下：

（1）神经系统。慢性中毒早期常见神经衰弱综合征和精神症状，多属功能性改变，脱离毒物接触后可逐渐恢复。

（2）呼吸系统。一次大量吸入某些毒气突然引起中毒。长期吸入刺激性气体能引起慢性呼吸道炎症，如鼻炎、鼻中隔穿孔、咽炎、气管炎、支气管炎等。吸入大量的刺激性气体可引起严重的呼吸道病变化学性肺水肿和化学性肺炎。

（3）血液系统。许多毒物能对血液系统造成损害，常表现为贫血、出血、溶血、高铁血红蛋白血症等。

（4）消化系统。毒物所致消化系统中毒症状有多种多样。由于毒物作用特点不同，可出现急性胃肠炎、腹绞疼；口腔征象，如齿龈炎等；亲肝性毒物引起急性或慢性肝病。

（5）中毒性肾病。汞、镉、铀、铅等可能引起肾损害，如急性肾功能衰竭、肾病综合症和肾小管综合症。

（6）其他。生产性毒物还可引起皮肤、眼损害及骨骼病变和烟尘热等。

（三）红外、紫外辐射

非电离辐射作用于人体，通过对能量的吸收，导致分子的电离和激发，引起分子结构的改变以及生理、生化与代谢的改变，造成细胞及组织和器官损伤。

光辐射除对眼睛产生损害外，还对皮肤造成损害。波长小于 220nm 的紫外线，几乎全部被皮肤角化层吸收。波长在 297~320nm 的紫外线对皮肤损害最强。其主要的损害是使皮肤发红和灼伤，引起红斑反应。如遭受过强的紫外线照射可引起弥漫性红斑、发痒或烧灼感，并可形成小水泡或水肿。同时常伴有头痛、疲劳和周身不适等全身症状。

短波 1.5μm 以下的红外辐射，对皮肤最明显的损害是严重灼伤。反复照射时，局部可出现色素沉着。短波红外线辐射可透入皮下组织，使血液及深部组织加热。如果照射面积大或时间过长，机体可因过热而出现全身症状，重者还可发生中暑。

（四）噪声

噪声对人体的作用，主要是听觉系统的特异性影响，一定强度的生产性噪声长期作用于人体的听觉器官，可引起感音系统慢性退行性病变，导致噪声性耳聋。

工业噪声按其产生来源分为以下类型:

(1)机械噪声。由于机械撞击、摩擦、转动等产生的,如机床、球磨机等发出的声音。

(2)空气动力噪声。由于气体压力发生突变,引起气体分子扰动而产生的,如通风机、空压机、锅炉排气发出的声音。

(3)电磁噪声。由电机中交变力相互作用而产生的,如发电机、变压器发出的声音。

噪声对人体的特异性损伤是双耳对称性听力损失,其主要表现为听力下降或听力损失,出现噪声性耳聋。在强烈的噪声环境中工作,除影响作业工人的听觉系统外,还会对神经系统、心血管系统、消化系统、内分泌系统等产生非特异性影响。

(五)振动

随着科技的进步,机械化程度不断提高,从事振动的人数也日益增加,如防护不好,可引起振动病。人体接受振动的作用方式包括直接振动、间接振动、局部振动、全身振动长期作用于人体,主要引起局部血管痉挛,造成局部缺血,使振动作业工人发生局部振动病。

(六)异常气象条件

1. 异常气象条件下的作业类型

(1)高温作业。水利工程施工多为野外作业,易受太阳的辐射作用和地面及周围物体的热辐射。根据工作地点气象条件的特点,一般将高温作业分为高温、强热辐射作业,高温、高湿作业和夏季露天作业。

(2)低温作业。水利工程低温作业主要见于冬季寒冷地区的野外作业。低温(俗称寒冷)对机体有明显的影响,机体在低温条件下,首先产生生理性适应,然后继续接触低温,则失去代偿功能而发生明显危害,如极度疲劳、嗜睡、呼吸变弱、血流缓慢、反射迟钝、体温和血压下降等。

低温产生的危害集中体现为冻疮、冻伤和冻僵等与寒冷直接相关的疾病。

(3)高气压作业。水利工程施工高气压作业主要有潜水作业、沉箱作业、隧道作业等。在一般情况下,人体习惯于居住地区的大气压。同一地区气压变动较小,对正常人无不良影响,但在异常气压下工作,如高气压下的潜水或潜涵作业,低气压下的高原作业,不注意防护可能影响人体健康。

高气压作用于人体，若减压过速，可使组织或血液产生气泡引起血液循环障碍或组织损伤，如耳鸣、鼓膜压破、氮麻醉、减压病等。

（4）低气压作业。低气压作业主要见于高原地区作业。低气压作用于人体如高山作业，可使作业人员产生适应不全症，如呼吸、循环机能亢进等，出现的病症如急性高原病和慢性高原病。

2. 异常气象条件引起的职业病

（1）中暑。高温对人体的影响是多方面的，引起中暑的原因也是复杂的，通常可分为日射病、热痉挛和热射病三种类型。通常以下四种情况易诱发中暑：体质虚弱、睡眠不足或过度疲劳、连续长时间高温作业、气象因素的综合作用等。按病情轻重可分为先兆中暑、轻症中暑、重症中暑，其中重症中暑可出现昏倒或痉挛，皮肤干燥无汗，体温在40℃以上等症状。

（2）冻疮和冻伤。冻疮和冻伤都是在寒冷气候条件下引起的疾病。身体的全部或某一部分，在寒冷的作用下，发生广泛的损伤，其物质代谢发生障碍，机体发生病理改变，称为冻伤。全身性冻伤又叫冻僵。冻疮是在寒冷的作用下，局部皮肤的损伤。

（3）减压病。减压病是指当周围气压突然降低时引起的症状。减压病常见于潜水作业，当潜水者迅速上升，而减压过速所致的职业病，此时人体的组织和血液中产生气泡，导致血液循环障碍和组织损伤。

减压病的症状主要表现为皮肤奇痒、灼热感、大理石样斑纹；肌肉、关节与骨骼酸痛和针刺样剧烈疼痛，头痛、眩晕、失眠、听力减退等。

（4）高原病。高原病又称高原适应不全症，是发生于高原低氧环境下的一种疾病，可分为急性高原病和慢性高原病两大类。按照临床表现：①急性高原病分为三种类型，分别为急性高原病反应、高原肺水肿和高原脑水肿；②慢性高原病分为五种类型，慢性高原反应、高原心脏病、高原红细胞增多症、高原高血压症和高原低血压症。

三、水利工程施工职业危害的预防控制

（一）粉尘危害的预防控制措施

1. 组织措施

用人单位应设置或制定职业卫生管理机构或组织，配备专职或兼职的

职业卫生专业人员负责本单位的粉尘治理工作。有条件的单位应设置专职测尘人员，按照规范定时、定点检测；并定期由取得资质认证的卫生技术机构进行检测，评价劳动条件的改善情况和技术措施的效果；加强职业安全卫生知识的培训，指导并监督工人正确使用有效的个人防护用品；制定卫生清扫制度，防止二次污染，从组织上保证防尘工作的经常化。

2．技术措施

（1）做好预评价和控制效果评价工作。职业病防治法中预防为主、防治结合的方针，要求防尘工作从基础做起，防护设备的投资列入项目预算，并与主体工程同时设计、同时施工、同时投入生产和使用。

（2）革新工艺、革新生产设备。在投资防尘设备时，要做到安全有效，切不可为节省投资而降低设备性能。此外，主要工作地点和操作人员多的工段置于车间内通风与空气较为清洁的上风向，有严重粉尘逸散的工段置于车间内下风向。

（3）湿式作业。它是一种经济易行、安全有效的防尘措施，在生产和工艺条件允许下，应首先考虑采用。

（4）设备除尘。对于不能采用湿式作业的粉尘或产尘部位应采用设备除尘，包括密闭措施和通风除尘措施。

3．卫生保健措施

（1）个人防护和个人卫生。在工作场所粉尘浓度不能达到国家标准的要求时，加强防护和个人卫生是防尘的一个重要辅助措施。粉尘相关工作人员按规定佩戴符合技术要求的防尘口罩、面具、头盔和防护服等防护用品，这是防止粉尘进入人体的最后一道防线。此外，还需要注意个人卫生。

（2）职业健康监护。职业监护工作是对劳动者的身体状况及受职业病危害因素影响后健康状况的动态观察，对职业危害的早期发现、早期预防和早期治疗具有重要意义。其包括上岗前健康检查、定期健康检查、离岗前健康检查和应急健康检查。

4．档案管理工作

用人单位应建立健全劳动者健康监护档案。这些档案资料不仅是反映工作场所粉尘危害程度、作业工人健康状况的重要资料，也是评价用人单位落实职业病防治法和防尘工作的依据。

（二）生产性毒物危害的预防控制措施

生产性毒物种类繁多，接触面广，接触人数庞大，职业中毒在职业病中占有较大比例。作业环境中的生产性毒物是职业中毒的病因，因此，预防职业中毒必须采取综合治理措施，从根本上消除、控制或尽可能减少毒物对职工的侵害。应遵循"三级预防"原则，推行"清洁生产"，重点做好"前期预防"。具体预防措施可概括如下：

（1）用无毒或低毒原料代替有毒或高毒原料。

（2）尽量减少与有害化学品的接触时间和程度。

（3）对使用或产生有毒物质的作业，尽可能采取密闭生产或采用自动化操作。

（4）采用通风排毒技术或湿式作业等。

（5）建筑布局和生产设备布局合理，符合国家《工业企业设计卫生标准》（GBZ1－2002）的要求。

（6）对接触有毒有害工作的工人，应定期进行筛查和卫生检测，通过健康监护及时发现高危人群，及早预防，做好个人防护和个人卫生。

（7）建立健全职业卫生管理制度。对生产部门领导和车间工程技术人员及作业工人进行职业卫生教育和上岗前培训。加强安全卫生管理，防止生产过程中有毒物质的跑、冒、滴、漏。

（三）防红外辐射措施

（1）工人佩戴能吸收热量的特制防护眼镜，如红外线防护眼镜、双层镀倍 GRB 套镜。

（2）注意对早期红外线白内障工人定期随访治疗。

（四）防紫外辐射措施

（1）建立安全生产制度，合理使用防护用品。

（2）改进生产工艺，采用自动焊接、无光焊接或半自动焊接。

（3）采用能吸收紫外线的防护面罩及眼镜，绿色镜片可同时防紫外、红外及可见光线。

（4）为防止其他工种的作业工人受紫外线照射，应设立专用焊接作业区或车间。

（5）在电焊作业车间，室内墙壁及屏蔽上涂黑色或深色的颜色，吸收或减少紫外线的反射。

（6）对不发射可见光的人工紫外线辐射源安装警告信号。

（五）噪声危害的控制

对观察对象和轻度听力损伤者，应加强防护措施，一般不需要调离噪声作业环境。对中度听力损伤者，可考虑安排对听力要求不高的工作，对重度听力损伤及噪声聋者应调离噪声环境。对噪声敏感者应考虑调离噪声作业环境。

控制生产性噪声危害的措施可概括如下：

（1）具有生产性噪声的车间应尽量远离其他作业车间、行政区和生活区。噪声大的设备应尽量将噪声源与操作人员隔开；工艺允许远距离控制的，可设置隔声操作室。

（2）消除、控制噪声源。采用无声或低声设备代替高噪声的设备，合理配置生源，避免高、低噪声源的混合配置。

（3）控制噪声传播。采用吸声、隔声、消声、减振的材料和装置，阻止噪声的传播。

（4）个人防护。对生产现场的噪声控制不理想或特殊情况下的高噪声作业，个人防护用品是保护听觉器官的有效措施，如防护耳塞、耳罩、头盔等。

（5）健康监护。每工作日 8 小时暴露等效于声级大于 85 分贝的职工，应当进行基础听力测定和定期跟踪听力测定。对在岗职工进行定期的体检，以便在早期发现听力损伤。

（6）听力保护培训。企业应当每年对每工作日 8 小时暴露等效于声级大于 85 分贝作业场所的职工进行听力保护培训，包括噪声对健康的危害、听力测试的目的和程序、噪声实际情况及危害控制一般方法、使用护耳器的目的等。

（六）防止振动危害措施

防止振动危害的主要措施如下：

（1）从工艺和技术上消除或减少振动源。

（2）限制接触振动的强度和时间。

（3）改善环境和作业条件。

（4）加强个人防护和健康管理。

（七）防暑降温措施

1. 技术措施

（1）工艺流程的设计宜使操作人员远离热源，同时根据其具体条件采取必要的隔热降温措施。

（2）对高温厂房的平面、朝向、结构进行合理设计，加强通风效果。

（3）采取合理的通风，主要有自然通风和机械通风两种方式。

2. 保健措施和个人防护

（1）供给饮料和补充营养。由于高温作业工人大量排汗，应为工人供应含盐清凉饮料。

（2）加强健康监护。对高温作业工人加强健康监护、合理安排作息制度。

（3）加强个人防护，包括头罩、面罩、眼镜、衣裤和鞋袜等。提高工人的身体素质，控制和消除中暑，并减少高温对健康的远期作用。

3. 组织措施

严格执行高温作业卫生标准，合理安排作息，进行高温作业前的热适应锻炼。

（八）异常气压危害的预防

1. 高气压危害预防

（1）技术革新，采取新工艺、新方法，以便工人可在水面上工作而不必进入高压环境。

（2）加强安全生产教育，使潜水员了解发病的原因及预防方法，使其严格遵守减压规程。

（3）切实遵守潜水作业制度，必须做到潜水技术保证、潜水供气保证和潜水医务保证，三者要密切配合。

（4）保健措施，工作前防止过度劳累，严禁饮酒，加强营养。作业前做好定期及潜水员下潜前的体格检查。

2. 低气压危害预防

（1）加强适应性锻炼，实施分段登高，逐步适应，出入高原者应减少体力劳动，以后视情况逐步增加。

（2）需供应高糖、多种维生素和易消化饮食，多饮水。

（3）对进入高原地区的人员，应进行全面体格检查。

四、水利工程施工职业健康管理

（一）组织机构与规章制度建设

水利工程施工各单位最高决策者应承诺遵守国家有关职业病防治的法律法规；设立职业健康管理机构；配备专职或兼职职业健康管理员；职业病防治工作纳入法人目标管理责任制；制定职业健康年度计划和实施方案；在岗位操作规程中列入职业健康相关内容；建立健全劳动者职业健康监护档案；建立健全作业场所职业危害因素监测与评价制度；确保职业病防治必要的经费投入；进行职业危害申报。

（二）前期预防管理

1．职业危害申报

2012 年，国家安全生产监督管理总局颁布《职业病危害项目申报办法》（国家安监总局令第 48 号）要求用人单位（煤矿除外）工作场所存在职业病目录所列职业病的危害因素的，应当及时、如实向所在地安全生产监督管理部门申报危害项目，并接受安全生产监督管理部门的监督管理。

职业病危害项目申报工作实行属地分级管理的原则。中央企业、省属企业及其所属用人单位的职业病危害项目，向其所在地设区的市级人民政府安全生产监督管理部门申报。此外的其他用人单位的职业病危害项目，向其所在地县级人民安全生产监督管理部门申报。

申报职业病危害时，应当提交《职业病危害项目申报表》和以下有关资料：

（1）用人单位的基本情况。

（2）工作场所职业病危害因素种类。

（3）法律法规和规章规定的其他文件、资料。

2．建设项目职业健康"三同时"管理

新建、改建、扩建的工程建设项目和技术改造、技术引进项目可能产生职业危害的，项目法人应当按照有关规定，在可行性论证阶段向安全生产监督管理部门提交职业病危害预评价报告。职业病危害预评价报告应当

对建设项目可能产生的职业病危害因素及其对工作场所和劳动者健康的影响作出评价，确定危害类别和职业病防护措施。

建设项目的职业危害防护设施与主体工程同时设计、同时施工、同时投入生产和使用，职业危害防护设施所需费用应当纳入建设项目工程预算。职业病危害严重的建设项目的防护设施设计，应当经安全生产监督管理部门审查，符合国家职业卫生标准和卫生要求的，方可施工。建设项目在竣工验收前，建设单位应当进行职业病危害控制效果评价。建设项目竣工验收时，其职业病防护设施经安全生产监督管理部门验收合格后，方可投入正式生产和使用。

（三）建设过程中的防护与管理

1. 材料与设备管理

材料与设备管理的主要工作内容如下：

（1）优先采用有利于职业病防治和保护劳动者健康的新技术、新工艺和新材料。

（2）不使用国家明令禁止使用的可能产生职业危害的设备材料。

（3）不采用有危害的技术、工艺和材料，不隐瞒其危害。

（4）在可能产生职业危害的设备醒目位置，设置警示标志和中文警示说明。

（5）使用可能产生职业危害的化学品，要有中文说明书。

（6）使用放射性同位素和含有放射性物质、材料的，要有中文说明书。

（7）不将职业危害的作业转嫁给不具备职业病防护条件的单位和个人。

（8）不接受不具备防护条件的有职业危害的作业。

2. 作业场所管理

作业场所管理的主要工作内容如下：

（1）指定专人负责职业健康的日常监测，维护监测系统处于正常运行状态。

（2）对存在粉尘、有害物质、噪声、高温等职业危害因素的场所和岗位，应制定专项防控措施，并按规定进行专门管理和控制；明确具有职业危害的有关场所和岗位，制定专项防控措施，进行专门管理和控制。

（3）制定职业危害场所检测计划，定期对职业危害场所进行检测，并将检测结果公布、归档。

（4）对可能发生急性职业危害的工作场所，应设置报警装置、标识牌、应急撤离通道和必要的泄险区，制定应急预案，配置现场急救用品、设备。

（5）施工区内起重设施、施工机械、移动式电焊机及工具房、水泵房、空压机房、电工值班房等应符合职业卫生、环境保护要求。

（6）定期对危险作业场所进行监督检查并做好记录。

3．作业环境管理和职业危害因素检测

作业环境管理和职业危害因素检测的主要管理工作内容如下：

（1）按规定定期对作业场所职业危害因素进行检测与评价。

（2）检测、评价的结果存入职业卫生档案。

4．防护设备设施和个人防护用品

防护设备设施和个人防护用品主要管理工作内容如下：

（1）严格劳动保护用品的发放和使用管理。

（2）对现场急救用品、设备和防护用品进行经常性检维修、检测。

（3）设置与职业危害防护相适应的卫生设施。

（4）施工现场的办公、生活区与作业区分开设置，并保持安全距离。

5．履行告知义务

（1）订立劳动合同时，应如实告知本单位从业人员作业过程中可能产生的职业危害及其后果、防护措施等，并对从业人员及相关方进行宣传教育，使其了解生产过程中的职业危害、预防和应急处理措施，降低或消除危害后果。

（2）对存在严重职业危害的作业岗位，应设置警示标志、警示说明和报警装置。警示说明应载明职业危害的种类、后果、预防和应急救治措施。

6．职业健康监护

职业健康监护是职业危害防治的一项主要内容。通过健康监护不仅起到保护员工健康、提高员工健康素质的作用，而且也便于早期发现职业病病人，使其早期得到治疗。

职业健康监护的主要管理工作内容如下：

（1）按职业卫生有关法规标准的规定组织接触职业危害的作用人员进行上岗前的职业健康检查。

（2）按规定组织接触职业危害的作业人员进行在岗期间职业健康体检。

（3）按规定组织接触职业危害的作业人员进行离岗职业健康体检。

（4）禁止有职业禁忌症的劳动者从事其所禁忌的职业活动。

（5）调离并妥善安置有职业健康损害的作业人员。

（6）未进行离岗职业健康体检，不得解除或终止劳动合同。

（7）职业健康监护档案应符合要求，并妥善保管。

（8）无偿为劳动者提供职业健康监护档案复印件。

《职业健康监护技术规范》（GBZ188－2007）对接触各种职业危害因素的作业人员职业健康体检周期和体检项目给出了具体规定。

7．职业健康培训

（1）主要负责人、管理人员应接受职业健康培训。

（2）对上岗劳动者进行职业健康培训。

（3）定期对劳动者进行在岗期间的职业健康培训。

8．职业危害事故的应急救援、报告与处理

（1）建立健全职业危害应急救援预案。

（2）应急救援设施应完好。

（3）定期进行职业危害事故应急救援预案的演练。

（4）发生职业危害事故时，应当及时向所在地安全生产监督管理部门和有关部门报告，并采取有效措施，减少或消除职业危害因素，防止事故扩大。

（5）对遭受职业危害的从业人员，及时组织救治，并承担所需费用。

（四）职业病诊断与病人保障

职业病诊断与病人保障主要管理工作内容如下：

（1）发现职业病病人或者疑似职业病病人时，应当及时向所在地卫生行政部门和安全生产监督管理部门报告。

（2）确诊为职业病的,用人单位还应当向所在地劳动保障行政部门报告。

（3）及时安排对疑似职业病病人进行诊断。

（4）安排职业病病人进行治疗、康复和定期检查。

（5）对不适宜继续从事原工作的职业病病人，应当调离原岗位，并妥善安置。

（6）对从事接触职业病危害作业的劳动者，应当给予适当岗位津贴。

（7）如实向职工提供职业病诊断书证明及鉴定所需要的资料。

（8）用人单位在发生分立、合并、解散、破产等情形时，应当对从事接触职业病危害作业的劳动者进行健康检查，并按照国家有关规定妥善安置职业病病人。

第二节 水利工程施工环境保护

一、水利工程施工环境影响

（一）对水环境的影响

1．废水排放污染水源

水利工程施工期对水源的污染主要来自生产废水和生活污水。生产废水主要来源于砂石骨料冲洗废水、基坑排水、混凝土拌和系统冲洗废水和施工机械、车辆维修系统含油废水；生活污水主要来源于工程管理人员和施工人员的生活排水。

2．传统护岸工程对水生生态环境的影响

护岸工程产生的弃土、岸系疏浚物对水生生物有直接影响，包括水生生物卵、苗及幼体的危害；岸系爆破产生强烈的冲击波对水生生物有直接致命作用，影响程度取决于炸药量，一般影响范围在 300～500m；工程中造成的底质上浮还会引起水体浊度变化，直接或间接影响水生植物的光合作用，使水体溶解氧量有一定下降。

垂直的硬化护岸措施在影响水生动物、水生植物及昆虫等多种生物生长的同时，还限制了人们"进水、入水、利用水面"等亲水活动，河流景观也附上了人为烙印，丧失了自然色彩。

（二）对大气环境的影响

水利工程施工对大气环境的影响主要来源于机械燃油、施工土石方开

挖、爆破、混凝土拌和、筛分及车辆运输等施工活动。污染物主要有粉尘和扬尘，尾气污染成分主要有二氧化硫（SO_2）、一氧化碳（CO）、二氧化氮（NO_2）和烃类。

1. 机械燃油污染物

施工机械燃油废气具有流动和分散排放的特点。机械燃油污染物排放具有流动、分散、总排放量不大的特点。施工场地开阔，污染物扩散能力强，加之水利工程施工工地人口密度较小，一般不至于对环境空气质量和功能造成明显的影响。

2. 施工粉尘

施工粉尘主要来自于工程土石方爆破、砂石料开采和破碎、混凝土搅拌以及车辆运输等。

水利工程施工土石方开挖量一般较大，短期内产尘量较大，局部区域空气含尘量大，对现场施工人员身心健康将产生影响。

施工爆破一般是间隙性排放污染物，对环境空气造成的污染有限。

砂石料加工和混凝土拌和过程产生的粉尘，可以根据类比工程现场实测数据，推算粉尘排放浓度和总量。

根据施工区地形、地貌、空气污染物扩散条件、环境空气达标情况，预测施工期空气污染扩散方式及影响范围。

施工运输车辆卸载砂石土料产生的粉尘，施工开挖和填筑产生的土尘是影响施工区域及附近地区环境空气质量的主要影响源。

交通运输产生的粉尘主要来自于两个方面：一是汽车行驶产生的扬尘；另一方面是装载水泥、粉煤灰等在行进中防护不当导致物料失落或飘洒，对公路两侧的环境造成污染。

（三）对声环境的影响

水利工程施工产生的噪声主要包括固定、连续式的钻孔和施工机械设备产生的噪声；定时爆破产生的噪声；车辆运输产生的流动噪声。

根据施工组织设计，按最不利情况考虑。选取施工噪声声源强、持续时间长的多个主要施工机械噪声源作为多点混合声源同时运行，待声能叠加后，得出在无任何自然声障的不利情况下的每个施工区域施工机械的声能叠加值。分别预测施工噪声对声环境敏感点的影响程度和范围。

（四）对地质条件的影响

水利工程尤其大型水利工程，在施工过程中，因大坝、电厂、引水隧道、道路、料场、弃渣场等在内的工程系统的修建，会使地表的地形地貌发生巨大改变。而对山体的大规模开挖，往往使山坡的自然休止角发生改变，山坡前缘出现高陡临空面，造成边坡失稳。另外，大坝的构筑以及大量弃渣的堆放，也会因人工加载引起地基变形。这些都极易诱发崩塌、滑坡、泥石流等灾害。

二、水利工程绿色施工评价

绿色施工是指在保证质量、安全等基本要求的前提下，通过科学管理和技术进步，最大限度地节约资源，减少对环境的负面影响，实现"四节一环保"（节能、节材、节水、节地和环境保护）的水利工程施工活动。

水利工程绿色施工评价以水利工程施工过程为对象进行评价。施工项目应符合如下规定：

（1）建立绿色施工管理体系和管理制度，实施目标管理。

（2）根据绿色施工要求进行图纸会审和深化设计。

（3）施工组织设计及施工方案应有专门的绿色施工要求，绿色施工的目标明确，内容涵盖"四节一环保"要求。

（4）工程技术交底应包括绿色施工内容。

（5）采用符合绿色施工要求的新材料、新技术、新工艺、新机具进行施工。

（6）建立绿色施工培训制度，并有实施记录。

（7）根据检查情况，制定持续改进措施。

（8）采集和保存过程管理资料、见证资料和自检评价记录等绿色施工资料。

（9）在评价过程中，应采集反映绿色施工水平的典型图片或影像资料。

发生下列事故之一，不得评为绿色施工合格项目：

（1）发生安全生产死亡责任事故。

（2）发生重大质量事故，并造成严重影响。

（3）发生群体传染病、食物中毒等责任事故。

（4）施工中因"四节一环保"问题被政府管理部门处罚。

（5）违反国家有关"四节一环保"的法律法规，造成严重社会影响。

（6）施工扰民造成严重社会影响。

三、施工现场环境保护措施

（一）确立环境保护目标，建立环境保护体系

施工企业在施工过程中要认真贯彻落实国家有关环境保护的法律、法规和规章，做好施工区域的环境保护工作，对施工区域外的植物、树木尽量维持原状，防止由于工程施工造成施工区附近地区的环境污染，加强开挖边坡治理，防止冲刷和水土流失。积极开展尘、毒、噪声治理，合理排放废渣、生活污水和施工废水，最大限度地减少施工活动给周围环境造成的不利影响。

施工企业应建立由项目经理领导下，生产副经理具体管理、各职能部门（工程管理部、机电物资部、质量安全部等）参与管理的环境保护体系。工程开工前，施工单位要编制详细的施工区和生活区的环境保护措施计划，根据具体的施工计划制定与工程同步的防止施工环境污染的措施，认真做好施工区和生活营地的环境保护工作，防止工程施工造成施工区附近地区的环境污染和破坏。质量安全部全面负责施工区及生活区的环境监测和保护工作，定期对本单位环境事项及环境参数进行监测，积极配合当地环境保护行政主管部门对施工区和生活营地进行的定期或不定期的专项环境监督监测。

（二）防止扰民与污染

（1）工程开工前，编制详细的施工区和生活区的环境保护计划，施工方案尽可能减少对环境产生不利影响。

（2）与施工区域附近的居民和团体建立良好的关系。可能造成噪声污染的，事前通知，随时通报施工进展，并设立投诉热线电话。

（3）采取合理的预防措施避免扰民施工作业，以防止公害的产生为主。

（4）采取一切必要的手段防止运输的物料进入场区道路和河道，并安排专人及时清理。

（5）由于施工活动引起的污染，采取有效的措施加以控制。

（三）保护空气质量

（1）减少开挖过程中产生大气污染的措施。

1）岩石层尽量采用凿裂法施工。工程开挖施工中，表层土和砂卵石覆盖层可以用一般常用的挖掘机械直接挖装，岩石层的开挖尽量采用凿裂法施工，或者采用凿裂法适当辅以钻爆法施工，降低产尘率。

2）钻孔和爆破过程中尽量减少粉尘污染。钻机安装除尘装置，减少粉尘；运用产尘较少的爆破技术，如正确运用预裂爆破、光面爆破或缓冲爆破、深孔微差挤压爆破等，都能起到减尘作用。

3）湿法作业。凿裂和钻孔施工尽量采用湿法作业，减少粉尘。

（2）水泥、粉煤灰的防泄漏措施。在水泥、粉煤灰运输装卸过程中，保持良好的密封状态，并由密封系统从罐车卸载到储存罐，储存罐安装警报器，所有出口配置袋式过滤器，并定期对其密封性能进行检查和维修。

（3）混凝土拌和系统防尘措施。混凝土拌和楼安装除尘器，在拌和楼生产过程中，除尘设施同时运转使用。制定除尘器的使用、维护和检修制度及规程，使其始终保持良好的工作状态。

（4）机械车辆使用过程中，加强维修和保养，防止汽油、柴油、机油的泄漏，保证进气、排气系统畅通。

（5）运输车辆及施工机械，使用 0#柴油和无铅汽油等优质燃料，减少有毒、有害气体的排放量。

（6）采取一切措施尽可能防止运输车辆将砂石、混凝土、石植等撒落在施工道路及工区场地上，安排专人及时进行清扫。场内施工道路保持路面平整、排水畅通，并经常检查、维护及保养。晴天洒水除尘，道路每天洒水不少于 4 次，施工现场不少于 2 次。

（7）不在施工区内焚烧会产生有毒或恶臭气体的物质。因工作需要时，报请当地环境行政主管部门同意，采取防治措施，方可实施。

（四）加强水质保护

（1）砂石料加工系统生产废水的处理。生产废水经沉砂池沉淀，去除粗颗粒物后，再进入反应池及沉淀池，为保护当地水质，实现废水回用零排放，在沉淀池后设置调节池及抽水泵，将经过处理后的水储存于调节池，采取废水回收循环重复利用，损耗水从河中抽水补充，与废水一并处理再用。在沉淀池附近设置干化池，沉淀后的泥浆和细砂由污水管输送到干化池，经干化后运往附近的渣场。

（2）混凝土拌和楼生产废水集中后经沉淀池二级沉淀，充分处理后回收循环使用，沉淀的泥浆定期清理送到渣场。

（3）机修含油废水一律不直接排入水体，集中后经油水分离器处理，使出水中的矿物油浓度达到 5mg/L 以下，对处理后的废水进行综合利用。

（4）施工场地修建给排水沟、沉沙池，减少泥沙和废渣进入江河。施工前制定施工措施，做到有组织地排水。土石方开挖施工过程中，保护开挖邻近建筑物和边坡的稳定。

（5）施工机械、车辆定时集中清洗。清洗水经集水池沉淀处理后再向外排放。

（6）生产、生活污水采取治理措施，对生产污水按要求设置水沟塞、挡板、沉砂池等净化设施，保证排水达标。生活污水先经化粪池发酵杀菌后，按规定集中处理或由专用管道输送到无危害水域。

（7）每月对排放的污水监测一次，发现排放污水超标，或排污再造成水域功能受到实质性影响，立即采取必要治理措施进行纠正处理。

（五）加强噪声控制

（1）严格选用符合国家环保标准的施工机具。尽可能选用低噪声设备，对工程施工中需要使用的运输车辆以及打桩机、混凝土振捣棒等施工机械提前进行噪声监测，对噪声排放不符合国家标准的机械，进行修理或调换，直至达到要求为止。加强机械设备的日常维护和保养，降低施工噪声对周边环境的影响。

（2）加强交通噪声的控制和管理。合理安排车辆运输时间，限制车速，禁鸣高音喇叭，避免交通噪声污染对敏感区的影响。

（3）合理布置施工场地，隔音降噪。合理布置混凝土及砂浆搅拌机等机械的位置，尽量远离居民区。空压机等产生高噪声的施工机械尽量安排在室内或洞内作业；如不能避免，须露天作业的，应建立隔声屏障或隔声间，以降低施工噪声；对振动大的设备使用减振机座，以降低声源噪声；加强设备的维护和保养。

（六）固体废弃物处理

（1）施工弃渣和生活垃圾以《中华人民共和国固体废物污染环境防治法》为依据，按设计和合同文件要求送至指定弃渣场。

（2）做好弃渣场的综合治理。要采取工程保护措施，避免渣场边坡失稳和弃渣流失。按照批准的弃渣规划有序地堆放和利用弃渣，堆渣前进行表土剥离，并将剥离表土合理堆存。完善渣场地表给排水规划措施，确保开挖的渣场边坡稳定，防止因任意倒放弃渣而降低河道的泄洪能力，影响其他承包人的施工，危及下游居民的安全。

（3）施工后期对渣场坡面和顶面进行整治，使场地平顺，利于复耕或覆土绿化。

（4）保持施工区和生活区的环境卫生，在施工区和生活营地设置足够数量的临时垃圾储存设施，防止垃圾流失，定期将垃圾送至指定垃圾场，按要求进行覆土填埋。

（5）遇有含铅、铬、砷、汞、寮、硫、铜、病原体等有害成分的废渣，要报请当地环保部门批准，在环保人员指导下进行处理。

（七）水土保持

（1）按设计和合同要求合理利用土地。不因堆料、运输或临时建筑而占用合同规定以外的土地，施工作业时表面土壤妥善保存，临时施工完成后，恢复原来地表面貌或覆土。

（2）施工活动中采取设置给排水沟和完善排水系统等措施，防止水土流失，防止破坏植被和其他环境资源。合理砍伐树木，清除地表余土或其他地物，不乱砍、滥伐林木，不破坏草灌等植被；进行土石方明挖和临时道路施工时，根据地形、地质条件采取工程或生物防护措施，防止边坡失稳、滑坡、坍塌或水土流失；做好弃渣场的治理措施，按照批准的弃渣规划有序地堆放和利用弃渣，防止任意倒放弃渣，阻碍河、沟等水道，降低水道的行洪能力。

（八）生态环境保护

（1）尽量避免在工地内造成不必要的生态环境破坏或砍伐树木，严禁在工地以外砍伐树木。

（2）在施工过程中，对全体员工加强保护野生动植物的宣传教育，提高保护野生动植物和生态环境的认识，注意保护动植物资源，尽量减轻对现有生态环境的破坏，创造一个新的良性循环的生态环境。不捕猎和砍伐野生植物，不在施工区水域捕捞任何水生动物。

（3）在施工场地内外发现正在使用的鸟巢或动物巢穴及受保护动物，

要妥善保护，并及时报告有关部门。

（4）施工现场内有特殊意义的树木和野生动物生活，设置必要的围栏并加以保护。

（5）在工程完工后，按要求拆除有必要保留的设施外的施工临时设施，要清除施工区和生活区及其附近的施工废弃物，完成环境恢复。

（九）文物保护

（1）对全体员工进行文物保护教育，提高保护文物的意识和初步识别文物的能力。认识到地上、地下文物都归国家所有，任何单位或个人不能据为己有。

（2）施工过程中，发现文物（或疑为文物）时，立即停止施工，采取合理的保护措施，防止移动或破坏，同时将情况立即通知业主和文物主管部门，执行文物管理部门关于处理文物的指示。

施工工地的环境保护不仅仅是施工企业的责任，同时也需要业主的大力支持。在施工组织设计和工程造价中，业主要充分考虑到环境保护因素，并在施工过程中进行有效监督和管理。

第九章　水利工程施工技术与安全管理

第一节　水利工程施工技术管理

一、水利工程施工技术管理制度

施工技术管理制度是施工现场中的一切技术管理准则的总和。

（一）图纸会审制度

1. 会审目的

施工图纸是施工和验收的主要依据之一。为使施工人员充分领会设计意图、熟悉设计内容、正确按图施工，确保施工质量，避免返工浪费，必须在工程开工前进行图纸会审，对于施工图纸中存在的差错和不合理部分、专业之间的矛盾，尽最大可能解决在工程开工之前，以保证工程顺利进行。

2. 会审人员

参加会审的人员包括施工项目经理、项目技术负责人员、专业技术人员、内业技术人员、质检员和其他相关人员。

3. 会审时间

会审一般应在工程开工前进行，特殊情况下也可边开工边组织会审（如图纸不能及时供应时）。

4. 图纸会审内容

（1）施工图纸与设备、特殊材料的技术要求是否一致。

（2）设计与施工主要技术方案是否相适应。

（3）图纸表达深度能否满足施工需要。

（4）构件划分和加工要求是否符合施工能力。

（5）扩建工程新工厂及新老系统之间的衔接是否吻合，施工过渡是否可能，图纸与实际是否相符。

（6）各专业之间设计（如设备外形尺寸与基础尺寸、建筑物预留孔洞及埋件与安装图纸要求、设备与系统连接部位及管线之间相互关系等）是否协调。

（7）施工图和总分图之间、总分尺寸之间有无矛盾。

（8）设备布置及构件尺寸能否满足设备运输及吊装要求。

（9）设计采用的新结构、新材料、新设备、新工艺、新技术在技术施工、机具和物资供应上有无困难。

（10）能否满足生产运行安全经济的要求和检修作业的合理要求。

（11）设计能否满足设备与系统启动调试的要求。

5．图纸会审要求

（1）图纸会审前，主持单位应事先通知参加人员熟悉图纸，准备意见，进行必要的核对和计算工作。

（2）图纸会审由主持单位做好详细记录。

（3）施工图纸及设备图纸到达现场后，应立即进行图纸会审，以确保工程质量和工程进度，避免返工和浪费。

（4）图纸会审应在单位工程开工前完成，未经图纸会审的项目，不准开工。当施工图由于客观原因不能满足工程进度时，可分阶段组织会审。

（5）外委加工的加工图由委托单位进行审核后交出。加工单位提出的设计问题由委托单位提交设计单位解决。

（6）图纸会审后，形成图纸会审记录，较重要的或有原则性问题的记录应经监理公司、建设单位会签后，传递给设计代表，对会审中存在的问题，由设计代表签署解决意见，并按设计变更单的形式办理手续。

（7）图纸会审记录由主持单位保存，施工部保存一份各专业图纸会审记录。

（二）技术交底制度

在工程正式施工前，通过技术交底使参与施工的技术人员和工人熟悉和了解所承担工程任务的特点、技术要求、施工工艺、工程难点、施工操作要点以及工程质量标准，做到心中有数。

1．技术交底范围划分

技术交底工作应分级进行，一般按四级进行技术交底：设计单位向施工单位技术负责人员进行技术交底；施工总工程师向项目部技术负责人进行交底；项目部技术负责人向各专业施工员或工长交底；施工员或工长向班组长及工人交底。施工员或工长向班组长及工人进行技术交底是最基础的一级，应结合承担的具体任务向班（组）成员交代清楚施工任务、关键部位、质量要求、操作要点、分工及配合、安全等事项。

2．技术交底的要求

（1）除领会设计意图外，必须满足设计图纸和变更的要求，执行和满足施工规范、规程、工艺标准、质量评定标准，满足建设单位的合理要求。

（2）整个施工过程包括各分部分项工程的施工均需做技术交底，对一些特殊的关键部位、技术难度大的隐蔽工程，更应认真做技术交底。

（3）对易发生质量事故和工伤事故的工种和工程部位，在技术交底时，应着重强调各种事故的预防措施。

（4）技术交底必须以书面形式，交底内容字迹要清楚、完整，要有交底人、接收人签字。

（5）技术交底必须在工程施工前进行，作为整个工程和分部分项工程施工前准备工作的一部分。

3．技术交底的内容

（1）单位工程施工组织设计或施工方案。

（2）重点单位工程和特殊分部（项）工程的设计图纸，根据工程特点和关键部位，指出施工中应注意的问题，保证施工质量和安全必须采取的技术措施。

（3）初次采用的新结构、新技术、新工艺、新材料及新的操作方法以及特殊材料使用过程中的注意事项。

（4）土建与设备安装工艺的衔接，施工中如何穿插与配合。

（5）交代图纸审查中所提出的有关问题及解决方法。

（6）设计变更和技术核定中的关键问题。

（7）冬、雨季特殊条件下施工采取的技术措施。

（8）技术组织措施计划中，技术性较强、经济效果较显著的重要项目。

（9）重要的分部（项）工程的具体部位，标高和尺寸，预埋件、预留孔洞的位置及规格。

（10）保证质量、安全的措施。

（11）现浇混凝土、承重构件支模方法、拆模时间等。

（12）预制、现浇构件配筋规格、品种、数量和制作、绑扎、安装等要求。

（13）管线平面位置、规格、品种、数量及走向、坡度、埋设标高等。

（14）技术交底记录的归档，谁负责交底，谁就负责填写交底记录并负责将记录移交给项目资料员存档。

（三）技术复核制度

在施工过程中，对重要的和影响全面的技术工作，必须在分部分项工程施工前进行复核，以免发生重大差错，影响工程质量和使用。如复核发现差错，则应及时纠正方可施工。技术复核除按标准规定的复查、检查内容外，一般在分部分项工程正式施工前应重点检查以下项目和内容：

（1）建筑物的位置和高程：四角定位轴线（网）桩的坐标位置、测量定位的标准轴线（网）桩位置及其间距，水准点、轴线、标高等。

（2）地基与基础工程设备基础：基坑（槽）底的土质、基础中心线的位置、基础底标高和基础各部尺寸。

（3）混凝土及钢筋混凝土工程：模版的位置、标高及各分部尺寸，预埋件、预留孔的位置、标高、型号和牢固程度；现浇混凝土的配合比、组成材料的质量状况、钢筋搭接长度；预埋件安装位置及标高、接头情况、构件强度等。

（4）砖石工程：墙身中心线、皮数杆、砂浆配合比等。

（5）屋面工程：防水材料的配合比、材料的质量等。

（6）钢筋混凝土柱、屋架、吊车梁，以及特殊屋面的形状、尺寸等。

（7）管道工程：各种管道的标高及坡度。

（8）电气工程：变、配电位置，高低压进出口方向，电缆沟的位置和方向，送电方向。

（9）工业设备、仪器仪表的完好程度、数量及规格，以及根据工程需要指定的符合项目。

技术复核记录由复核工程内容的技术员负责填写，并经质检人员和项目技术负责人签署复查意见，交项目资料员进行造册登记归档。技术复核记录必须在下一道工序施工前办理完毕。

（四）隐蔽工程验收制度

隐蔽工程是指在施工过程中上一工序的工作结果将被下一工序所掩盖，无法再次进行质量检查的工程部位。由于隐蔽工程在隐蔽后，如果发生质量问题，就得重新剥露，再重新覆盖或掩盖，会造成返工等非常大的损失。为了避免资源的浪费和当事人双方的损失，保证工程质量和工程顺利完成，承包人在隐蔽工程隐蔽前，必须通知发包人及监理单位检查，检查合格后方可进行隐蔽工程施工。

1．隐蔽工程检查要求

（1）凡隐蔽工程都必须组织隐蔽验收，一般隐蔽工程验收由建设单位、工程监理、施工负责人参与验收，验收合格签字后方可进行下一工序施工。

（2）隐蔽工程检查记录是工程档案的重要内容之一，隐蔽工程经三方共同验收后，应及时填写隐蔽工程检查记录，隐蔽检查记录由技术员或该项工程施工负责人填写，工程质检员和建设单位代表会签。

（3）不同项目的隐蔽工程，应分别填写检查记录表。

2．隐蔽工程项目及检查内容

（1）地基与基础工程：地质、土质情况，标高尺寸，坟、井、坑、塘的处理，基础断面尺寸，桩的位置、数量、试桩打桩记录，人工地基的试验记录、坐标记录。

（2）钢筋混凝土工程：钢筋的品种、规格、数量、位置、形状、焊接尺寸、接头位置、除锈情况，预埋件的数量及位置，预应力钢筋的对焊、冷拉、控制应力，混凝土、砂浆标号及强度，以及材料代用等情况。

（3）砖砌体：抗震、拉结、砖过梁的部位、规格及数量。

（4）木结构工程：屋架、檩条、墙体、天棚、地下等隐蔽部位的防腐、防蛀、防菌等的处理。

（5）屏蔽工程：构造及做法。

（6）防水工程：屋面、地下室、水下结构物的防水找平的质量情况、干燥程度、防水层数，玛蹄脂的软化点、延伸度、使用温度，屋面保温层做法，防水处理措施的质量。

（7）暗管工程：位置、标高、坡度、试压、通水试验、焊接、防锈、防腐、保温及预埋件等。

（8）电气线路工程：导管、位置、规格、标高、弯度、防腐、接头等，电缆耐压绝缘试验，地线、地板、避雷针的接地电阻。

（9）完工后无法进行检查、重要结果部位及有特殊要求的隐蔽工程。

3．隐蔽工程检查记录表的填写内容

（1）单位工程名称，隐蔽工程名称、部位、标高、尺寸和工程量。

（2）材料产地、品种、规格、质量、含水率、容重、比重等。

（3）合格证及实验报告编号。

（4）地基土类别及鉴定结论。

（5）混凝土、砂浆等试块（件）强度，报告单编号，外加剂的名称及掺量。

（6）隐蔽工程检查记录，文字要简练、扼要，能说明问题，必要时应附三面图（平面图、立面图、剖面图）。

实践中，工程具备覆盖、掩盖条件的，承包人（施工方）应当先进行自检，自检合格后，在隐蔽工程进行隐蔽前及时通知发包人（建设单位）或发包人派驻的工地代表及现场监理对隐蔽工程的条件进行检查，通知包括承包人的自检记录、隐蔽的内容、检查时间和地点。发包人或其派驻的工地代表接到通知后，应当在要求的时间内到达隐蔽现场，对隐蔽工程的条件进行检查，发包人或现场监理检查发现隐蔽工程条件不合格的，有权要求承包人在一定期限内完善工程条件，隐蔽工程条件符合规范要求的，发包人及现场监理检查合格后，承包人可以进行隐蔽工程施工。

发包人及现场监理接到通知后，没有按期对隐蔽工程的条件进行检查的，承包人应当催告发包人及现场监理在合理期限内进行检查。因为发包人及现场监理不进行检查，承包人就无法进行隐蔽施工，所以承包人通知发包人及现场监理检查而又未能及时进行检查的，承包人有权暂停施工，承包人可以顺延工期，并要求发包人赔偿因此造成的停工、窝工、材料和构件积压等损失。

承包人未通知发包人及现场监理检查而自行进行隐蔽工程施工的，事后发包人及现场监理有权要求对已隐蔽的工程进行检查，承包人应当按照要求进行剥露，并在检查后重新隐蔽或修复后隐蔽。如果经检查隐蔽工程不符合要求的，承包人应当返工，在这种情况下检查隐蔽工程所发生的费用（如检查费用、返工费用、材料费用等）由承包人负担，承包人还应承担工期延误的违约责任。

（五）试块、试件、材料检测制度

试块、试件、材料检测就是对工程中涉及结构安全的试块、试件、材料按规定进行必要的检测。结构安全问题涉及财产和生命安危，施工企业必须建立健全试块、试件、材料检测制度，严把质量关，这样才能确保工程质量。

1. 见证取样和送检

见证取样和送检是指在建设单位或监理人员的见证下，由施工单位的现场试验人员对工程中涉及的结构安全的试块、试件和材料在现场取样，并送至建设行政主管部门对其资质认可的质量检测单位进行检测。见证人员应由建设单位或监理单位具有建筑施工试样知识的专业人员担任，在施工过程中，见证人员应按见证取样和送检计划，对施工现场的取样和送检样进行验证，取样人员应在试样或包装上作出标志，标志应注明工程名称、取样部位、取样日期、样品名称和样品数量，并由见证人和取样人签字。见证人员应做见证记录，并将见证记录归入技术档案，见证人员和取样人员应对试样的代表性和真实性负责。

2．必须实施见证取样的试块、试件和材料

（1）用于承重结构或重要部位的混凝土试块。

（2）用于承重墙体的砂浆试块。

（3）用于承重结构的钢筋及连接接头试件。

（4）用于承重结构的砖和混凝土小型砌块。

（5）水泥、防水材料。

（6）国家规定必须实行见证取样和送检的其他试块、试件和材料。

3．常用材料检验项目

常用材料检验项目（见表9-1）。

表9-1　常用材料检验项目

序号	名称	主要项目
1	水泥	凝结时间、强度、体积安定性
2	混凝土用砂、石料	颗粒级配、含水率、含泥量、比重、孔隙率、松散容重
3	混凝土用外加剂	减水率、抗压强度比、钢筋锈蚀、凝结时间差
4	砌筑砂浆	拌和物性能、抗压强度
5	混凝土	拌和物性能、抗压强度
6	普通黏土砖、非黏土砖	强度等级
7	热轧钢筋、冷拉钢筋、型钢钢板、异型钢	抗拉、冷弯
8	冷拉低碳塑钢丝	拉力、反复弯曲、松弛
9	符合土工膜	单位面积重量、梯形撕破力、断裂强度、断裂伸长率、顶破强度、渗透系数、抗渗强度
10	土石坝用土料	天然含水率、天然容重、比重、孔隙率、液限、塑限、塑限指数、饱和度、颗粒级配、渗透系数、最优含水量、内摩擦角
11	土石坝用石料	岩性、比重、容重、抗压强度、渗透性

（六）施工图翻样制度

施工图翻样是施工单位为了施工方便和简化钢筋等工程的图纸内容，

将施工图按施工要求绘制成施工翻样图的工作。有时由于原设计表达不清或图纸比例太小，按图施工有困难或工程比较复杂等，也需要另行绘制施工翻样图。

1. 施工图翻样的作用

（1）能更好地学习和领会设计意图。

（2）有利于对施工图所注尺寸的全面核对和方便施工。

（3）便于工程用料清单的制作。

2. 施工图翻样的分类

（1）模板翻样图。对比较复杂的工程，需绘制模板大样图。

（2）钢筋翻样图。钢筋工每天都需按图纸"翻"出各种钢筋的根数、形状、细部尺寸钢筋的下料长度。

（3）委托外单位加工的构件翻样图。

（4）按分部工程和工种绘制的施工翻样图。

（七）工程变更

工程变更是指在工程项目实施过程中，按照合同约定的程序对部分或全部工程在材料、工艺、功能、构造、尺寸、技术指标、工程数量及施工方法等方面所作出的改变。广义的工程变更包含合同变更的全部内容，如设计方案和施工方案的变更、工程量清单数量的增减、工程质量和工期要求的变动、建设规模和建设标准的调整、政府行政法规的调整、合同条款的修改以及合同主体的变更等；而狭义的工程变更只包括以工程变更令形式变更的内容，如建筑物尺寸的变动、基础形式的调整、施工条件的变化等。

1. 工程变更的表现形式

（1）更改工程有关部分的标高、基线、位置和尺寸。

（2）增减合同中约定的工程量。

（3）增减合同中约定的工程内容。

（4）改变工程质量、性质或工程类型。

（5）改变有关工程的施工顺序和时间安排。

（6）为使工程竣工而必须实施的任何种类的附加工作。

2. 工程变更原则

（1）设计文件是安排建设项目和组织施工的重要依据，设计一经批准，不得任意改变。

（2）工程变更必须坚持高度负责的精神与严格的科学态度，在确保工程质量标准的前提下，对降低工程造价、节约用地、加快施工进度等方面有显著效益时，应考虑工程变更。

（3）工程变更，事先应周密调查，备有图文资料，其要求与原设计文件的相同，以满足施工需要，并填写变更设计报告单，详细申述变更理由、变更方案（附简图及现场图片）、与原设计的技术经济比较，按照变更审批程序报请审批，未经批准的不得按变更设计施工。

（4）工程变更的图纸设计要求和深度等同原设计文件的。

3．工程变更分类

根据提出变更申请和变更要求的不同部门，将工程变更划分为三类，即建设单位变更、监理单位变更、施工单位变更。

（1）建设单位变更（包含上级部门变更、建设单位变更、设计单位变更）。

1）上级部门变更：上级行政主管部门提出的政策性变更和由于国家政策变化引起的变更。

2）建设单位变更：建设单位根据现场实际情况，为提高质量标准、建设进度、节约造价等因素综合考虑而提出的工程变更。

3）建设单位变更：建设单位在工程施工过程中发现工程设计中存在设计缺陷或需要进行优化设计而提出的工程变更。

（2）监理单位变更：监理工程师根据现场实际情况提出的工程变更和工程项目变更、新增工程变更等。

（3）施工单位变更：施工单位在施工过程中发现设计与施工现场的地形、地貌、地质结构等情况不一致而提出来的工程变更。

（八）安全技术交底制度

施工现场各分项工程在施工作业活动前必须进行安全技术交底。安全技术交底就是施工员在安排分项工程生产任务的同时，必须向作业人员进行有针对性的安全技术交底。安全技术交底应按工程结构层次的变化和实际情况有针对性地反复进行，同时必须履行交底认签手续，由交底人签字，由被交底班组集体签字认可。

施工现场安全员必须认真履行检查、监督职责，切实保证安全交底工作不流于形式，提高全体作业人员安全生产的自我保护意识。

（九）工程技术资料管理制度

工程技术资料是为建设施工提供指导和对施工质量、管理情况进行记载的技术文件，也是竣工后存查或移交建设单位作为技术档案的原始凭证。单位工程必须从工程准备开始就建立技术资料档案，汇集整理有关资料，并贯穿施工的全过程，直到交任验收为止。凡列入工程技术档案的技术文件、资料，都必须经各级技术负责人正式审定，所有资料、文件都必须如实反映情况，要求记载真实、准确、及时，内容齐全、完整，整理系统化、表格化，字迹工整，并分类装订成册，严禁擅自修改、伪造和事后补做。

工程技术资料档案是永久性保存文件，必须严格管理，不得遗失、损坏，人员调动时必须办理移交手续。由施工单位保存的工程资料档案，一般工程在交工后统一交给项目部资料员保管，重要工程及新工艺、新技术等的资料档案由单位技术科资料室保存，并根据工程的性质确定保存期限，资料一般应一式两份。

二、施工现场主要工种施工技术要求

（一）混凝土工程施工技术要求

1. 混凝土原材料称量要求

（1）在每一工作班正式称量混凝土前，应先检查原材料质量，必须使用合格材料，各种衡器应定期校核，每次使用前进行零点校核，保证计量准确。

（2）施工中应测定骨料的含水率，当雨天施工含水率有显著变化时，应增加测定次数，依据测试结果及时调整配合比中的用水量和骨料用量。

（3）混凝土原材料按重量计的允许偏差不得超过以下规定：

①水泥、外掺混合材料，±1%。

②粗细骨料，±2%。

③水、外加剂溶液，±1%。

2. 混凝土原材料质量要求

（1）水泥必须有质量证明书，并应对其品种、标号、包装、出厂日期等进行检查。水泥质量有怀疑或水泥出厂超过 3 个月（快硬硅酸盐水泥为 1 个月）的，应复查试验。

（2）骨料应符合有关规定。粗骨料最大颗粒粒径不得大于结构截面最小尺寸的 1/4，同时不得大于钢筋间距最小净距的 3/4。

（3）水宜用饮用水。

（4）外加剂应符合有关规定，并经试验符合要求，方可使用。

（5）混合材料掺量应通过试验确定。

3．混凝土配合比要求

在实验室先进行试配，经试验合格后方能正式生产，并严格按配合比进行计量上料，认真检查混凝土组成材料的质量、用量、坍落度及搅拌时间，按要求做好试块。

4．混凝土拌和

（1）拌和设备投入混凝土生产前，应按经批准的混凝土施工配合比进行最佳投料顺序和拌和时间的试验。

（2）混凝土拌和必须按照试验部门签发并经审核的混凝土配料单进行配料，严禁擅自更改。

（3）混凝土组成材料的配料量均以重量计。

（4）混凝土拌和时间应通过试验确定，表9-2中所列最少拌和时间可参考使用。

（5）每台班开始拌和前，应检查拌和机叶片的磨损情况，在混凝土拌和过程中，应定时检测骨料含水量，必要时应加密测量。

（6）混凝土掺和料在现场宜用干掺法，且应保证拌和均匀。

（7）外加剂溶液中的水量，应在拌和用水量中扣除。

（8）二次筛分后的粗骨料，其粒径应控制在要求范围内。

（9）混凝土拌和物出现下列情况之一者，按不合格料处理：

1）错用配料单已无法补救，不能满足质量要求。

2）混凝土配料时，任意一种材料计量失控或漏配，不符合质量要求。

3）拌和不均匀或夹带生料。

4）出机口混凝土坍落度超过最大允许值。

表9-2　混凝土最少拌和时间

拌和机容量 Q/m^3	最大骨料粒径/mm	最少拌和时间/s	
		自由式拌和机	强制式拌和机
$0.8 \leq Q \leq 1$	80	90	60
$1 < Q \leq 3$	150	120	75
$Q > 3$	150	150	90

5．运输

（1）选择混凝土运输设备及运输能力，应与拌和、浇筑能力、仓面具体情况相适应。

（2）所用的运输设备应使混凝土在运输过程中不致发生分离、漏浆、严重泌水、过多温度回升和坍落度损失。

（3）同时运输两种以上强度等级、级配或其他特性不同的混凝土时，应设置明显的区分标志。

（4）混凝土在运输过程中，应尽量缩短运输时间及减少转运次数。掺普通减水剂的混凝土运输时间不宜超过表9-3所示的规定。因故停歇过久，混凝土已初凝或已失去塑性时，应做废料处理。严禁在运输途中和卸料时加水。

（5）在高温或低温条件下，混凝土运输工具应设置遮盖或保温设施，以避免气温等因素影响混凝土质量。

（6）混凝土的自由下落高度不宜大于 2m。超过时，应采取缓降或其他措施，以防止骨料分离。

表 9-3　混凝土运输时间

运输时段的平均气温/（℃）	混凝土运输时间/min
20～30	45
10～20	60
5～10	90

（7）用汽车、翻斗车、侧卸车、料罐车、搅拌车及其他专用车辆运送混凝土时，应遵守下列规定：

1）运输混凝土的汽车应为专用的，运输道路应保持平整。

2）装载混凝土的厚度不应小于40cm，车厢应平滑、密闭、不漏浆。

3）每次卸料，应将所载混凝土卸净，并应适时清洗车厢（料罐）。

4）汽车运输混凝土直接入仓时，必须有确保混凝土施工质量的措施。

（8）用门式、塔式、缆式起重机以及其他吊车配吊罐运输混凝土时，应遵守下列规定：

1）起重设备的吊钩、钢丝绳、机电系统配套设施、吊罐的吊耳及吊罐放料口等，应定期进行检查维修，保证设备完好。

2）吊罐不得漏浆，并应经常清洗。

3）起重设备运转时，应注意与周围施工设备保持一定距离和高度。

（9）用各类皮带机（包括塔带机、胎带机等）运输混凝土时，应遵守下列规定：

1）混凝土运输中应避免砂浆损失；必要时适当增加配合比的砂率。

2）当输送混凝土的最大骨料粒径大于 80mm 时，应进行适应性试验，满足混凝土质量要求。

3）皮带机卸料处应设置挡板、卸料导管和刮板。

4）皮带及布料应均匀，堆料高度应小于1m。

5）应有冲洗设施及时清洗皮带上黏附的水泥砂浆，并应防止冲洗水流入仓内。

6）露天皮带机上宜搭设盖棚，以免混凝土受日照、风、雨等影响；低温季节施工时，应有适当的保温措施。

（10）用溜筒、溜管、负压（真空）溜槽运输混凝土时，应遵守下列规定：

1）溜筒（管、槽）内壁应光滑，开始浇筑前应用砂浆润滑筒（管、槽）内壁。当用水润滑时，应将水引出仓外，仓面必须有排水措施。

2）溜筒（管、槽）应经过试验论证，确定溜筒（管、槽）高度与合适的混凝土坍落度。

3）溜筒（管、槽）宜平顺，每节之间应连接牢固，应有防脱落保护措施。

4）运输和卸料过程中，应避免混凝土分离，严禁向溜筒（管、槽）内加水。

5）运输结束或溜筒（管、槽）堵塞后，应及时清洗，且应防止清洗水进入新浇混凝土仓内。

6. 混凝土浇筑

（1）建筑物地基必须经验收合格后，方可进行混凝土浇筑仓面准备工作。

（2）岩基上的松动岩块及杂物、泥土均应清除。岩基面应冲洗干净并排净积水，如有承压水，必须采取可靠的处理措施。清洗后的岩基在浇注混凝土前应保持洁净和湿润。

（3）软基或容易风化的岩基，应做好下列工作：

1）在软基上准备仓面时，应避免破坏或扰动原状土壤，如有扰动，必须处理。

2）非黏性土壤地基，如湿度不够，应至少浸湿15cm深，使其湿度与最优强度时的湿度相符。

3）当地基为湿陷性黄土时，应采取专门的处理措施。

4）在混凝土覆盖前，应做好基础保护。

（4）浇筑混凝土前，应详细检查有关准备工作，包括地基处理（或缝面处理）情况，混凝土浇筑的准备工作，模板、钢筋预埋件等是否符合设计要求，并应做好记录。

（5）基岩面和新老混凝土施工缝面在浇筑第一层混凝土前，可铺水泥砂浆、小级配混凝土，保证新混凝土与基岩或新老混凝土施工缝面接合良好。

（6）混凝土的浇筑，可采用平铺法或台阶法施工。应按一定厚度、次序、方向，分层进行，且浇筑层面平整。台阶法施工的台阶宽度不应小于2m。在压力钢管、竖井、孔道、廊道等周边及顶板浇筑混凝土时，混凝土应对称均匀上升。

（7）混凝土浇筑胚层厚度，应根据拌和能力、运输能力、浇筑速度、气温及振捣能力等因素确定，一般为30～50cm。根据振捣设备类型确定浇筑胚层的允许最大厚度可参照表9-4所示的规定；如采用低塑性混凝土及大型强力振捣设备，则其浇筑胚层厚度应根据试验确定。

表9-4　混凝土浇筑胚层的允许最大厚度

振捣设备类别		浇筑胚层允许最大厚度
插入式	振捣机	振捣棒（头）长度的1.0倍
	电动或风动振捣器	振捣棒（头）长度的4/5
	软轴式振捣器	振捣棒（头）长度的1.25倍
平板式	无筋或单层钢筋结构中	250mm
	双层钢筋结构中	200mm

（8）入仓的混凝土应及时平仓振捣，不得堆积，仓内若有粗骨料堆叠，则应均匀地分布至砂浆较多处，但不得用水泥砂浆覆盖，以免造成蜂窝，在倾斜面上浇筑混凝土时，应从低处开始，浇筑面应水平，在倾斜面处收仓面应与倾斜面垂直。

（9）混凝土浇筑的振捣应遵守下列规定：

1）混凝土浇筑应先平仓后振捣，严禁以振捣代替平仓。振捣时间以混凝土粗骨料不再显著下沉，并开始泛浆为准，应避免欠振或过振。

2）振捣设备的振捣能力应与浇筑机械和仓位客观条件相适应，适用塔带机浇筑的大仓位宜配置振捣机振捣。使用振捣机时，应遵守下列规定：

①振捣棒组应垂直插入混凝土中，振捣完应慢慢拔出。

②移动振捣棒组，应按规定间距相接。

③振捣第一层混凝土时，振捣棒组应距硬化混凝土面5cm。振捣上层混凝土时，振捣棒头应插入下层混凝土5~10cm。

④振捣作业时，振捣棒头离模板的距离应不小于振捣棒有效作用半径的1/2。

3）采用手持式振捣器时应遵守下列规定：

①振捣器插入混凝土的间距应根据试验确定，并不超过振捣器有效半

径的 1.5 倍。

②振捣器宜垂直按顺序插入混凝土。如略有倾斜，则倾斜方向应保持一致，以免漏振。在振捣时，应将振捣器插入下层混凝土 5cm 左右。

③严禁振捣器直接碰撞模板、钢筋及预埋件。

④在预埋件特别是止水片、止浆片周围，应细心振捣，必要时辅以人工捣固密实，对浇筑块第一层、卸料接触带和台阶边坡处的混凝土应加强振捣。

（10）混凝土浇筑过程中，严禁在仓内加水；混凝土和易性较差时，必须采取加强振捣等措施；仓内的泌水必须及时排出；应避免外来水进入仓内，严禁在模板上开孔赶水，带走灰浆；应随时清除黏附在模板、钢筋和预埋件表面的砂浆；应有专人做好模板维护，防止模板位移、变形。

（11）混凝土的坍落度应根据建筑物的结构断面、钢筋含量、运输距离、浇筑方法、运输方式、振捣能力和气候等条件决定，在选定配合比时应综合考虑，并宜采用较小的坍落度。混凝土在浇筑地点的坍落度可参照表 9-5 选用。

表 9-5　混凝土在浇筑地点的坍落度

混凝土类别	坍落度/cm
素混凝土或少筋混凝土	1～4
配筋率不超过 1% 的钢筋混凝土	3～6
配筋率超过 1% 的钢筋混凝土	5～9

（12）混凝土浇筑应保持连续性。

1）混凝土浇筑允许间歇时间应通过试验确定。掺普通减水剂混凝土的允许间歇时间可参照表 9-6 选择，如因故超过允许间歇时间，但混凝土能重塑者可继续浇筑。

2）如局部初凝，但未超过允许面积，则在初凝部位铺水泥砂浆或小级配混凝土后可继续浇筑。

表 9-6　混凝土的允许间歇时间

混凝土浇筑时的气温/（℃）	允许间歇时间/min	
	中热硅酸盐水泥、硅酸盐水泥、普通硅酸盐水泥	低热矿渣硅酸盐水泥、矿渣硅酸盐水泥、火山灰质硅酸盐水泥
20～30	90	120
10～20	135	180
5～10	195	—

（13）浇筑仓面出现下列情况之一时，应停止浇筑：

1）混凝土初凝并超过允许面积。

2）混凝土平均浇筑温度超过允许偏差值，并在 1 小时内无法调整至允许温度范围内。

（14）浇筑仓面混凝土料出现下列情况之一时，应予挖除：

1）出现下列情况之一的为不合格料：

①已错用配料单且已无法补救，不能满足质量要求。

②混凝土配料时，若任意一种材料计量失控或漏配，则不符合质量要求。

2）拌和不均匀或夹带生料。

3）下到高等级混凝土浇筑部位的低等级混凝土料。

4）不能保证混凝土振捣密实或对建筑物带来不利影响的级配错误的混凝土料。

5）长时间不凝固导致超过规定时间的混凝土料。

（15）混凝土施工缝处理，应遵守下列规定：

1）混凝土收仓面应浇筑平整，在其抗压强度尚未达到 2.5MPa 前，不得进行下道工序的仓面准备工作。

2）混凝土施工缝面应无乳皮，微露粗砂。

3）毛面处理宜采用 25～50MPa 高压水冲毛机，也可采用低压水、风砂枪、刷毛机及人工凿毛等方法。毛面处理的开始时间由试验确定，采取喷洒专用处理剂时，应通过试验后实施。

（16）结构物混凝土达到设计顶面时，应使其平整，其高程必须符合设计要求。

7. 混凝土雨季施工

（1）雨季施工应做好下列工作：

1）砂石料仓的排水设施应畅通无阻；

2）运输工具应有防雨及防滑措施；

3）浇筑仓面应有防雨措施并备有不透水覆盖材料；

4）增加骨料含水率测定次数，及时调整拌和用水量。

（2）中雨以上的雨天不得新开混凝土浇筑仓面，有抗冲耐磨和抹面要求的混凝土不得在雨天施工。

（3）在小雨天气进行浇筑时，应采取下列措施：

1）适当减小混凝土拌和用水量和出机口混凝土的坍落度，必要时应适当缩小混凝土的水胶比。

2）加强仓内排水和防止周围雨水流入仓内。

3）做好新浇筑混凝土面尤其是接头部位的保护工作。

（4）在浇筑过程中，遇大雨、暴雨，应立即停止进料，已入仓混凝土应振捣密实后遮盖，雨后必须先排除仓内积水，对受雨水冲刷的部位应立即处理，如混凝土还能重塑，应加铺接缝混凝土后继续浇筑，否则应按施工缝处理。

（5）及时了解天气预报，加强施工区气象观测，合理安排施工。

8.混凝土养护

（1）混凝土浇筑完毕后，应及时洒水养护，保持混凝土表面湿润。

（2）混凝土表面养护的要求如下：

1）混凝土浇筑完毕后，养护前宜避免太阳光曝晒。

2）塑性混凝土应在浇筑完毕后 6～18 小时内开始洒水养护，低塑性混凝土宜在浇筑完毕后立即喷雾养护，并及早开始洒水养护。

3）混凝土应连续养护，养护期内始终使混凝土表面保持湿润。

（3）混凝土养护时间，不宜少于 28 天，有特殊要求的部位宜适当延长养护时间。

（4）混凝土的养护用水应与拌制用水相同。

（5）混凝土养护应有专人负责，并做好养护记录。

9.低温季节混凝土施工

（1）一般规定。

1）日平均气温连续 5 天稳定在 5℃以下或最低气温连续 5 天在-3℃以下时，按低温季节施工。

2）低温季节施工，必须编制专项施工组织设计和技术措施，以保证浇筑的混凝土满足设计要求。

3）混凝土早期允许受冻临界强度应满足以下要求：

①大体积混凝土，不应低于 7MPa。

②非大体积混凝土和钢筋混凝土，不应低于设计强度的 85%。

4）低温季节，尤其在严寒和寒冷地区，施工部位不宜分散。已浇筑的有保护要求的混凝土，在进入低温季节之前，应采取保温措施。

5）进入低温季节，施工前应先准备好加热、保温和防冻材料（包括早强、防冻外加剂），并应有防火措施。

（2）施工准备。

1）原材料的储存、加热、输送和混凝土的拌和、运输、浇筑仓面，均应根据气候条件，通过热工计算，选择适宜的保温措施。

223

2）骨料宜在进入低温季节前筛洗完毕。成品料应有足够的储备和堆高，并要有防止冰雪和冻结的措施。

3）低温季节混凝土拌和宜先加热水。当日平均气温稳定在-5℃以下时，宜加热骨料。骨料宜采用蒸汽排管法加热，粗骨料可以直接用蒸汽加热，但不得影响混凝土的水灰比。骨料不需加热时，应注意不能结冰，也不应混入冰雪。

4）拌和混凝土之前，应用热水或蒸汽冲洗拌和机，并将积水排除。

5）在岩基或老混凝土上浇筑混凝土前，应检测其温度，如为负温，应加热至正温，加热深度不小于 10cm 或以浇筑仓面边角（最冷处）表面测温为正温（大于 0℃）为准，经检验合格后方可浇筑混凝土。

6）仓面清理宜采用热风枪或机械方法，不宜用水枪或风水枪。

7）在软基土上浇筑第一层基础混凝土时，基土不能受冻。

（3）施工方法及保温措施。

1）低温季节混凝土的施工方法宜符合下列要求：

①在温和地区宜采用蓄热法，风沙大的地区应采取防风措施。

②在严寒和寒冷地区，预计日平均气温在-10℃以上时，宜采用蓄热法；预计日平均气温为-15～-10℃时，可采用综合蓄热法或暖棚法；对风沙大、不宜搭设暖棚的仓面，可采用覆盖保温被下布置供暖设备的办法；在特别严寒的地区（最热月与最冷月平均温度差大于 42℃），在进入低温季节施工时要认真研究确定施工方法。

③除工程特殊需要外，日平均气温在-20℃以下时不宜施工。

2）混凝土的浇筑温度应符合设计要求：温和地区不宜低于 3℃；严寒和寒冷地区采用蓄热法时不应低于 5℃，采用暖棚法时不应低于 3℃。

3）当采用蒸汽加热或电加热法施工时，应进行专门的设计。

4）温和地区和寒冷地区采用蓄热法施工，应遵守下列规定：

①保温模板应严密，保温层应搭接牢靠，尤其在孔洞和接头处，应保证施工质量。

②有孔洞和迎风面的部位，应增设挡风保温设施。

③浇筑完毕后应立即覆盖保温。

④使用不易吸潮的保温材料。

5）外挂保温层必须牢固地固定在模板上。模板内贴保温层表面应平整，并有可靠措施保证在拆模后能固定在混凝土表面。

6）混凝土拌和时间应比常温季节要适当延长，具体通过试验确定。已加热的骨料和混凝土应尽量缩短运距，减少倒运次数。

7）在施工过程中，应注意控制并及时调节混凝土的机口温度，尽量减少波动，保持浇筑温度均匀。控制方法以调节拌和水温为宜。提高混凝土拌和物温度的方法：首先应考虑加热拌和用水；当加热拌和用水还不能满足浇筑温度要求时，要加热骨料，水泥不得直接加热。

8）拌和用水加热超过 60℃ 时，应改变加料顺序，将骨料与水先拌和，再加入水泥，以免假凝。

9）混凝土浇筑完毕后，外露面应及时保温。新老混凝土接合处和边角应加强保温，保温层厚度应是其他面保温层厚度的 2 倍，保温层搭接长度不应小于 30cm。

10）在低温季节浇筑的混凝土，拆除模板必须遵守下列规定：

①拆除非承重模板时，混凝土强度必须大于允许受冻的临界强度或成熟度值。

②承重模板拆除应经计算确定。

③拆模时间及拆模后的保护应满足温控防裂要求，并遵守内外温差不大于 20℃或 2～3 天内混凝土表面温降不超过 6℃。

11）混凝土质量检查除按规定成形时间检测外，还可采取无损检测手段随时检查混凝土早期强度。

（4）温度观测。

1）施工期间，温度观测规定如下：

①外界气温宜采用自动测温仪器，若人工测温，则每天应测 4 次。

②暖棚内气温每 4 小时测一次，以混凝土面 50cm 的温度为准，测四边角和中心温度的平均数为暖棚内气温值。

③水、外加剂及骨料的温度每小时测一次。测量水、外加剂溶液和砂的温度时，温度传感器或温度计插入深度不小于10cm；测量粗骨料温度时，插入深度不小于 10cm，并大于骨料粒径的 1.5 倍，周围要用细粒径充填。用点温计测量时，应自 15cm 以下取样测量。

④混凝土的机口温度、运输过程中温度损失及浇筑温度，根据需要测量或每 2 小时测量一次。温度传感器或温度计插入深度不小于10cm。

⑤已浇混凝土块体内部温度可用电阻式温度计或热电偶等仪器观测或埋设测量孔（孔深应大于 15cm，孔内灌满液体介质），用温度传感器或玻璃温度计测量。

2）大体积混凝土浇筑后 1 天内应加密观测温度变化，外部混凝土每天应观测最高、最低温度；内部混凝土每 8 小时观测一次，其后宜每 12 小时观测一次。

3）气温骤降和寒潮期间，应增加观测次数。

（二）钢筋工程施工技术要求

（1）严格执行钢筋工程的施工规范。钢筋的品种和质量必须符合要求和《钢筋混凝土用钢第 1 部分：热轧光圆钢筋》（GB1499.1－2008）、《钢筋混凝土用钢第 2 部分：热轧带肋钢筋（MGB1499.2－2007）的规定，焊条、焊剂的牌号、性能必须符合设计要求和《低碳钢及低合金高强度钢焊条》（GB981－1976）的规定，进口钢筋焊接前必须进行化学成分检验和焊接试验。

（2）钢筋绑扎后，应根据设计图纸检查钢筋的直径、根数、间距、锚固长度、形状是否正确，特别要注意检查负筋的位置。

（3）保证钢筋绑扎牢固，无松动、变形现象。

（4）钢筋表面的油污、铁锈必须清除干净。

（5）钢筋采用焊接接头时，设置在同一构件内的焊接接头应相互错开，错开距离为受力筋直径的 30 倍且不小于 500mm。一根钢筋不得有两个接头，有接头的钢筋截面面积占钢筋总截面面积的百分率：在受拉区不宜超过 50%；在受压区和装配式结构节点不限制。

（6）钢筋采用绑扎接头时，接头位置应相互错开，错开距离为受力钢筋直径的 30 倍且不小于 500mm。有绑扎接头的受力筋截面面积占受力筋总截面面积的百分率：在受拉区不得超过 25%，在受压区不得超过 50%。

（7）焊接接头尺寸允许偏差必须符合相关规定。

（8）钢筋安装及预埋件位置的允许偏差符合相关规定。

（9）钢筋接头不宜设置在梁端、柱端的箍筋加密区。抗震结构绑扎接头的搭接长度，一、二级时应比非抗震的最小搭接长度相应增加 $10d$、$5d$（d 为搭接钢筋直径）。

（10）钢筋焊接前，必须根据施工条件进行试焊合格后方可正式施焊。焊工必须有焊工合格证，并在规定的范围内进行焊接操作。

（11）钢筋连接采用锥螺纹连接时，接头连接套需有质量检验单和合格证，连接接头强度必须达到钢材强度值，按每种规格接头，以 300 个为一批（不足 300 个仍为一批），每批三根接头，试件长度不小于 600mm 做拉伸试验；钢筋套丝质量必须符合要求，要求逐个用月牙形规和卡规检查，要求牙形与牙形规的牙形吻合，小端直径不得超过允许值；钢筋螺纹的完整牙数不小于规定牙数；连接完的钢筋头必须用油漆作标记，其外露丝扣不得超过一个完整丝扣；连接套规格需与钢筋的相符，连接钢筋时必须将力矩扳手扭矩值调到规定钢筋接头拧紧值，不要超过允许的扭矩值。

（三）模板工程施工技术要求

（1）保证混凝土结构和构件各部分设计形状、尺寸和相互位置正确。

（2）具有足够的强度、刚度和稳定性，能可靠地承受有关标准规定的各项施工荷载，并保证变形在有关范围内。

（3）面板板面平整、光洁，拼缝密合不漏浆。

（4）安装和拆卸方便、安全，一般能够多次使用。尽量做到标准化、系列化，有利于混凝土工程的机械化施工。

（5）模板应与混凝土结构和构件的特征、施工条件和浇筑方法相适应。大面积的平面支模应选用大模板；当浇筑层厚度不超过 3m 时，宜选用悬臂大模板。

（6）组合钢模板、大模板、滑动模板等模板的设计、制作和施工应符合国家现行标准《组合钢模板技术规范 MGB50214—2001》、《液压滑动模板施工技术规范》（GBJ113）和《水工建筑物滑动模板施工技术规范》（SL32—1992）相应规定。

（7）对模板采用的材料及制作、安装等工序均应进行质量检测。模板制作前，应由材料供货商提供材质方面的证明材料，确认是否满足设计要求，不合格的材料不得使用。模板（包括外购的模板及委托模板公司加工制作的模板）制作完成后，需要对其加工制作的误差进行检测。其中，钢模台车、悬臂模板、自升模板等，均需要进行预拼装，特别是重复应用于第二个工程项目时更应如此，这有利于对模板进行调整和矫正，合格后方可运至现场安装。模板安装就位，并固定牢靠后，其实测资料（有轨滑模，应提供滑轨的测量资料）再由质监部门及监理工程师检查验收，合格后才能进行混凝土浇筑。

（四）砌体工程施工技术要求

1．砌砖体工程

（1）严格执行砌体工程施工及验收规范。

（2）砌体施工应设置皮数杆，并根据设计要求、砖石规格和灰缝厚度在皮数杆上标明批数及竖向构造的变化部位。

（3）砌体表面的平整度、垂直度、灰缝厚度及砂浆饱满度，均应按规定随时检查并校正。

（4）砂浆品种符合设计要求，强度必须符合有关规定。

（5）砖的品种、标号必须符合设计要求，并应规格一致。

（6）根据砌体抗震规范的要求，埋入砌砖体中的拉结筋，应设置正确、平直。其外露部分在施工中不得任意弯折。

（7）砌砖体的尺寸和位置的允许偏差不应超过有关规定。

（8）砌砖体的水平灰缝厚度和竖直灰缝宽度一般为 10mm，但不小于 8mm，也不大于 12mm。

（9）清水墙勾缝应采用加浆勾缝，勾缝砂浆宜采用细砂拌制的 1：15 的水泥砂浆，勾缝深度为 4~5mm。

（10）砌砖体的转角处和交接处同时砌筑。对不能同时砌筑而又必须留置的临时间断处，应砌成斜搓。实心砌砖体的斜搓长度不应小于高度的 2/3，空心砌砖体斜搓长、高应按砖的规格尺寸确定。如临时间断处留搓确有困难，除转角处外，也可留直搓，但必须做成阳搓，并加设拉结筋。拉结筋的数量为每 12cm 墙厚放置 1 根直径为 6mm 的钢筋，间距沿墙高不得超过 50cm，埋入深度从墙的留搓算起，每边均不小于 50cm，末端应有 90°的弯钩。

2．石砌体工程

（1）干砌石施工技术要求。

1）砌石应垫稳填实，与周边砌石靠紧，严禁架空。石料应坚硬、密实，表面应无全风化、强风化极软岩。

2）严禁出现通缝、叠砌及浮塞，不得在外露面用块石砌筑，而中间用小石填心，不得在砌筑层面以小石块、片石找平，堤顶应以大石块或混凝土预制块压顶。

（2）浆砌石施工技术要求。

1）砌石前应将石料刷洗干净，并保持湿润，砌体石块间应用胶结材料黏结、填实。石料应选择坚硬、密实，表面应无全风化、强风化极软岩等。

2）护坡、护底和翼墙内部石块间较大的空隙，应先灌填砂浆或细石混凝土并认真振捣，再用碎石块嵌实，不得采用先填碎石块、后塞砂浆的方法处理。

3）拱石砌筑，必须两端对称进行，各排拱石互相交错，错缝距离不得小于 10cm。

4）当最低温度在 0 ~ 5°C 时，砌筑作业应注意表面保护，最低气温在 0°C 以下时应停止砌筑。

（3）石砌体基础施工技术要求。

1）砌筑毛石基础的第一皮石块应坐浆，应将大面向下。毛石基础如做成阶梯形，上级阶梯的石块应至少压砌下级阶梯的 1/2，相邻阶梯的毛石应互错缝搭砌。

2）砌筑料石基础的第一皮应用丁砌层坐浆砌筑。阶梯形料石基础，上级阶梯的料石应至少压砌下级阶梯的 1/3。

（4）石砌挡土墙施工技术要求。

1）毛石的中部厚度不宜小于 200mm。

2）毛石每砌 3 ~ 4 皮为一个分层高度，每个分层高度应找平一次。

3）毛石外露面的灰缝厚度不得大于 40mm，两个分层高度间分层处毛石的错缝不得小于 80mm。

4）料石挡土墙宜采用同皮内丁顺相间的砌筑形式。当中间部分用毛石填砌时，丁砌料石伸入毛石部分长度不应小于 200mm。

5）石砌挡土墙泄水孔当设计无规定时，应符合下列要求：

①泄水孔应均匀设置，在每米高度上间隔 2m 左右设置一个泄水孔；泄水孔与土体间铺设长宽各 300mm、厚 200mm 的卵石或碎石作疏水层。

②挡土墙内侧回填土必须分层夯填，分层松土厚度应为 300mm。挡土墙应有坡度以使水流向挡土墙外侧。

（五）堤防工程施工技术要求

1. 堤基施工的一般要求

堤基施工系隐蔽工程施工，因此施工技术应从严要求，控制有关施工方案与技术措施，保证堤基施工的质量，避免以后工程运行中产生不可挽回的危害与损失。

对比较复杂或施工难度较大的堤基，施工前应进行现场试验，这是解决堤基施工中存在的问题，取得必要施工技术参数的关键性手段，并有利于堤基处理的组织实施，保证工程质量。

冰夹层和冻胀土层的融化处理通常采用自然升温法或夜间地膜保护法，以及土墙挡风法等，个别严寒地区亦可考虑在温棚内加温融化。基坑渗水和积水是堤基施工经常遇到问题，处理不当就会出现事故，造成严重质量隐患，对较深基坑，要采取措施防止坍岸、滑坡等事故的发生，消除隐患。

2．堤基清理要求

（1）堤基清理的范围应包括堤身、戗台、铺盖、压载的基面，其边界应在设计基面边线外 0.3～0.5m，老堤加高培厚，其清理范围尚应包括堤顶及堤坡。

（2）堤基表面的淤泥、腐殖土、泥炭等不合格土及草皮、树根、建筑垃圾等杂物必须清除。

（3）堤基内的井窖、墓穴、树坑、坑塘及动物巢穴，应按堤身建筑要求进行回填处理。

（4）堤基清理后，应在第一次铺填前进行平整。除了深厚的软弱堤基需另行处理外，还应进行压实。压实后的质量应符合设计要求。

（5）新老堤结合部的清理、刨毛应符合《堤防工程施工规范》（SL 260－1998）的要求。

3．土料防渗体填筑的要求

（1）黏土料的土质及其含水率应符合设计和碾压试验确定的要求。

（2）填筑作业应按水平层次铺填，不得顺坡填筑。分段作业面的最小长度，机械作业时不应小于 100mm，人工作业时不应小于 50mm。应分层统一铺土，统一碾压，严禁出现界沟。当相邻作业面之间不可避免出现高差时，应按照《堤防工程施工规范》（SL260－1998）的规定施工。

（3）必须分层填土，铺料厚度和土块直径的限制尺寸应符合表 9-7 所示的规定。

表 9-7　铺料厚度和土块直径限制尺寸

压实功能类型	压实机具种类	铺料厚度/mm	土块限制直径/mm
轻型	人工夯、机械夯	15～20	小于或等于 5
	5～10t 平碾	20～25	小于或等于 5
中型	12～15t 平碾、斗容为 2.5m³ 的铲运机、5～8t 振动碾	25～30	小于或等于 10
重型	斗容大于 7m³ 的铲运机、10～16t 振动碾、加载气胎碾	30～50	小于或等于 10

（4）碾压机械行走方向应平行于堤轴线，相邻作业的碾迹必须搭接。搭接碾压宽度，平行堤轴线方向不应小于 0.5m，垂直堤轴线方向不应小于 1.5m，机械碾压不到的部位应采用机械或人工夯实，夯击应连环套打，双向套压，夯迹搭压宽度不应小于 1/3 夯径。

第二节　水利工程施工现场安全管理

一、施工安全管理的目的和任务

施工项目安全管理的目的是最大限度地保护生产者的人身安全，控制影响工作环境内所有员工（包括临时工作人员、合同方人员、访问者和其他有关人员）安全的条件和因素，避免因使用不当对使用者造成安全危急，防止安全事故的发生。

施工安全管理的任务是建筑生产安全企业为达到建筑施工过程中安全的目的，所进行的组织、控制和协调活动，主要内容包括制定、实施、实现、评审和保持安全方针所需的组织机构、策划活动、管理职责、实施程序、所需资源等。施工企业应根据自身实际情况制定方针，并通过实施、实现、评审、保持、改进来建立组织机构、策划活动、明确职责、遵守安全法律法规、编制程序控制文件、实施过程控制，提供人员、设备、资金、信息等资源，对安全与环境管理体系按国家标准进行评审，按计划、实施、检查、总结循环过程进行提高。

二、施工安全管理的特点

（一）安全管理的复杂性

水利工程施工具有项目的固定性、生产的流动性、外部环境影响的不确定性，这决定了施工安全管理的复杂性。

生产的流动性主要指生产要素的流动性，它是指生产过程中人员、工具和设备的流动，主要表现有以下几个方面：

（1）同一工地不同工序之间的流动；

（2）同一工序不同工程部位之间的流动；

（3）同一工程部位不同时间段之间的流动；

（4）施工企业向新建项目迁移的流动。

外部环境对施工安全影响因素很多，主要表现在以下几个方面：①露天作业多；②气候变化大；③地质条件变化；④地形条件影响；⑤地域、人员交流障碍影响。

以上生产因素和环境因素的影响使施工安全管理变得复杂，考虑不周会出现安全问题。

（二）安全管理的多样性

受客观因素影响，水利工程项目具有多样性的特点，使得建筑产品具有单件性，每一个施工项目都要根据特定条件和要求进行施工生产，安全管理具有多样性特点，主要表现在以下几个方面：

（1）不能按相同的图纸、工艺和设备进行批量重复生产；

（2）因项目需要设置组织机构，项目结束组织机构不存在，生产经营的一次性特征突出；

（3）新技术、新工艺、新设备、新材料的应用给安全管理带来新的难题；

（4）人员的改变、安全意识、经验不同带来安全隐患。

（三）安全管理的协调性

施工过程的连续性和分工决定了施工安全管理的协调性。水利施工项目不能像其他工业产品一样可以分成若干部分或零部件同时生产，必须在同一个固定的场地按严格的程序连续生产，上一道工序完成才能进行下一道工序，上一道工序生产的结果往往被下一道工序所掩盖，而每一道工序都是由不同的部门和人员来完成的，这样，就要求在安全管理中，要求不同部门和人员做好横向配合和协调，共同注意各施工生产过程接口部分的安全管理的协调，确保整个生产过程和安全。

（四）安全管理的强制性

工程建设项目建设前，已经通过招标投标程序确定了施工单位。由于目前建筑市场供大于求，施工单位大多以较低的标价中标，实施中安全管理费用投入严重不足，不符合安全管理规定的现象时有发生，从而要求建设单位和施工单位重视安全管理经费的投入，达到安全管理的要求，政府也要加大对安全生产的监管力度。

三、施工安全控制的特点、程序、要求

（一）安全控制的概念

1. 安全生产的概念

安全生产是指施工企业使生产过程避免人身伤害、设备损害及其不可接受的损害风险的状态。

不可接受的损害风险通常是指超出了法律、法规和规章的要求，超出

了方针、目标和企业规定的其他要求，超出了人们普遍接受的要求（通常是隐含的要求）。

安全与否是一个相对的概念，根据风险接受程度来判断。

2．安全控制的概念

安全控制是指企业通过对安全生产过程中涉及的计划、组织、监控、调节和改进等一系列致力于满足施工安全措施所进行的管理活动。

（二）安全控制的方针与目标

1．安全控制的方针

安全控制的目的是安全生产，因此安全控制的方针是"安全第一，预防为主"。

安全第一是指把人身的安全放在第一位，安全为了生产，生产必须保证人身安全，充分体现以人为本的理念。

预防为主是实现安全第一的手段，采取正确的措施和方法进行安全控制，从而减少甚至消除事故隐患，尽量把事故消除在萌芽状态，这是安全控制最重要的思想。

2．安全控制的目标

安全控制的目标是减少和消除生产过程中的事故，保证人员健康安全，避免财产损失。安全控制目标具体包括：

（1）减少和消除人的不安全行为的目标；

（2）减少和消除设备、材料的不安全状态的目标；

（3）改善生产环境和保护自然环境的目标；

（4）安全管理的目标。

（三）施工安全控制的特点

1．安全控制面大

水利工程由于规模大、生产工序多、工艺复杂、流动施工作业多、野外作业多、高空作业多、作业位置多、施工中不确定因素多，因此施工中安全控制涉及范围广、控制面大。

2．安全控制动态性强

水利工程建设项目的单件性使得每个工程所处的条件不同，危险因素和措施也会有所不同。员工进驻一个新的工地，面对新的环境，需要大量时间去熟悉和对工作制度及安全措施进行调整。

工程施工项目施工的分散性使现场施工分散于场地的不同位置和建筑物的不同部位，面对新的具体的生产环境，除熟悉各种安全规章制度和技术措施外，还需作出自己的研判和处理。有经验的人员也必须适应不断变化的新问题、新情况。

3．安全控制体系的交叉性

工程项目施工是一个系统工程，受自然环境和社会环境影响大，施工安全控制和工程系统、质量管理体系、环境和社会系统联系密切，交叉影响，建立和运行安全控制体系要相互结合。

4．安全控制的严谨性

安全事故的出现是随机的，偶然中存在必然性，一旦失控，就会造成伤害和损失。因此，安全状态的控制必须严谨。

（四）施工安全控制程序

1．确定项目的安全目标

按目标管理的方法在以项目经理为首的项目管理系统内进行分解，从而确定每个岗位的安全目标，实现全员安全控制。

2．编制项目安全技术措施计划

对生产过程中的不安全因素，应采取技术手段加以控制和消除，并采用书面文件的形式作为工程项目安全控制的指导性文件，落实预防为主的方针。

3．落实项目安全技术措施计划

安全技术措施包括安全生产责任制、安全生产设施、安全教育和培训、安全信息的沟通和交流，通过安全控制使生产作业的安全状况处于可控制状态。

4．安全技术措施计划的验证

安全技术措施计划的验证包括安全检查、不符合因素纠正、安全记录检查、安全技术措施修改与再验证。

5．安全生产控制的持续改进

安全生产控制的持续改进直到完成工程项目全面工作的结束。

（五）施工安全控制的基本要求

（1）必须取得安全行政主管部门颁发的"安全施工许可证"后方可施工。

（2）总承包企业和每一个分包单位都应持有"施工企业安全资格审查认可证"。

（3）各类人员必须具备相应的执业资格才能上岗。

（4）新员工都必须经过安全教育和必要的培训。

（5）特种工种作业人员必须持有特种工种作业上岗证,并严格按期复查。

（6）对查出的安全隐患要做到五个落实:落实责任人、落实整改措施、落实整改时间、落实整改完成人、落实整改验收人。

（7）必须控制好安全生产的六个节点:即技术措施、技术交底、安全教育、安全防护、安全检查、安全改进。

（8）现场的安全警示设施齐全,所有现场人员必须戴安全帽,高空作业人员必须系安全带等防护工具,并符合国家和地方的有关安全规定。

（9）现场施工机械尤其是起重机械等设备必须经安全检查合格后方可使用。

四、施工安全控制的方法

（一）危险源

1. 危险源的定义

危险源是可能导致人身伤害或疾病、财产损失、工作环境破坏或几种情况同时出现的危险因素和有害因素。

危险因素强调突发性和瞬时作用,有害因素强调在一定时间内的慢性损害和积累作用。危险源是安全控制的主要对象,也可以将安全控制称为危险源控制或安全风险控制。

2. 危险源分类

施工生产中的危险源是以多种多样的形式存在的,危险源所导致的事故主要有能量的意外释放和有害物质的泄漏。根据危险源在事故中的作用,把危险源分为两大类:第一类危险源和第二类危险源。

（1）第一类危险源。可能发生能量意外释放的载体或危险物质称为第一类危险源。能量或危险物质的意外释放是事故发生的物理本质,通常把产生能量的能量源或拥有能量的载体作为第一类危险源进行处理。

（2）第二类危险源。造成约束、限制能量的措施破坏或失效的各种不安全因素称为第二种危险源。在施工生产中，为了利用能量，使用各种施工设备和机器让能量在施工过程中流动、转换、做功，加快施工进度。而这些设备和设施可以看成约束能量的工具，在正常情况下，生产过程中的能量和危险物是受到控制和约束的，不会发生意外释放，也就是不会发生事故，一旦这些约束或限制措施受到破坏或者失效，包括出现故障，则会发生安全事故。这类危险源包括三个方面：人的不安全行为、物的不安全状态和环境的不良条件。

3．危险源与事故

安全事故的发生是以上两种危险源共同作用的结果。第一类危险源是事故发生的前提，第二类危险源的出现是第一类危险源导致安全事故的必要条件。在事故发生和发展过程中，两类危险源相互依存和作用，第一类是事故的主体，决定事故的严重程度，第二类危险源的出现决定事故发生的大小。

（二）危险源控制方法

1．危险源识别方法与风险评价方法

（1）危险源识别方法。

1）专家调查法。专家调查法是通过向有经验的专家咨询、调查、分析、评价危险源的方法。专家调查法的优点是简便、易行；缺点是受专家的知识、经验限制，可能出现疏漏。常用方法是头脑风暴法和德尔斐法。

2）安全检查表法。安全检查表法就是运用事先编制好的检查表实施安全检查和诊断项目进行系统的安全检查，识别工程项目存在的危险源。检查表的内容一般包括项目类型、检查内容及要求、检查后处理意见等。可用回答是、否或做符号标识、注明检查日期，并由检查人和被检查部门或单位签字。

安全检查表法的优点是简单扼要、容易掌握，可以先组织专家编制检查表，制订检查项目，使施工安全检查系统化、规范化，缺点是只作一些定性分析和评价。

（2）风险评价方法。风险评价是评估危险源所带来的风险大小，及确定风险是否允许的过程。根据评价结果对风险进行分级，按不同的风险等级有针对性地采取风险控制措施。

2．危险源的控制方法

（1）第一类危险源的控制方法。防止事故发生的方法有消除危险源、

限制能量和对危险物质隔离。

避免或减少事故损失的方法有隔离，个体防护，使能量或危险物质按事先要求释放，采取避难、援救措施。

（2）第二类危险源的控制方法。减少故障的方法有增加安全系数、提高可靠度和设置安全监控系统。

故障安全设计包括：最乐观方案（故障发生后，在没有采取措施前，使系统和设备处于安全的能量状态之下），最悲观方案（故障发生后，系统处于最低能量状态下，直到采取措施前，不能运转），最可能方案（保证采取措施前，设备、系统发挥正常功能）。

3. 危险源的控制策划

（1）尽可能完全消除有不可接受风险的危险源，如用安全品取代危险品。

（2）不可能消除时，应努力采取降低风险的措施，如使用低压电器等。

（3）在条件允许时，应使工作环境适宜于人类生存，如考虑降低人精神压力和体能消耗。

（4）应尽可能利用先进技术来改善安全控制措施。

（5）应考虑采取保护每个工作人员的措施。

（6）应将技术管理与程序控制结合起来。

（7）应考虑引入设备安全防护装置维护计划的要求。

（8）应考虑使用个人防护用品。

（9）应有可行、有效的应急方案。

（10）预防性测定指标要符合监视控制措施计划要求。

（11）组织应根据自身的风险选择适合的控制策略。

五、施工安全生产组织机构建立

人人都知道安全的重要，但是安全事故却又频频发生。为了保证施工过程不发生安全事故，必须建立安全管理的组织机构，建全安全管理规章制度，统一施工生产项目的安全管理目标、安全措施、检查制度、考核办法、安全教育措施等。具体工作如下：

（1）成立以项目经理为首的安全生产施工领导小组，具体负责施工期间的安全工作。

（2）项目副经理、技术负责人、各科负责人和生产工段的负责人为安全小组成员，共同负责安全工作。

（3）设立专职安全员，聘用有国家安全员职业资格或经培训持证上岗，专门负责施工过程中的安全工作，只要施工现场有施工作业人员，安全员就要上岗值班，在每个工序开工前，安全员要检查工程环境和设施情况，认定安全后方可进行工序施工。

（4）各技术及其他管理科室和施工段要设兼职安全员，负责本部门的安全生产预防和检查工作，各作业班组组长要兼本班组的安全检查员，具体负责本班组的安全检查。

（5）工程项目部应定期召开安全生产工作会议，总结前期工作，找出问题，布置落实后面工作，利用施工空闲时间进行安全生产工作培训，在培训工作中和其他安全工作会议上，安全小组领导成员要讲解安全工作的重要意义，学习安全知识，增强员工安全警觉意识，把安全工作落实在预防阶段。根据工程的具体特点，把不安全的因素和相应措施装订成册，让全体员工学习和掌握。

（6）严格按国家有关安全生产规定，在施工现场设置安全警示标识，在不安全因素的部位设立警示牌，严格检查进场人员配戴安全帽、高空作业配带安全带情况，严格持证上岗工作，风雨天禁止高空作业，遵守施工设备专人使用制度，严禁在场内乱拉用电线路，严禁非电工人员从事电工作。

（7）安全生产工作和现场管理结合起来，同时进行，防止因管理不善产生安全隐患，工地防风、防雨、防火、防盗、防疾病等预防措施要健全，都要有专人负责，以确保各项措施及时落实到位。

（8）完善安全生产考核制度，实行安全问题一票否决制，安全生产互相监督制，提高自检、自查意识，开展科室、班组经验交流和安全教育活动。

（9）对构件和设备吊装、爆破、高空作业、拆除、上下交叉作业、夜间作业、疲劳作业、带电作业、汛期施工、地下施工、脚手架搭设拆除等重要安全环节，必须在开工前进行技术交底、安全交底、联合检查后，确认安全，方可开工。在施工过程中，加强安全员的旁站检查，加强专职指挥协调工作。

六、施工安全技术措施计划与实施

（一）工程施工措施计划

1. 施工措施计划的主要内容

施工措施计划的主要内容包括工程概况、控制目标、控制程序、组织机构、职责权限、规章制度、资源配置、安全措施、检查评价、激励机制等。

2．特殊情况应考虑安全计划措施

（1）对高处作业、井下作业等专性强的作业，电器、压力容器等特殊工种作业，应制定单项安全技术规程，并对管理人员和操作人员的安全作业资格和身体状况进行合格检查。

（2）对结构复杂、施工难度大、专业性较强的工程项目，除制定总体安全保证计划外，还须制定单位工程和分部（分项）工程安全技术措施。

3．制定和完善施工安全操作规程

制定和完善施工安全操作规程是编制各施工工种，特别是危险性大的工种的施工安全操作要求，作为施工安全生产规范和考核的依据。

4．施工安全技术措施

施工安全技术措施包括安全防护设施和安全预防措施，主要有防火、防毒、防爆、防洪、防尘、防雷击、防触电、防坍塌、防物体打击、防机械伤害、防起重机械滑落、防高空坠落、防交通事故、防寒、防暑、防疫、防环境污染等方面的措施。

（二）施工安全措施计划的落实

1．安全生产责任制

安全生产责任制是指企业对项目经理部各部门、各类人员所规定的在他们各自职责范围内对安全生产应负责任的制度，建立安全生产责任制是施工安全技术措施的重要保证。

2．安全教育

要树立全员安全意识，安全教育的要求如下：

（1）广泛开展安全生产的宣传教育，使全体员工真正认识到安全生产的重要性和必要性，掌握安全生产的基础知识，牢固树立安全第一的思想，自觉遵守安全生产的各项法规和规章制度。

（2）安全教育的主要内容有安全知识、安全技能、设备性能、操作规程、安全法规等。

（3）对安全教育要建立经常性的安全教育考核制度。考核结果要记入员工人事档案。

（4）一些特殊工种，如电工、电焊工、架子工、司炉工、爆破工、机操工、起重工、机械司机、机动车辆司机等，除一般安全教育外，还要进行专业技能培训，经考试合格后，取得资格才能上岗工作。

（5）工程施工中采用新技术、新工艺、新设备时，或人员调动到新工作岗位时，也要进行安全教育和培训，否则不能上岗。

3. 安全技术交底

（1）基本要求。①实行逐级安全技术交底制度，从上到下，直到全体作业人员。②安全技术交底工作必须具体、明确、有针对性。③交底的内容要针对分部（分项）工程施工中给作业人员带来的潜在危害。④应优先采用新的安全技术措施。⑤应将施工方法、施工程序、安全技术措施等优先向工段长、班级组长进行详细交底，定期向多工种交叉施工或多个作业队同时施工的作业队进行书面交底，并保持书面交底的交接的书面签字记录。

（2）主要内容。①工程施工项目作业特点和危险点。②针对各危险点的具体措施。③应注意的安全事项。④对应的安全操作规程和标准。⑤发生事故应及时采取的应急措施。

七、施工安全检查

施工安全检查的目的是消除安全隐患、防止安全事故发生、改善劳动条件及提高员工的安全生产意识，是施工安全控制工作的一项重要内容。通过安全检查可以发现工程中的危险因素，以便有计划地采取相应措施，保证安全生产的顺利进行。项目的施工生产安全检查应由项目经理组织，定期进行检查。

（一）安全检查的类型

施工项目安全检查的类型分为日常性检查、专业性检查、季节性检查、节假日前后检查和不定期检查等。

1. 日常性检查

日常性检查是经常的、普遍的检查，一般每年进行 1~4 次。项目部、科室每月至少进行 1 次，施工班组每周、每班次都应进行检查，专职安全技术人员的日常检查应有计划、有部位、有记录、有总结地周期性进行。

2. 专业性检查

专业性检查是指针对特种作业、特种设备、特殊场地进行的检查，如电焊、气焊、起重设备、运输车辆、锅炉压力容器、易燃易爆场所等，由专业检查员进行检查。

3．季节性检查

季节性检查是根据季节性的特点，为保障安全生产的特殊要求所进行的检查，如春季空气干燥、风大，重点检查防火、防爆；夏季多雨、雷电、高温，重点检查防暑、降温、防汛、防雷击、防触电；冬季检查防寒、防冻等。

4．节假日前后检查

节假日前后的检查是针对节假日期间容易产生麻痹思想的特点而进行的安全检查，包括假前的综合检查和假后的遵章守纪检查等。

5．不定期检查

不定期检查是指在工程开工前、停工前、施工中、竣工时、试运转时进行的安全检查。

（二）安全检查的注意事项

（1）安全检查要深入基层，紧紧依靠员工，坚持领导与群众相结合的原则，组织好检查工作。

（2）建立检查的组织领导机构，配备适当的检查力量，选聘具有较高的技术业务水平的专业人员。

（3）做好检查各项准备工作，包括思想、业务知识、法规政策、检查设备和奖励等准备工作。

（4）明确检查的目的、要求，既严格要求，又防止一刀切，从实际出发，分清主次，力求实效。

（5）把自查与互查相结合，基层以自查为主，管理部门之间相互检查，互相学习，取长补短，交流经验。

（6）检查与整改相结合，检查是手段，整改是目的，发现问题及时采取切实可行的防范措施。

（7）建立检查档案，结合安全检查的实施，逐步建立健全检查档案，收集基本数据，掌握基本安全状态，为及时消除隐患提供数据，同时也为以后的职业健康安全检查打下基础。

（8）制订安全检查表时，应根据用途和目的具体确定安全检查表的种类。安全检查表的种类主要有设计用安全检查表、厂级安全检查表、车间安全检查表、班组安全检查表、岗位安全检查表、专业安全检查表，制订检查表要在安全技术部门指导下充分依靠员工来进行，初步制订检查表后，经过讨论、试用再加以修订，制订安全检查表。

（三）安全检查的主要内容

安全生产检查的主要内容作好五查：

（1）查思想，主要检查企业干部和员工对安全生产工作的认识。

（2）查管理，主要检查安全管理是否有效，包括安全生产责任制、安全技术措施计划、安全组织机构、安全保证措施、安全技术交底、安全教育、持证上岗、安全设施、安全标识、操作规程、违规行为、安全记录等。

（3）查隐患，主要检查作业现场是否符合安全生产的要求，是否存在不安全因素。

（4）查事故，查明安全事故的原因、明确责任、对责任人作出处理，明确落实整改措施等要求。另外，检查对伤亡事故是否及时报告、认真调查、严肃处理。

（5）查整改，主要检查对过去提出的问题的整改情况。

（四）安全检查的主要规定

（1）定期对安全控制计划的执行情况进行检查、记录、评价、考核，对作业中存在的安全隐患签发安全整改通知单，要求相应部门落实整改措施并进行检查。

（2）根据工程施工过程的特点和安全目标的要求确定安全检查的内容。

（3）安全检查应配备必要的设备，确定检查组成人员、明确检查方法和要求。

（4）检查方法采取随机抽样、现场观察、实地检测等，记录检查结果，纠正违章指挥和违章作业。

（5）对检查结果进行分析，找出安全隐患，评价安全状态。

（6）编写安全检查报告并上交。

（五）安全事故处理的原则

安全事故处理要坚持四个原则：

（1）事故原因不清楚不放过；

（2）事故责任者和员工没受教育不放过；

（3）事故责任者没受处理不放过；

（4）没有制定防范措施不放过。

八、安全事故处理程序

（1）报告安全事故。

（2）处理安全事故。包括抢救伤员、排除险情、防止事故扩大，做好标识、保护现场。

（3）进行安全事故调查。

（4）对事故责任者进行处理。

（5）编写调查报告并上报。

第十章 水利工程施工应急与风险管理

第一节 水利工程施工应急管理

一、应急管理基本概念与任务

（一）基本概念

"应急管理"是指政府、企业以及其他公共组织，为了保护公众生命财产安全，维护公共安全、环境安全和社会秩序，在突发事件事前、事发、事中、事后所进行的预防、响应、处置、恢复等活动的总称。

近几十年，在突发事件应对实践中，世界各国逐渐形成了现代应急管理的基本理念，主要包括如下十大理念。

理念一：生命至上，保护生命安全成为首要目标。

理念二：主体延伸，社会力量成为核心依托。

理念三：重心下沉，基层一线成为重要基石。

理念四：关口前移，预防准备重于应急处置。

理念五：专业处置，岗位权力大于级别权力。

理念六：综合协调，打造跨域合作的拳头合力。

理念七：依法应对，将应急管理纳入法制化轨道。

理念八：加强沟通，第一时间让社会各界知情。

理念九：注重学习，发现问题并总结经验更重要。

理念十：依靠科技，从"人海战术"到科学应对。

这些理念代表了目前应急管理的发展方向，对水利工程的应急管理有着重要的启发作用。

（二）基本任务

（1）预防准备。应急管理的首要任务是预防突发事件的发生，要通过应急管理预防行动和准备行动，建立突发事件源头防控机制，建立健全应急管理体制、制度，有效控制突发事件的发生，做好突发事件应对准备工作。

（2）预测预警。及时预测突发事件的发生并向社会预警是减少突发事件损失的最有效措施，也是应急管理的主要工作。采取传统与科技手段相结合的办法进行预测，将突发事件消除在萌芽状态。一旦发现不可消除的突发事件，及时向社会预警。

（3）响应控制。突发事件发生后，能够及时启动应急预案，实施有效的应急救援行动，防止事件的进一步扩大和发展，是应急管理的重中之重。特别是发生在人口稠密区域的突发事件，应快速组织相关应急职能部门联合行动，控制事件继续扩展。

（4）资源协调。应急资源是实施应急救援和事后恢复的基础，应急管理机构应在合理布局应急资源的前提下，建立科学的资源共享与调配机制，有效利用可用的资源，防止在应急过程中出现资源短缺的情况。

（5）抢险救援。确保在应急救援行动中，及时、有序、科学地实施现场抢救，安全转送人员，以降低伤亡率、减少突发事件损失，这是应急管理的重要任务。尤其是突发事件具有突然性，发生后的迅速扩散以及波及范围广、危害性大的特点，要求应急救援人员及时指挥和组织群众采取各种措施进行自身防护，并迅速撤离危险区域或可能发生危险的区域，同时在撤离过程中积极开展公众自救与互救工作。

（6）信息管理。突发事件信息的管理既是应急响应和应急处置的源头工作，也是避免引起公众恐慌的重要手段。应急管理机构应当以现代信息技术为支撑，如综合信息应急平台，保持信息的畅通，以协调各部门、各单位的工作。

（7）善后恢复。善后虽然在应急管理中占的比例不大，但是非常重要，应急处置后，应急管理的重点应该放在安抚受害人员及其家属、清理受灾现场、尽快使工程及时恢复或者部分恢复上，并及时调查突发事件的发生原因和性质，评估危害范围和危险程度。

二、应急救援体系

随着社会的发展，生产过程中涉及的有害物质和能量不断增大，一旦发生重大事故，很容易导致严重的生命、财产损失和环境破坏，由于各种原因，当事故的发生难以完全避免时，建立重大事故应急救援管理体系，组织及时有效的应急救援行动，已成为抵御风险的关键手段。应急救援体系实际是应急救援队伍体系和应急管理组织体系的总称，而应急救援队伍体系是由应急救援指挥体系和应急救援执行体系构成的。

（一）基本概况

我国现有的应急救援指挥机构基本是由政府领导牵头、各有关部门负责人组成的临时性机构，但在应急救援中仍然具有很高的权威性和效率性。应急救援指挥机构不同于应急委员会和应急专项指挥机构，它具有现场处置的最高权力，各类救援人员必须服从应急救援指挥机构命令，以便统一步调，高效救援。

应急救援执行体系包括武装力量、综合应急救援队伍、专业应急救援队伍和社会应急救援队伍，而在水利工程施工过程中，专业应急救援队伍和综合应急救援队伍是必不可少的，必要时还可以向社会求助，组建由各种社会组织、企业以及各类由政府或有关部门招募建立的有成年志愿者组成的社会应急救援队伍。在突发事件多样性、复杂性形势下，仅靠单一救援力量开展应急救援已不适应形式需要。大量应急救援实践表明，改革应急救援管理模式、组建一支以应急救援骨干力量为依托、多种救援力量参与的综合应急救援队伍势在必行。

突发事件的应对是一个系统工程，仅仅依靠应急管理机构的力量是远远不够的。需要动员和吸纳各种社会力量，整合和调动各种社会资源共同应对突发事件，形成社会整体应对网络，这个网络就是应急管理组织体系。

水利水电工程建设项目应将项目法人、监理单位、施工企业纳入到应急组织体系中，实现统一指挥、统一调度、资源共享、共同应急。

各参建单位中，以项目法人为龙头，总揽全局，以施工单位为核心，监理单位等其他单位为主体，积极采取有效方式形成有力的应急管理组织体系，提升施工现场应急能力，同时需要积极加强同周围的联系，充分利用社会力量，全面提高应急管理水平。

（二）应急管理体系建设的原则

（1）统一领导，分级管理。对于政府层面的应急管理体系应从上到下在各自的职责范围内建立对应的组织机构，对于工程建设来说，应按照项目法人责任制的原则，以项目法人为龙头，统一领导应急救援工作，并按照相应的工作职责分工，各参建单位承担各自的职责。施工企业可以根据自身特点合理安排项目应急管理内容。

（2）条块结合，属地为主。项目法人及施工企业应按照属地为主原则，结合实际情况建立完善安全生产事故灾难应急救援体系，满足应急救援工作需要。救援体系建立以就近为原则，建立专业应急救援体系，发挥专业优势，有效应对特别重大事故的应急救援。

（3）统筹规划，资源共享。根据工程特点、危险源分布、事故灾难类型和有关交通地理条件，对应急指挥机构、救援队伍以及应急救援的培训演练、物资储备等保障系统的布局、规模和功能等进行统筹规划。有关企业按规定标准建立企业应急救援队伍，参建各方应根据各自的特点建立储备物资仓库，同时在运用上统筹考虑，实现资源共享。对于工程中建设成本较高、专业性较强的内容，可以依托政府、骨干专业救援队伍、其他企业加以补充和完善。

（4）整体设计，分步实施。水利工程建设中可以结合地方行业规划和布局对各工程应急救援体系的应急机构、区域应急救援基地和骨干专业救援队伍、主要保障系统进行总体设计，并根据轻重缓急分期建设。具体建设项目要严格按照国家有关要求进行，注重实效。

（三）应急救援体系的框架

水利水电工程建设应急救援体系主要由组织体系、运作机制、保障体系和法规制度等部分组成。

1．应急组织体系

水利工程建设项目应将项目法人、监理单位、施工企业等各参建单位纳入到应急组织体系中，实现统一指挥、统一调度、资源共享、统一协调。

项目法人作为龙头积极组织各参建单位，明确各参建单位职责，明确相关人员职责，共同应对事故，形成强有力的水利水电工程建设应急组织体系，提升施工现场应急能力。同时，水利水电工程建设项目应成立防汛组织机构，以保证汛期抗洪抢险、救灾工作的有序进行，安全度汛。

2．应急运行机制

应急运行机制是应急救援体系的重要保障，目标是实现统一领导、分级管理、分级响应、统一指挥、资源共享、统筹安排，积极动员全员参与，加强应急救援体系内部的应急管理，明确和规范响应程序，保证应急救援体系运转高效、应急反应灵敏，取得良好的抢救效果。

应急救援活动分为预防、准备、响应和恢复这 4 个阶段，应急机制与这 4 个阶段的应急活动密切相关。涉及事故应急救援的运行机制众多，但最关键、最主要的是统一指挥、分级响应、属地为主和全员参与等机制。

统一指挥是事故应急活动的最基本原则。应急指挥一般可分为集中指挥与现场指挥，或场外指挥与场内指挥，不管采用哪一种指挥系统，都必须在应急指挥机构的统一组织协调下行动，有令则行，有禁则止，统一号令，步调一致。

分级响应要求水利水电工程建设项目的各级管理层充分利用自己管辖范围内的应急资源，尽最大努力实施事故应急救援。

属地为主是强调"第一反应"的思想和以现场应急指挥为主的原则，应急反应就近原则。

全员参与机制是水利水电工程建设应急运作机制的基础，也是整个水利水电工程建设应急救援体系的基础，是指在应急救援体系的建立及应急救援过程中要充分考虑并依靠参建各方人员的力量，使所有人员都参与到救援过程中来，人人都成为救援体系的一部分。在条件允许的情况下，除在充分发挥参建各方的力量之外，还可以考虑让利益相关方各类人员积极参与其中。

3. 应急保障体系

应急保障体系是体系运转必备的物质条件和手段，是应急救援行动全面展开和顺利进行的强有力的保证。应急保障一般包括通信信息保障、应急人员保障、应急物资装备保障、应急资金保障、技术储备保障以及其他保障。

（1）通信信息保障。应急通信信息保障是安全生产管理体系的组成部分，是应急救援体系基础建设之一。事故发生时，要保证所有预警、报警、警报、报告、指挥等行动的快速、顺畅、准确，同时要保证信息共享。通信信息是保证应急工作高效、顺利进行的基础。信息保障系统要及时检查，确保通信设备24小时正常畅通。

应急通信工具有电话（包括手机、可视电话、座机电话等）、无线电、电台、传真机、移动通信、卫星通信设备等。

水利工程建设各参建单位应急指挥机构及人员通信方式应在应急预案中明确体现，应当报项目法人应急指挥机构备案。

（2）应急人员保障。建立由水利水电工程建设各参建单位人员组成的工程设施抢险队伍，负责事故现场的工程设施抢险和安全保障工作。

人员组成可以由参建单位组成的勘察、设计、施工、监理等单位工作人员，也可以聘请其他有关专业技术人员组成专家咨询队伍，研究应急方案，提出相应的应急对策和意见。

（3）应急物资设备保障。根据可能突发的重大质量与安全事故性质、特征、后果及其应急预案要求，项目法人应当组织工程有关施工企业配备充足的应急机械、设备、器材等物资设备，以保障应急救援调用。

发生事故时，应当首先充分利用工程现场既有的应急机械、设备、器材。同时在应急指挥机构的调度下，动用工程所在地公安、消防、卫生等专业应急队伍和其他社会资源。

（4）应急资金保障。水利工程建设项目应明确应急专项经费的来源、数量、使用范围和监督管理措施，制定明确的使用流程，切实保障应急状态时应急经费能及时到位。

（5）技术储备保障。加强对水利水电工程事故的预防、预测、预警、预报和应急处置技术研究，提高应急监测、预防、处置及信息处理的技术水平，增强技术储备。水利水电工程事故预防、预测、预警、预报和处置技术研究和咨询依托有关专业机构进行。

（6）其他保障。水利水电工程建设项目应根据事故应急工作的需要，确定其他与事故应急救援相关的保障措施，如交通运输保障、治安保障、医疗保障和后勤保障等其他社会保障。

（四）应急法规制度

水利工程建设应急救援的有关法规制度是水利水电工程建设应急救援体系的法制保障，也是开展事故应急管理工作的依据。我国高度重视应急管理的立法工作，目前，对应急管理有关工作作出要求的法律法规、规章、标准主要有《中华人民共和国安全生产法》（主席令第 13 号）、《中华人民共和国突发事件应对法》（主席令第 60 号）、《中华人民共和国防洪法》（主席令第 18 号）、《生产安全事故报告和调查处理条例》（国务院令第 493 号）、《水库大坝安全管理条例》（国务院令第 78 号）、《中华人民共和国防汛条例，（国务院令第 441 号）、《生产安全事故应急预案管理办法》（国家安监总局令第 88 号）、《突发事件应急预案管理办法》（国办发〔2013〕101 号）等。

三、应急救援具体措施

应急救援一般是指针对突发、具有破坏力的紧急事件采取预防、预备、响应和恢复的活动与计划。根据紧急事件的不同类型，分为卫生应急、交通应急、消防应急、地震应急、厂矿应急、家庭应急等不同的应急救援。

（一）事故应急救援的任务

事故应急救援的基本任务：①立即组织营救受害人员；②迅速控制事态发展；③消除危害后果，做好现场恢复；④查清事故原因，评估危害程度。

事故应急救援以"对紧急事件做出的；控制紧急事件发生与扩大；开展有效救援，减少损失和迅速组织恢复正常状态"为工作目标。救援对象主要是突发性和后果与影响严重的公共安全事故、灾害与事件。这些事故、灾害或事件主要来源于重大水利水电工程等突发事件。立即组织营救受害人员，组织撤离或者采取其他措施保护危险危害区域的其他人员；迅速控制事态，并对事故造成的危险、危害进行监测、检测，测定事故的危害区域、危害性质及维护程度；消除危害后果，做好现场恢复；查明事故原因，评估危害程度。

（二）现场急救的基本步骤

（1）脱离险区。首先要使伤病员脱离险区，移至安全地带，如将因滑坡、塌方砸伤的伤员搬运至安全地带；对急性中毒的病人应尽快使其离开中毒现场，转移至空气流通的地方；对触电的患者，要立即脱离电源等。

（2）检查病情。现场救护人员要沉着冷静，切忌惊慌失措。应尽快对受伤或中毒的伤病员进行认真仔细的检查，确定病情。检查内容包括意识、呼吸、脉搏、血压、瞳孔是否正常，有无出血、休克、外伤、烧伤，是否伴有其他损伤等。检查时不要给伤病员增加无谓的痛苦，如检查伤员的伤口，切勿一见病人就脱其衣服，若伤口部位在四肢或躯干上，可沿着衣裤线剪开或撕开，暴露其伤口部位即可。

（3）对症救治。根据迅速检查出的伤病情，立即进行初步对症救治。对于外伤出血病人，应立即进行止血和包扎；对于骨折或疑似骨折的病人，要及时固定和包扎，如果现场没有现成的救护包扎用品，可以在现场找适宜的替代品使用；对那些心跳、呼吸骤停的伤病员，要分秒必争地实施胸外心脏按压和人工呼吸；对于急性中毒的病人要有针对性地采取解毒措施。在救治时，要注意纠正伤病员的体位，有时伤病员自己采用的所谓舒适体位，可能促使病情加重或恶化，甚至造成不幸死亡，如被毒蛇咬伤下肢时，要使患肢放低，绝不能抬高，以减缓毒液的扩延；上肢出血要抬高患肢，防止增加出血量等。救治伤病员较多时，一定要分清轻重缓急，优先救治伤重垂危者。

（4）安全转移。对伤病员，要根据不同的伤情，采用适宜的担架和正确的搬运方法。在运送伤病员的途中，要密切注视伤病情的变化，并且不能中止救治措施，将伤病员迅速而平安地运送到后方医院做后续抢救。

（三）紧急伤害的现场急救

1．高空坠落急救

高空坠落是水利水电工程建设施工现场常见的一种伤害，多见于土建工程施工和闸门安装等高空作业。若不慎发生高空坠落伤害，则应注意以下方面：

（1）去除伤员身上的用具和衣袋中的硬物。

（2）在搬运和转送伤者过程中，颈部和躯干不能前屈或扭转，而应使脊柱伸直，绝对禁止一个人抬肩另一个人抬腿的搬法，以免发生或加重截瘫。

（3）应注意摔伤及骨折部位的保护，避免因不正确的抬送，使骨折错位造成二次伤害。

（4）创伤局部妥善包扎，但对疑似颅底骨折和脑脊液渗漏患者切忌作填塞，以免导致颅内感染。

（5）复合伤要求平仰卧位，保持呼吸道畅通，解开衣领扣。

（6）快速平稳地送医院救治。

2．物体打击急救

物体打击是指失控的物体在惯性力或重力等其他外力的作用下产生运动，打击人体面而造成的人身伤亡事故。发生物体打击应注意如下方面：

（1）对严重出血的伤者，可使用压迫带止血法现场止血。这种方法适用于头、颈、二肢动脉大血管出血的临时止血。即用手或手掌用力压住比伤口靠近心脏更近部位的动脉跳动处（止血点）。四肢大血管出血时，应采用止血带（如橡皮管、纱巾、布带、绳子等）止血。

（2）发现伤者有严重骨折时，一定要采取正确的骨折固定方法。固定骨折的材料可以用木棍、木板、硬纸板等，固定材料的长短要以能固定住骨折处上下两个关节或不使断骨错动为准。

（3）对于脊柱或颈部骨折，不能搬动伤者，应快速联系医生，等待携带医疗器材的医护人员来搬动。

（4）抬运伤者，要多人同时缓缓用力平托，运送时，必须用木板或硬材料，不能用布担架，不能用枕头。怀疑颈椎骨折的，伤者的头要放正，两旁用沙袋夹住，不让头部晃动。

3. 机械伤害急救

机械伤害主要指机械设备运动（静止）部件、工具、加工件直接与人体接触引起的夹击、碰撞、剪切、卷入、绞、碾、割、刺等形式的伤害。各类转动机械的外露传动部分（如齿轮、轴、履带等）和往复运动部分都有可能对人体造成机械伤害。若不慎发生机械伤害，则应注意以下方面：

（1）发生机械伤害事故后，现场人员不要害怕和慌乱，要保持冷静，迅速对受伤人员进行检查。急救检查应先查看神志、呼吸，接着摸脉搏、听心跳，再查看瞳孔，有条件者测血压。检查局部有无创伤、出血、骨折、畸形等变化，根据伤者的情况，有针对性地采取人工呼吸、心脏按压、止血、包扎、固定等临时应急措施。

（2）遵循"先救命、后救肢"的原则，优先处理颅脑伤、胸伤、肝、脾破裂等危及生命的内脏伤，然后处理肢体出血、骨折等伤害。

（3）让患者平卧并保持安静，如有呕吐同时无颈部骨折时，应将其头部侧向一边以防止噎塞。不要给昏迷或半昏迷者喝水，以防液体进入呼吸道而导致窒息，也不要用拍击或摇动的方式试图唤醒昏迷者。

（4）如果伤者出血，进行必要的止血及包扎。大多数伤员可以按常规方式抬送至医院，但对于颈部、背部严重受损者要慎重，以防止其进一步受伤。

（5）动作轻缓地检查患者，必要时剪开其衣服，避免突然挪动增加患者痛苦。

（6）事故中伤者发生断肢（指）的，在急救的同时，要保存好断肢（指），具体方法是：将断肢（指）用清洁纱布包好，不要用水冲洗，也不要用其他溶液浸泡，若有条件，可将包好的断肢（指）置于冰块中，冰块不能直接接触断肢（指），将断肢（指）随同伤者一同送往医院进行修复。

4. 塌方伤急救

塌方伤是指包括塌方、工矿意外事故或房屋倒塌后伤员被掩埋或被落下的物体压迫之后的外伤，除易发生多发伤和骨折外，尤其要注意挤压综合症问题，即一些部位长期受压，组织血供受损，缺血缺氧，易引起坏死。故在抢救塌方多发伤的同时，要防止急性肾功能衰竭的发生。

急救方法：将受伤者从塌方中救出，必须紧急送医院抢救，及时采取防治肾功能衰竭的措施。

5．触电伤害急救

在水利水电工程建设施工现场，常常会因员工违章操作而导致被触电。触电伤害急救方法如下：

（1）先迅速切断电源，此前不能触摸受伤者，否则会造成更多的人触电。若一时不能切断电源，救助者应穿上胶鞋或站在干的木板凳上，双手戴上厚的塑胶手套，用干木棍或其他绝缘物把电源拨开，尽快将受伤者与电源隔离。

（2）脱离电源后迅速检查病人，如呼吸心跳停止应立即进行人工呼吸和胸外心脏按压。

（3）在心跳停止前禁用强心剂，应用呼吸中枢兴奋药，用手掐人中穴。

（4）雷击时，如果作业人员孤立地处于空旷暴露区并感到头发竖起，应立即双腿下蹲，向前曲身，双手抱膝自行救护。

处理电击伤伤口时应先用碘酒纱布覆盖包扎，然后按烧伤处理。电击伤的特点是伤口小、深度大，所以要防止继发性大出血。

6．淹溺急救

淹溺又称溺水，是人淹没于水或其他液体介质中并受到伤害的状况。水充满呼吸道和肺泡引起缺氧窒息；吸收到血液循环的水引起血液渗透压改变、电解质紊乱和组织损害；最后造成呼吸停止和心脏停搏而死亡。淹溺急救方法如下：

（1）发现溺水者后应尽快将其救出水面，但施救者不了解现场水情，不可轻易下水，可充分利用现场器材，如绳、竿、救生圈等救人。

（2）将溺水者平放在地面，迅速撬开其口腔，清除其口腔和鼻腔异物，如淤泥、杂草等，使其呼吸道保持通畅。

（3）倒出腹腔内吸入物，但要注意不可一味倒水而延误抢救时间。倒水方法：将溺水者置于抢救者屈膝的大腿上，头部朝下，按压其背部迫使呼吸道和胃里的吸入物排出。

（4）当溺水者呼吸停止或极为微弱时，应立即实施人工呼吸法，必要时施行胸外心脏按压法。

7. 烧伤或烫伤急救

烧伤是一种意外事故。一旦被火烧伤，要迅速离开致伤现场。衣服着火，应立即倒在地上翻滚或翻入附近的水沟中或潮湿地上。这样可迅速压灭或冲灭火苗，切勿喊叫、奔跑，以免风助火威，造成呼吸道烧伤。最好的方法是用自来水冲洗或浸泡伤患，可避免烧伤面积扩大。

肢体被沸水或蒸汽烫伤时，应立即剪开已被沸水湿透的衣服和鞋袜，将受伤的肢体浸于冷水中，可起到止痛和消肿的作用。如贴身衣服与伤口粘在一起时，切勿强行撕脱，以免使伤口加重，可用剪刀先剪开，然后慢慢将衣服脱去。

不管是烧伤或烫伤，创面严禁用红汞、碘酒和其他未经医生同意的药物涂抹，而应三消毒纱布覆盖在伤口上，并迅速将伤员送往医院救治。

8. 中暑急救

（1）迅速将病人移到阴凉通风的地方，解开衣扣、平卧休息。

（2）用冷水毛巾敷头部，或用30%酒精擦身降温，喝一些淡盐水或清凉饮料，清全者也可服人丹、十滴水、藿香正气水等。昏迷者用手掐人中或立即送医院。

（四）主要灾害紧急避险

1. 台风灾害紧急避险

浙江地处沿海，经常遭遇台风，台风由于风速大，会带来强降雨等恶劣天气，再加上强风和低气压等因素，容易使海水、河水等强力堆积，潮位和水位猛涨，风暴潮与天文潮相遇，将可能导致水位漫顶，冲毁各类设施。具体防范措施如下：

（1）密切关注台风预报，及时了解台风路径及预测登陆地点，储备必需的物资，做好各项防范措施。

（2）根据台风响应级别，及时启动应急预案。及时安排船只等回港避风、固锚；及时将人员、设备等转移到安全地带。

（3）严禁在台风天气继续作业，同时人员撤离前及时加固各类无法撤离的机械设备。

（4）台风警报解除前，禁止私自进入施工区域，警报解除后应先在现场进行特别检查，确保安全后方可恢复生产。

2. 山洪灾害

水利水电工程较多处于山区，因为暴雨或拦洪设施泄洪等原因，在山区河流及溪沟形成暴涨暴落洪水及伴随发生的各类灾害。山洪灾害来势凶猛，破坏性强，容易引发山体滑坡、泥石流等现象。在水利水电工程建设期间，对工程及参建各方均有较大影响，应采取以下方式进行紧急避险：

（1）在遭遇强降雨或连续降雨时，需特别关注水雨情信息，准备好逃生物品。

（2）遭遇山洪时，一定保持冷静，迅速判断周边环境，尽快向山上或较高地方转移。

（3）山洪暴发，溪河洪水迅速上涨时，不要沿着行洪道逃生，而要向行洪道的两侧快速躲避；不要轻易涉水过河。

（4）被困山中，及时与110或当地防汛部门取得联系。

3. 山体滑坡紧急避险

当遭遇山体滑坡时，首先要沉着冷静，不要慌乱，然后采取必要措施迅速撤离到安全地点。

（1）迅速撤离到安全的避难场地。避难场地应选择在易滑坡两侧边界外围。遇到山体崩滑时要朝垂直于滚石前进的方向跑。切记不要在逃离时朝着滑坡方向跑。更不要不知所措，随滑坡滚动。千万不要将避难场地选择在滑坡的上坡或下坡，也不要未经全面考察，从一个危险区跑到另一个危险区。同时，要听从统一安排，不要自择路线。

（2）跑不出去时应躲在坚实的障碍物下。遇到山体崩滑且无法继续逃离时，应迅速抱住身边的树木等固定物体。可躲避在结实的障碍物下，或蹲在地坎、地沟里。应注意保护好头部，可利用身边的衣物裹住头部。立刻将灾害发生的情况报告单位或相关政府部门，及时报告对减轻灾害损失非常重要。

4. 火灾事故应急逃生

在水利水电工程建设中，有许多容易引起火灾的客观因素，如现场施工中的动火作业以及易燃化学品、木材等可燃物，而对于水利水电工程建设现场人员的临时住宅区域和临时厂房，由于消防设施缺乏，都极易酿成火灾。发生火灾时，应采取以下措施：

（1）当火灾发生时，如果发现火势并不大，可采取措施立即扑灭，千万不要惊慌失措地乱叫乱窜，置小火于不顾而酿成大火灾。

（2）突遇火灾且无法扑灭时，应沉着镇静，及时报警，并迅速判断危险地与安全地，注意各种安全通道与安全标志，谨慎选择逃生方式。

（3）逃生时经过充满烟雾的通道时，要防止烟雾中毒和窒息。由于浓烟常在离地面约 30cm 处四散，可向头部、身上浇凉水或用湿毛巾、湿棉被、湿毯子等将头、身裹好，低姿势逃生，最好爬出浓烟区。

（4）逃生要走楼道，千万不可乘坐电梯逃生。

（5）如果发现身上已着火，切勿奔跑或用手拍打，因为奔跑或拍打时会形成风势，加速氧气的补充，促旺火势。此时，应赶紧设法脱掉着火的衣服，或就地打滚压灭火苗；如有可能跳进水中或让人向身上浇水，喷灭火剂效果更好。

5. 有毒有害物质泄漏场所紧急避险

发生有毒有害物质泄漏事故后，假如现场人员无法控制泄漏，则应迅速报警并选择安全逃生。

（1）现场人员不可恐慌，应按照平时应急预案的演练步骤，各司其职，有序地撤离。

（2）逃生时要根据泄漏物质的特性，佩戴相应的个体防护用品。假如现场没有防护用品，也可应急使用湿毛巾或湿衣物捂住口鼻进行逃生。

（3）逃生时要沉着冷静确定风向，根据有毒有害物质泄漏位置，向上风向或侧风向转移撤离，即逆风逃生。

（4）假如泄漏物质（气态）的密度比空气大，则选择往高处逃生，相反，则选择往低处逃生，但切忌在低洼处滞留。

（5）有毒气泄漏可能的区域，应该在最高处安装风向标。发生泄漏事故后，风向标可以正确指导逃生方向。还应在每个作业场所至少设置 2 个紧急出口，出口与通道应畅通无阻并有明显标志。

四、水利工程建设应急培训与演练

（一）应急培训

生产经营单位应当组织开展本单位的应急预案、应急知识、自救互救和避险逃生技能的培训活动，使有关人员了解应急预案内容，熟悉应急职责、应急处置程序和措施。应急培训的时间、地点、内容、师资、参加人员和考核结果等情况应当如实记入本单位的安全生产教育和培训档案。

1. 应急培训方式

培训应当以自主培训为主，也可以委托具有相应资质的安全培训机构（具备安全培训条件的机构），对从业人员进行安全培训。不具备安全培训条件的生产经营单位，应当委托具有相应资质的安全培训机构（具备安全培训条件的机构），对从业人员进行安全培训，应急培训可以纳入至安全教育培训，具体按照培训流程进行。

2. 应急培训实施过程

按照制定的培训计划，合理利用时间，充分利用各类不同的方式积极开展安全生产应急培训工作，让所有的人员能够了解应急基本知识，了解潜在危害和危险源，掌握自救及救人知识，了解逃生方式方法。

3. 应急培训目的

应急培训的最主要目的在于具有实用性，其效果反馈除了可以通过一般的考试、实际操作的考核方式外，还可以通过应急演练的方式来进行，针对应急演练中发现的问题，及时进行查漏补缺，增强重点内容，不断增加培训的效果。应急培训完成后，应尽可能进行考核，真正达到应急培训的目的。

4. 应急培训的基本内容

应急培训包括对参与应急行动所有相关人员进行的最低程度的应急培训与教育，要求应急人员了解和掌握如何识别危险、如何采取必要的应急措施、如何启动紧急情况警报系统、如何安全疏散人群等基本操作。不同水平的应急者所需接受培训的共同内容如下所述。

（1）报警。使应急人员了解并掌握如何利用身边的工具最快最有效地报警，比如用手机电话、寻呼、无线电、网络或其他方式报警，使应急人员熟悉发布紧急情况通告的方法，如使用警笛、警钟、电话或广播等。当事故发生后，为及时疏散事故现场的所有人员，应急人员应掌握如何在现场贴发警报标志。

生产安全事故受伤人员除了本单位紧急抢救外，应迅速拨打"120"电话请求急救中心急救。

发生火灾爆炸事故时，立即拨打"119"电话，应讲清起火单位名称、详细地点及着火物质、火情大小、报警人电话及姓名。

发生道路交通事故拨打"122"，讲清事故发生地点、时间及主要情况，如有人员伤亡，及时拨打"120"。

遇到各类刑事、治安案件及各类突发事件，及时拨打"110"报警。

（2）疏散。为避免事故中不必要的人员伤亡，对应急人员在紧急情况下安全、有序地疏散被困人员或周围人员进行培训与教育。对人员疏散的培训可在应急演练中进行，通过演练还可以测试应急人员的疏散能力。

（3）火灾应急培训与教育。由于火灾的易发性和多发性，对火灾应急的培训与教育显得尤为重要，要求应急人员必须掌握必要的灭火技术以便在起火初期迅速灭火，降低或减小发展为灾难性事故的危险，掌握灭火装置的识别、使用、保养、维修等基本技术。由于灭火主要是消防队员的职责，因此，火灾应急培训与教育主要也是针对消防队员开展的。

（4）防汛防台应急措施。①实施防汛防台工作责任制，落实应急防汛责任人。参建各方按照规定储备足够的防汛物资，组织落实抗灾抢险队。②应急人员在汛期前加强检查工地防汛设施和工程施工对邻近建筑物的影响。③指挥部成员在汛期值班期间保持通信 24 小时畅通，加强值班制度、检测检查和排险工作。④汛情严重或出现暴雨时，由指挥部总指挥组织全面防汛防风及抢险救灾工作，做好上传下达，分析雨情、水情、风情，科学调度，随时做好调集人力、物力、财力的准备。⑤视安全情况，发出预警信号，应急人员及时安排受灾群众和财产转移到安全地带，把损失减小到最低程度。

（二）应急演练

应急演练是对应急能力的综合考验，开展应急演练，有助于提高应急能力，改进应急预案，及时发现工作中存在的问题，及时完善。

1. 演练的目的和要求

（1）演练目的。应急演练的目的包括检验预案，通过开展应急演练，进而提高应急预案的可操作性；完善准备，检查应对突发事件所需应急队伍、物资、装备、技术等方面的情况；同时锻炼队伍，提高人员应急处置能力；完善应急机制，进一步明确相关单位和人员的分工；宣传教育，能够对相关人员有一个比较好的普及作用。

（2）演练原则。①符合相关规定。按照国家有关法律法规、规章来开展演练。②契合工程实际。应按照当前工作实际情况，按照可能发生的事故以及现有的资源条件开展演练。③注重能力提高。以提高指挥协调能力、应急处置能力为主要出发点开展演练。④确保安全有序。精心策划演练内容，科学设计演练方案，周密组织演练活动，严格遵守有关安全措施，确保演练参与人员安全。

2. 演练的类型

根据演练组织方式、内容等可以将演练类型进行分类，按照演练方式可分为桌面演练和现场演练，按照演练内容可分为单项演练和综合演练。

（1）桌面演练。桌面演练是指由应急组织的代表或关键岗位人员参加的，按照应急预案及其标准运作程序讨论紧急情况时应采取的演练活动。桌面演练的主要特点是对演练情景进行口头演练，一般是在会议室内举行非正式的活动。其主要目的是锻炼演练人员解决问题的能力，以及解决应急组织相互协作和职责划分的问题。

桌面演练只需要展示有限的应急响应和内部协调活动，事后一般采取口头评论形式收集演练人员的建议，并提交一份简短的书面报告，总结演练活动，并提出有关改进应急相应工作的建议。

（2）现场演练。现场演练是利用实际设备、设施或场所，设定事故情景，依据应急预案进行演练，现场演练是以现场操作的形式开展的演练活动。参演人员在贴近实际情况和高度紧张的环境下进行演练，根据演练情景要求，通过实际操作完成应急响应任务，以检验和提高应急人员的反应能力，加强组织指挥、应急处置和后勤保证等应急能力。

（3）单项演练。单项演练是涉及应急预案中特定应急响应功能或现场处置方案中一系列应急响应功能的演练活动。注重针对一个或少数几个参与单位的特定环节和功能进行检验。其主要目的是针对应急响应功能，检验应急响应人员以及应急组织体系的策划和响应能力。例如，指挥和控制功能的演练，其目的是检测、评价应急指挥机构在一定压力情况下的应急运行和及时响应能力，演练地点主要集中在若干个应急指挥中心或现场指挥所举行，并开展有限的现场活动，调用有限的外部资源。

（4）综合演练。综合演练针对应急预案中全部或大部分应急响应功能，检验、评价应急组织应急运行能力的演练活动。综合演练一般要求持续几个小时，采取交互方式进行，演练过程要求尽量真实，调用更多的应急响应人员和资源，并开展人员、设备及其他资源的实战性演练，以展示相互协调的应急响应能力。

3. 演练的组织实施

根据国家安全监督管理总局发布的《突发事件应急演练指南》（AQT 9007－2001），将应急演练的过程分为演练计划、演练准备、演练实施 3

个阶段。

（1）演练计划。演练计划应包括演练目的、类型（形式）、时间、地点，演练主要内容、参加单位和经费预算等。

（2）演练准备。

1）成立演练组织机构。综合演练通常应成立演练领导小组，下设策划组、执行组、保障组、评估组等专业工作组。根据演练规模大小，其组织机构可进行调整。

2）编制演练文件。

①演练工作方案。演练工作方案内容主要包括应急演练的目的及要求；应急演练事故情景设计；应急演练规模及时间；参演单位和人员主要任务及职责；应急演练筹备工作内容；应急演练主要步骤；应急演练技术支撑及保障条件；应急演练评估与总结。

②方案具体操作实施的文件，帮助参演人员全面掌握演练进程和内容。演练脚本一般采用表格形式，主要内容包括演练模拟事故情景；处置行动与执行人员；指令与对白、步骤及时间安排；视频背景与字幕；演练解说词等。

③演练评估方案。演练评估方案通常包括演练信息，主要指应急演练的目的和目标、情景描述，应急行动与应对措施简介等；评估内容，主要指应急演练准备、应急演练组织与实施、应急演练效果等；评估标准，主要指应急演练各环节应达到的目标评判标准；评估程序，主要指演练评估工作主要步骤及任务分工；附件，主要指演练评估所需要用到的相关表格等。

④演练保障方案。针对应急演练活动可能发生的意外情况制定演练保障方案或应急预案并进行演练，做到相关人员应知应会，熟练掌握。演练保障方案应包括应急演练可能发生的意外情况、应急处置措施及责任部门，应急演练意外情况中止条件与程序等。

⑤演练观摩手册。根据演练规模和观摩需要，可编制演练观摩手册。演练观摩手册通常包括应急演练时间、地点、情景描述、主要环节及演练内容、安全注意事项等。

3）演练工作保障。

①人员保障。按照演练方案和有关要求，策划、执行、保障、评估、参演等人员参加演练活动，必要时考虑替补人员。

②经费保障。根据演练工作需要，明确演练工作经费及承担单位。

③物资和器材保障。根据演练工作需要，明确各参演单位所需准备的演练物资和器材等。

④场地保障。根据演练方式和内容，选择合适的演练场地。演练场地应满足演练活动需要，避免影响企业和公众正常生产、生活。

⑤安全保障。根据演练工作需要，采取必要的安全防护措施，确保参演、观摩等人员以及生产运行系统安全。

⑥通信保障。根据演练工作需要，采用多种公用或专用通信系统，保证演练通信信息通畅。

⑦其他保障。根据演练工作需要，提供其他保障措施。

（3）演练实施。①熟悉演练任务和角色。组织各参演单位和参演人员熟悉各自参演任务和角色，并按照演练方案要求组织开展相应的演练准备工作。②组织预演。在综合应急演练前，演练组织单位或策划人员可按照演练方案或脚本组织桌面演练或合成预演，熟悉演练实施过程的各个环节。③安全检查。确认演练所需的工具、设备、设施、技术资料，参演人员到位。对应急演练安全保障方案以及设备、设施进行检查确认，确保安全保障方案可行，所有设备、设施完好。④应急演练。应急演练总指挥下达演练开始指令后，参演单位和人员按照设定的事故情景，实施相应的应急响应行动，直至完成全部演练工作。演练实施过程中出现特殊或意外情况，演练总指挥可决定中止演练。⑤演练记录。演练实施过程中，安排专门人员采用文字、照片和音像等手段记录演练过程。⑥评估准备。演练评估人员根据演练事故情景设计以及具体分工，在演练现场实施过程中展开演练评估工作，记录演练中发现的问题或不足，收集演练评估需要的各种信息和资料。⑦演练结束。演练总指挥宣布演练结束，参演人员按预定方案集中进行现场讲评或者进行有序疏散。

4.应急演练总结及改进

应急演练结束后，在演练现场，评估人员或评估组负责人对演练中发现的问题、不足及取得的成效进行口头点评。

评估人员针对演练中观察、记录以及收集的各种信息资料，依据评估标准对应急演练活动全过程进行科学分析和客观评价，并撰写书面评估报告。评估报告重点对演练活动的组织和实施、演练目标的实现、参演人员的表现以及演练中暴露的问题进行评估。

演练总结报告的内容主要包括演练基本概要；演练发现的问题，取得的经验和教训；应急管理工作建议。

应急演练活动结束后，将应急演练工作方案以及应急演练评估、总结报告等文字资料，以及记录演练实施过程的相关图片、视频、音频等资料归档保存。根据演练评估报告中对应急预案的改进建议，由应急预案编制部门按程序对预案进行修订完善，并持续改进。

第二节　水利工程施工风险管理

一、风险、风险量和风险等级

风险就是发生不幸事件的概率，风险表现为损失的不确定性，说明风险只能表现出损失，没有从风险中获利的可能性。对建设工程项目管理而言，风险是指可能出现的影响项目目标实现的不确定因素。

风险量反映不确定的损失程度和损失发生的概率。若某个可能发生的事件其可能的损失程度和发生的概率都很大，则其风险量就很大，如图 10-1 中的风险区 A。若某事件经过风险评估，它处于风险区 A，则应采取措施，降低其概率，即它移位至风险区 B；或采取措施降低其损失量，以使它移位至风险区 C。风险区 B 和 C 的事件则应采取措施，使其移位至风险区 D。

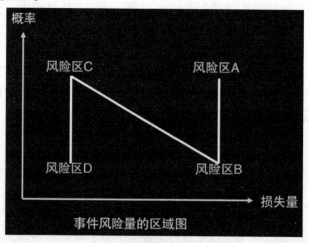

图 10-1　事件风险量的区域

二、水利工程施工风险的类型

建设工程项目的各参与方都应建立风险管理体系，明确各层管理人员的相应管理责任，以减少项目实施过程中的不确定因素对项目的影响。

建设工程项目的风险类型有很多种分类方法，以下就构成风险的因素进行分类：

1．组织风险

其主要包括：①组织结构模式；②工作流程组织；③任务分工和管理职能分工；④业主方(包括代表业主利益的项目管理方)人员的构成和能力；⑤设计人员和监理工程师的能力；⑥承包方管理人员和一般技工的知识、经验和能力；⑦施工机械操作人员的知识、经验和能力；⑧损失控制和安全管理人员的知识、经验和能力等。

2．经济与管理风险

其主要包括：①宏观和微观经济情况；②工程资金供应的条件；③合同风险；④现场与公用防火设施的可用性及其数量；⑤事故防范措施和计划；⑥人身安全控制计划；⑦信息安全控制计划等。

3．工程环境风险

其主要包括：①自然灾害；②岩土地质条件和水文地质条件；③气象条件；④引起火灾和爆炸的因素等。

4．技术风险：

其主要包括：①工程勘测资料和有关文件；②工程设计文件；③工程施工方案；④工程物资；⑤工程机械等。

三、施工风险管理的工作流程

风险管理就是一个识别、确定和度量风险，并制定、选择和实施风险处理方案的过程。风险管理是为了达到一个组织的既定目标，而对组织所承担的各种风险进行管理的系统过程，其采取的方法应符合公众利益、人身安全、环境保护以及有关法规的要求。风险管理包括策划、组织、领导、协调和控制等方面的工作。

风险管理过程包括项目实施全过程的项目风险识别、项目风险评估、项目风险响应和项目风险控制。

（一）项目风险识别

项目风险识别的任务是识别项目实施过程存在哪些风险，其工作程序如下：

（1）收集与项目风险有关的信息。

（2）确定风险因素。

（3）编制项目风险识别报告。

风险识别是一项复杂的工作，通常可采用文件审查、信息采集技术、核对表分析、假设分析、图形技术等方法。通过风险识别，我们可以得到风险清单、可能的应对措施、风险因素及更新的风险分类等结果。

（二）项目风险评估

项目风险评估是在风险识别之后，通过对项目所有不确定性和风险要素的充分、系统而又有条理的考虑，确定项目的单个风险，然后对项目风险进行综合评价。它是在对项目风险进行规划、识别和估计的基础上，通过建立风险的系统模型，从而找到该项目的关键风险，确定项目的整体风险水平，为如何处置这些风险提供科学依据，以保障项目的顺利进行。项目风险评估包括以下工作：

（1）利用已有数据资料（主要是类似项目有关风险的历史资料）和相关专业方法分析各种风险因素发生的概率。

（2）分析各种风险的损失量，包括可能发生的工期损失、费用损失，以及对工程的质量、功能和使用效果等方面的影响。

（3）根据各种风险发生的概率和损失量，确定各种风险的风险量和风险等级。

（三）项目风险响应

风险响应指的是针对项目风险而采取的相应对策。常用的风险对策包括风险规避、减轻、自留、转移及其组合等策略。对难以控制的风险，向保险公司投保是风险转移的一种措施。

项目风险对策应形成风险管理计划，具体包括如下内容：

（1）风险管理目标。

（2）风险管理范围。

（3）可使用的风险管理方法、工具以及数据来源。

（4）风险分类和风险排序要求。

（5）风险管理的职责和权限。

（6）风险跟踪的要求。

（7）相应的资源预算。

（四）项目风险控制

风险控制是指风险管理者采取各种措施和方法，消灭或减少风险事件发生的各种可能性，或者减少风险事件发生时造成的损失。

参 考 文 献

[1] 康世荣.水利水电工程施工组织设计手册[M].北京:中国水利水电出版社，2003.

[2] 黄森开.水利水电工程施工组织与工程造价[M].北京：中国水利水电出版社，2003.

[3] 俞振凯.水利水电工程管理与实务[M].北京：中国水利水电出版社，2004.

[4] 危道军.建筑施工组织[M].北京：中国建筑工业出版社，2004.

[5] 史商于，陈茂明.工程招投标与合同管理[M].北京：科学出版社，2004.

[6] 钟汉华，薛建荣.水利水电工程施工组织与管理[M].北京：中国水利水电出版社，2005.

[7] 王火利，章润娣.水利水电工程建设项目管理[M].北京：中国水利水电出版社，2005.

[8] 张若美.施工人员专业知识与务实[M].北京：中国环境科学出版社，2007.

[9] 王武齐.建筑工程计量与计价[M].北京：中国建筑工业出版社，2007.

[10] 张守金，康百赢.水利水电工程施工组织设计[M].北京：中国水利水电出版社，2008.

[11] 冷爱国，何俊.城市水利施工组织与造价[M].郑州：黄河水利出版社，2008.

[12] 薛振清.水利工程项目施工组织与管理[M].徐州：中国矿业大学出版社，2008.

[13] 张玉福.水利工程施工组织与管理[M].郑州：黄河水利出版社，2009.

[14] 王胜源.水利工程合同管理[M].郑州：黄河水利出版社，2009.

[15] 钱波，郭宁.水利水电工程施工组织设计[M].北京：中国水利水电出版社，2012.

[16] 黄晓林，马会灿.水利工程施工管理与实务[M].郑州：黄河水利出版社，2012.

[17] 薛振清.水利工程项目施工管理[M].北京：中国环境出版社，2013.

[18] 孟秀英.水利工程施工组织与管理[M].武汉：华中科技大学出版社，2013.

[19] 姜国辉，王永明.水利工程施工[M].北京：中国水利水电出版社，2013.

[20] 祁丽霞.水利工程施工组织与管理实务研究[M].北京：中国水利水电出版社，2014.

[21] 芈书贞.水利工程施工组织与管理[M].北京：中国水利水电出版社，2016.

[22] 刘学应，王建华.水利工程施工安全生产管理[M].北京：中国水利水电出版社，2017.